L'ÉCONOMIE

RURALE

DE VARRON.

TRADUCTION

D'ANCIENS OUVRAGES LATINS

RELATIFS A L'AGRICULTURE,

ET A LA

MÉDECINE VÉTÉRINAIRE,

AVEC DES NOTES:

Par M. SABOUREUX DE LA BONNETRIE, Ecuyer, Avocat au Parlement, & Docteur Aggrégé de la Faculté des Droits en l'Université de Paris.

TOME DEUXIEME,

CONTENANT

L'ÉCONOMIE RURALE DE VARRON;

AVEC FIGURES.

A PARIS,

Chez P. Fr. DIDOT, le jeune, Libraire, Quai des Augustins.

M. DCC. LXXI.

Avec Approbation, & Privilege du Roi.

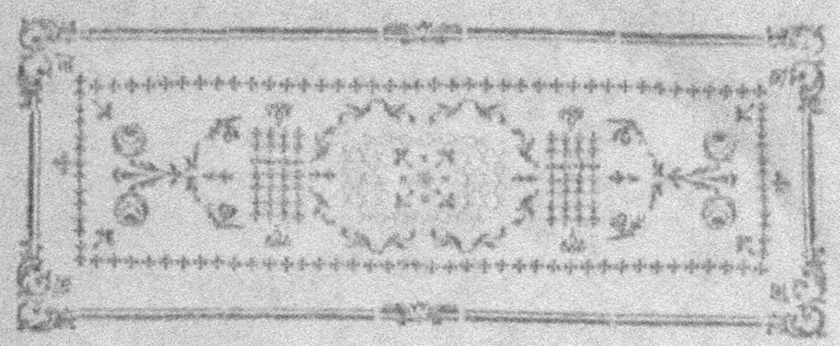

L'ÉCONOMIE RURALE

DE M. TERENTIUS VARRON.

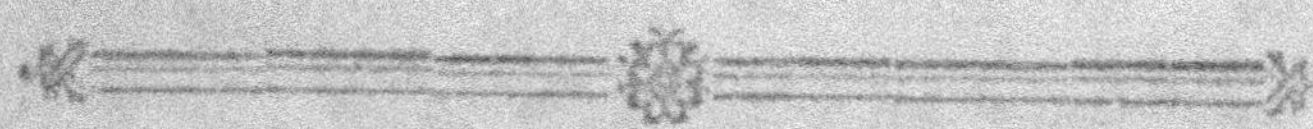

LIVRE PREMIER.

DE L'AGRICULTURE.

CHAPITRE PREMIER.

Si j'avois du temps de reste devant moi, ma chere Fundania (1), je travaillerois ce traité-ci

---

(1) C'est la femme de notre Auteur, comme on le voit par le Chapitre suivant, où il parle d'un C. Fundanius son beau-pere.

plus à loisir; mais dans la position où je me trouve, je suis forcé de le faire en homme qui réfléchit sur la nécessité où il est de se hâter, parce que s'il est vrai que l'homme ne soit, comme on dit communément, qu'une vapeur légere, & qui passe rapidement, cela est encore plus vrai d'un homme de mon âge. En effet, les quatre-vingt ans que j'ai passés sur terre (2), m'avertissent qu'il me faut plier bagage, pour m'apprêter à en partir. C'est pourquoi, comme vous avez acheté un fond de terre que vous voulez mettre en état, par une bonne culture, de rapporter beaucoup de fruits, & que vous me priez de vouloir bien me charger du soin de vous instruire de la maniere, dont vous devez vous y prendre pour cela, je vais essayer de vous contenter, en vous montrant ce que vous

---

(2) Plusieurs Interprêtes veulent qu'au lieu de quatre-vingt ans, on lise quatre-vingt & un an, & ils supposent qu'il a échappé ici une unité & qu'au lieu de XXCI, les Copistes ont mis à tort XXC : ils se fondent sur ce que Pline 18, 5 dit que Varron a fait cet Ouvrage dans sa quatre-vingt-unieme année. Le P. Hardouin est lui-même de cet avis : mais pourquoi l'erreur seroit-elle plutôt dans Varron, quand tous les Manuscrits que l'on a de cet Auteur s'accordent à mettre quatre-vingt, & non pas dans Pline? ne peut-on pas même concilier ces deux Auteurs, sans supposer de faute dans l'un, ni dans l'autre; & quoique Varron ait fait ce Livre dans sa quatre-vingt-unieme année, ainsi qu'on le lit dans Pline, n'a-t-il pas pû rappeller sa quatre-vingtieme année, comme la derniere qu'il eût passée?

aurez à faire, non-seulement de mon vivant, mais encore après ma mort : & semblable à la Sibylle (3), qui ne s'est point contentée de rendre des oracles pour l'utilité de ses Contemporains, mais qui en a encore rendu pour l'utilité de ceux qui devoient venir après elle, & dont elle avoit le moins de connoissance (puisque nous sommes aujourd'hui même dans l'usage de consulter, au nom de la République, les Livres qu'elle a laissés, tout anciens qu'ils sont, pour y chercher ce que nous devons faire à la suite de quelque prodige ;) je ne souffrirai pas qu'il soit dit que je n'ai rien fait, pas même de mon vivant, qui puisse être utile aux personnes auxquelles je suis le plus attaché. Je vais donc vous donner trois Livres qui seront comme un répertoire, auquel vous pourrez avoir recours, toutes les fois que vous serez embarrassée de sçavoir ce qu'il vous faudra faire relativement à la culture que vous avez projettée. Mais comme (suivant

---

(3) Les Payens donnerent le nom de Sibylles à toutes les femmes, qui passoient pour avoir le don de prédire l'avenir. Il y en eut dix qui se rendirent célebres par leurs prédictions, &, du temps de Varron, les livres que chacune d'elles avoit laissés, étoient entre les mains de tout le monde ; mais comme ces Livres étoient tous confondus, & qu'on ne pouvoit pas distinguer par quelle Sibylle chacun de ces Livres avoit été composé, ils passoient pour être l'ouvrage d'une seule Sibylle. Il n'y avoit que les Livres de la Sibylle de Cumes, que les Romains cachoient avec grand soin, & dont les seuls Quindecimvirs avoient la communication, sur lesquels il n'y avoit point d'incertitude.

le proverbe) les Dieux n'aident que ceux qui s'adreſſent à eux, je vais commencer par invoquer, non pas les Muſes (4), à l'exemple d'Homère (5) & d'Ennius (6), mais le conſeil des douze Dieux : je ne dis pas celui de ces douze Dieux qui veillent à la protection de la Ville, & dont on voit les Statues dorées dans la Place publique, au nombre de ſix mâles & de ſix femelles (7); mais celui des douze Dieux qui préſi-

---

(4) C'étoient des Déeſſes que les Poëtes firent filles de Jupiter & de la Mémoire, & à qui ils donnerent l'Empire de la poéſie & de la muſique. Les Payens en comptoient neuf, quoique dans l'origine Jupiter n'en eût engendré que trois. Mais S. Auguſtin, dans ſon traité de la Doctrine Chrétienne, raconte qu'une Ville, dont il ne ſe rappelle pas le nom, ayant commandé à trois Statuaires différens, les ſtatues des trois Muſes, pour mettre dans le Temple d'Apollon celles qui ſeroient les mieux faites, chacun de ces Statuaires les fit toutes trois ſi belles, qu'on prit les neuf pour les mettre dans le Temple d'Apollon, & le Poëte Héſiode leur donna par la ſuite des noms à chacune.

(5) Le premier des Poëtes Grecs, dont le vrai nom étoit Meleſigenes, & qui étoit aveugle. On ignore ſa Patrie. Cornelius Nepos dit qu'il vivoit 160 ans avant la fondation de Rome.

(6) Ce Poëte naquit, vers l'an 510 de la fondation de Rome, à Tarente, ſelon quelques Auteurs, & vécut 70 ans. On prétend qu'il montra le Grec à Caton l'ancien. Il étoit ami de Scipion l'Africain, & l'on croit qu'il fut en conſéquence enterré dans le Sépulcre des Scipions.

(7) Ces douze Dieux paſſoient chez les Payens pour former le conſeil de Jupiter, d'où on les appelloit *Conſentes*, ou

dent particuliérement aux opérations des Agriculteurs. Je commencerai donc par invoquer Jupiter (8) & Tellus (9), qui tiennent tous deux entre leurs mains, tant au Ciel que sur la Terre, tous les fruits de l'Agriculture, parce que ce sont eux que nous appellons nos premiers peres, lorsque nous disons Jupiter notre pere, & la Terre notre mere. J'invoquerai en second lieu le Soleil & la Lune, dont il est essentiel d'observer le cours, soit avant de semer certaines choses, soit avant de les recueillir : en troisieme lieu Cérès (10) & Bacchus (11), parce que les fruits qu'ils nous donnent sont absolument nécessaires à la vie, puisque ce sont eux qui font produire à nos terres ce dont nous avons besoin pour le boire, comme pour le manger : en quatrieme lieu, Robigus & Flore (12), dont la protection préserve le bleds

---

Consentientes. Leurs noms se trouvent dans ces deux vers qu'on attribue à Ennius :

> *Juno, Vesta, Minerva, Cérès, Diana, Venus, Mars,*
> *Mercurius, Jovis, Neptunus, Vulcanus, Appollo.*

(8) V. la Note 1. du Chap. XXXI, de l'Economie rurale de Caton.

(9) C'étoit le nom que les Poëtes donnoient à la Déesse de la Terre.

(10) V. la Note 2 du Chap. XXXIV, de l'Economie rurale de Caton.

(11) C'étoit le Dieu du vin. Il étoit fils de Jupiter & de Semelé.

(12) C'étoit une fille publique qui, ayant gagné beau-

& les arbres de la roüille, & les fait fleurir à temps ; en conséquence de quoi l'on a institué les Fêtes publiques appellées *Robigalia* (13), en l'honneur de Robigus, ainsi que les jeux appellés *Floralia*, en celui de Flore (14). J'invoque aussi Minerve (15) & Vénus (16) , dont l'une a l'administration des plans d'oliviers, & l'autre celle des jardins ; raison pour laquelle on a institué en leur honneur les fêtes appellées *Rustica Vinalia* (17). Enfin j'invoque la Déesse *Lympha* (18) & le Dieu

---

coup de biens dans son métier, institua le peuple Romain son héritier, & laissa une certaine somme pour célébrer le jour de sa naissance, par les jeux Floraux, mais le Sénat trouvant cette fête contraire aux bonnes mœurs, jugea à propos pour l'annoblir, de faire une divinité de cette fille, & de lui assigner l'Empire des Fleurs, à cause de son nom.

(13) Elles se célébroient le 24 Avril, parce que c'est vers ce temps que la rouille est à craindre.

(14) On les célébroit le premier Mai.

(15) Les Payens prétendoient que cette Déesse étoit sortie du cerveau de Jupiter. C'étoit la Déesse de tous les Arts : delà l'origne de cette Fable.

(16) Cette Déesse étoit fille de Jupiter.

(17) Il faut bien distinguer ces fêtes de celles appellées simplement *Vinalia*, que l'on célébroit en l'honneur de Jupiter, & dont l'objet étoit différent de celles-ci. Les *Vinalia* se célébroient vers la fin d'Avril, au lieu que les *Vinalia rustica* se célébroient en l'honneur de Vénus, vers la mi-Août. V. Pline 18, 69.

(18) C'est-à-dire les Nimphes qui présidoient aux fontaines, & à toutes les eaux douces en général.

Bonus Eventus (19), parce que sans eau, l'Agriculture est seche & misérable, & que, sans réussite & sans bon succès, toute culture n'est que de la peine perdue. Après avoir donc invoqué ces Dieux avec respect, je vais vous rendre une conversation que nous tenions ces jour-ci sur l'Agriculture, & dans laquelle vous pourrez puiser ce qu'il vous faudra faire en cultivant. Au cas qu'il y manque quelques articles sur lesquels vous vouliez des éclaircissemens, je vais vous indiquer les Auteurs Grecs qui pourront y suppléer, indépendamment des Auteurs Latins (20) que vous connoissez. Ceux qui ont écrit en Grec sur cette matiere, l'un sur une partie, l'autre sur une autre, sont au nombre de plus de cinquante. Voici

---

(19) Les Romains croyoient que ce Dieu procuroit un bon succès à leurs entreprises. Il avoit un Temple à Rome. On le représentoit tenant dans sa main droite une coupe, & dans la gauche un épi & un pavot.

(20) Comme Varron ne cite aucun Auteur Latin, Gesner s'est imaginé qu'il y a ici une lacune, & il seroit même d'avis qu'on la suppléât, en ajoutant la liste des Auteurs Latins qui se trouve au Livre premier de Pline, pour le Livre 18. Ce système lui paroît d'autant plus naturel, que comme Pline semble avoir copié presque mot à mot Varron dans sa liste des Auteurs étrangers, on peut croire qu'il l'avoit copié dans celle qu'il donne des Auteurs Latins. Mais sans supposer une lacune aussi considérable, ne peut-on pas dire que Varron n'a pas fait mention des Auteurs Latins, comme étant suffisamment connus de ceux pour qui il écrivoit, ainsi que nous l'avons exprimé dans la Traduction.

ceux que vous pourrez consulter ; Hiéron de Sicile (21), & Attalus (22) Philometor : entre les
Philosophes, Démocrite (23) le Physicien, Xéno-
phon (24) le Socraticien, les Péripatéticiens Aristote (25) & Théophraste (26), Archytas (27) le
Pytagoricien ; ainsi qu'Amphiloquus (28) d'Athênes, Anaxipolis de Thase, Appollodorus de
Lemnos, Aristophanes de Mallus, Antigonus

---

(21) Ce Roi étoit né à Syracuse, & c'étoit son habileté
à commander, qui l'avoit élevé à la Royauté. Il n'avoit point
eu d'éducation, mais étant tombé malade il se donna à l'é-
tude de la Physique.

(22) C'est l'Attalus, Roi de Pergame, frere d'Eumene,
connu par son amitié pour le peuple Romain, qu'il institua
son héritier. Il étoit surnommé Philometor, à cause de sa
tendresse pour sa mere. Il étudia beaucoup les plantes, &
chercha des remedes dans tous les regnes de la nature : il
avoit écrit un Livre sur les remedes tirés du regne animal.

(23) D'Abdere en Thrace ; il a laissé des Ouvrages de Cos-
mographie, de Géographie, d'Histoire, d'Agriculture, après
avoir beaucoup voyagé pour étendre ses connoissances.

(24) Il étoit d'Athênes : il a fait un Ouvrage sur l'Economie rurale. On l'appelloit la Muse Attique, à cause de son
éloquence.

(25) De Stagire, disciple de Platon & Instituteur d'Alexandre : il mourut à 63 ans.

(26) L'éleve & le successeur d'Aristote dans l'Ecole d'A-
thênes, & le maître du Poëte comique Ménandre. Il étoit de
l'Isle de Lesbos, & s'appelloit Tytamus, on lui donna le
nom de Théophraste à cause de son éloquence.

(27) De Tarente.

(28) Il avoit donné un traité sur l'avoine & le cithyse.

de Cyme, Agatocles de Chio, Appollonius de Pergame, Ariſtandre d'Athènes, Bacchius de Milet, Bion de Solos, Chereſtée & Cheréas d'Athènes, Diodorus de Prienne, Dion de Colophon, Diophanes de Nicée (29), Epigenes de Rhodes (30), Evagon de Thaſe; les deux Euphranius, celui d'Athènes & celui d'Amphipolis, Hégéſias (31) de Maronea; les deux Ménandres, celui de Prienne & celui d'Héraclée, Niceſius de Maronea, Pythion de Rodes. Entre les autres, dont j'ignore la Patrie, vous pourrez conſulter Androtion (32), Æſchrion (33), Ariſtomenes, Athénagoras, Crates, Dadis, Dionyſius, Euphiton, Euphorion, Eubolus, Liſimaque (34), Mnaſeas (35), Meneſtrates, Pleutiphanes, Perſis, Théophile. Ceux que je viens de nommer ont tous écrit en Proſe : il y en a d'autres qui ont

---

(29) C'eſt le même que celui dont il parle plus bas. Outre l'abrégé qu'il a fait des livres de Magon, il a écrit ſur l'Art Vétérinaire.

(30) Pline 7, 56, lui donne le titre d'Auteur très-grave.

(31) Il a écrit ſur les propriétés des eaux.

(32) Pline, dans l'Index du Liv. 8, dit qu'il avoit fait un Ouvrage ſur l'Agriculture.

(33) Il avoit auſſi fait un Ouvrage ſur l'Agriculture, Pline dans l'Index du Liv. 8.

(34) Auteur d'un Ouvrage ſur l'Agriculture, Pline dans l'Index du Liv. 8.

(35) Columelle 12, 4, lui donne le titre d'Auteur célèbre parmi les Grecs.

auffi traité les mêmes matieres en Vers, tels qu'Hefiode (36) d'Afcra, & Menecrates d'Ephe-fe. Magon (37) le Carthaginois les a tous fur-paffés par la célébrité qu'il s'eft acquife, en ren-fermant dans les vingt-huit Livres qu'il a don-nés en langue Punique, tout ce qui étoit difper-fé de côté & d'autre avant lui. Caffius Dionyfius d'Utique a traduit en Grec fon Ouvrage, & l'a rédigé en vingt Livres, qu'il a envoyés au Pré-teur (38) Sextilius : il a même ajouté, dans le corps de fa Traduction, une bonne partie de ce qui fe trouve dans les Auteurs Grecs que je viens de nommer, en retranchant néanmoins de l'Ou-vrage de Magon la valeur de huit Livres. Dio-phanes de Bithynie a rendu ces vingt Livres même, encore plus utiles, en les réduifant à fix feulement, qu'il a envoyés au Roi Déjotarus (39).

---

(36) Il étoit de la ville de Cume en Eolide, mais on l'ap-pelle le Poëte d'Afcra, parce qu'il y fixa fon domicile. Il y en a qui prétendent qu'il vécut après Homere, d'autres le font fon Contemporain, & ils croient en trouver les preu-ves dans la defcription du lever de l'Arcture qu'il a faite, auquel cas il auroit vécu près de 100 ans avans J. C. fous le regne de Salomon en Judée. Pline dit que c'eft le premier qui ait donné des préceptes fur l'Agriculture.

(37) Columelle 1, 1, l'appelle le pere de l'Agriculture.

(38) Le Préteur étoit le Magiftrat prépofé à la Juftice.

(39) C'eft celui que le Sénat avoit fait Roi de Galatie à la priere de Pompée, & que Céfar avoit remis fur le Trône. Il fut accufé d'avoir attenté à la vie de Céfar, & défendu par Cicéron, dont le plaidoyer nous eft parvenu.

Pour moi je vais tâcher de rédiger plus briévement encore la même matiere, fous trois Livres,
dont l'un fera fur l'Agriculture, l'autre fur ce qui
concerne les beftiaux, & le troifieme fur les animaux que l'on peut, avec profit, multiplier dans
fes biens de campagne, & engraiffer pour la table : & pour cela, je commencerai par écarter de
ce premier Livre tous les objets que je ne crois
pas être du reffort de l'Agriculture, & je re-
mettrai à en traiter dans les autres Livres.
Je m'attacherai toujours aux divifions les plus
naturelles; & tout ce que je dirai ne fera que le
réfultat, tant des obfervations que j'ai faites moi-
même en cultivant mes terres, que de mes lec-
tures , & de ce que j'ai oüi dire aux perfonnes
les plus verfées dans ces matieres.

CHAPITRE II.

J'Étois allé à la Fête des Semailles (1), au Temple de Tellus (2), à la priere du gardien de ce
Temple, que nos Ancêtres nous avoient appris à
nommer *Æditimus* , mais dont les modernes
ont changé le nom en celui d'*Ædituus* (3). J'y

---

(1) Elle fe célébroit vers la fin de Janvier; fon objet
étoit d'obtenir la croiffance des biens de la terre.

(2) Voy. la Note 9 du Chap. I.

(3) Le mot d'*Æditimus* ne défignoit que le pofte de ce

rencontrai C. Fundanius mon beau-pere, le Socraticien C. Agrius Chevalier Romain (4) &
P. Agrasius le Partisan (5), qui considéroient
une Carte de l'Italie attachée sur la muraille.
Que faites-vous ici, leur dis-je? est-ce le loisir
de la Fête des Semailles qui vous y a amenés,
comme elle y amenoit ordinairement nos Peres
& nos Ancêtres: J'imagine, dit Agrius, que nous
nous y trouvons par la même raison que vous,
c'est-à-dire, parce que nous en avons été priés
par le Gardien du Temple. Si cela est, comme
votre geste me le fait entendre, il faut par conséquent que vous restiez avec nous jusqu'à ce qu'il
revienne : car, ayant été mandé par le Magistrat
chargé du soin de ce Temple, il n'est pas encore
de retour, & il a laissé quelqu'un pour nous prier
de l'attendre. Eh! bien, leur dis-je, voulez-vous,

Gardien auprès du Temple, comme *finitimus* vouloit dire
auprès des bornes, *legitimus* auprès des loix, ou conforme
aux loix; le mot d'*Ædituus* au contraire désignoit sa fonction, dérivant d'*ades*, *temple*, & *tueri*, *garder*, d'où vient
que Lucrece lui donne le nom d'*Ædituens*.

(4) Les Chevaliers Romains étoient l'ordre des Citoyens,
qui tenoit le milieu entre les Sénateurs & les autres Citoyens. Ils avoient entr'autres prérogatives, celle d'avoir
un cheval entretenu aux dépens de la République, d'où leur
venoit le nom d'*Equites*.

(5) *Publicani* étoient ceux qui prenoient à ferme les Im-
pôts. Ils composoient un ordre très-nombreux, & dont les
membres étoient pris parmi les personnes les plus distinguées de la République.

en attendant qu'il revienne, que nous nous approprions l'ancien proverbe, qui dit que *c'est lorsque le Romain reste tranquille, qu'il est vainqueur* (6)? Volontiers, reprit AGRIUS, & sur le champ faisant réflexion que les cérémonies font perdre plus de temps pour passer par une porte, qu'on n'en a mis à faire le chemin pour arriver, il alla s'asseoir le premier sur un banc, où nous le suivîmes. Lorsque nous fûmes assis, AGRASIUS nous dit : Vous autres qui avez parcouru beaucoup de Pays, en avez-vous trouvé qui fût mieux cultivé que l'Italie? Pour moi, dit AGRIUS, je ne crois pas qu'il y en ait un seul, qui le soit si bien dans toutes ses parties. D'abord comme le globe entier de la terre a été divisé par Erathosthênes (7) en deux parties, qui sont tournées, par l'ordre de la nature, l'une au midi & l'autre au sep-

---

(6) Il y a tout lieu de croire que c'est le Dictateur Fabius qui avoit donné lieu à ce proverbe, lui qui, selon Tite-Live, faisoit la guerre en restant tranquille & en temporisant, & qu'Annibal lui-même comparoit aux orages qui semblent s'arrêter sur le sommet des montagnes.

(7) Il étoit de Cyrene. Ptolemée Evergete I. le fit venir d'Athènes en Egypte, pour prendre soin de la Bibliotheque d'Alexandrie. On pourroit dire que ce Philosophe a composé à lui seul une Bibliotheque de Livres, tant il a écrit. Aussi quelques personnes lui donnoient-elles le nom de *Plato minor*, mais on l'appelloit plus communément le β des Philosophes ou de l'Académie d'Alexandrie, parce qu'il n'étoit jamais qu'au second rang, en telle partie de la Philosophie que ce fût, & qu'il ne primoit jamais.

tentrion; il eſt certain qu'en s'en tenant à cette diviſion, la partie ſeptentrionale eſt plus ſaine que la partie méridionale : comme d'ailleurs les pays les plus ſains ſont les plus fertiles, il faut convenir que la partie ſeptentrionale, qui eſt celle que nous habitons, a été plus à même d'être cultivée que l'Aſie, & que l'Italie eſt, de toutes les contrées qui ſont dans la partie Septentrionale, celle qui jouit le plus de cet avantage ; premiérement, parce qu'elle eſt en Europe; ſecondement, parce qu'elle eſt plus tempérée que l'intérieur de cette partie du monde. Il regne en effet, dans l'intérieur de l'Europe, un hiver preſque continuel; & cela n'eſt pas étonnant, puiſqu'il y a des contrées ſous le pôle arctique, où le Soleil eſt juſqu'à des ſix mois de ſuite ſans paroître. Auſſi aſſure-t-on qu'on ne peut pas naviguer, même ſur l'Océan, vers ces régions, parce que la mer y eſt continuellement en glaçons. FUNDANIUS : croyez-vous que ces pays-là puiſſent produire quelques plantes, ou que s'ils en produiſent, elles ſoient ſuſceptibles de culture? Pour moi je le crois d'autant moins, que je regarde comme vrai ce qu'a dit Pacuvius (8), que dans tous les pays où le Soleil paroît continuellement ſur l'horiſon, ainſi

----

(8) Ce Poëte étoit né à Brindes, d'une ſœur d'Ennius; il mourut à 90 ans. Il s'acquit de la réputation au temps de la deſtruction de Numance, mais il paſſoit pour n'avoir aucune élégance.

que dans ceux qui font plongés dans une nuit éter-
nelle, les fruits de la terre doivent tous périr,
foit par l'excès de la chaleur, foit par le froid.
En effet, fi dans ce pays-ci même, où le jour &
la nuit durent peu de temps, & fe succedent alternativement, je ne pourrois cependant pas vivre en Eté, fi je ne coupois la journée à midi par
un fommeil intercalé, comment dans un pays
comme celui-là, où les jours & les nuits durent
fix mois, pourroit-on femer quelque plante, &
comment pourroit-elle y croître, ou venir à maturité? Q'uy a-t'il au contraire de tout ce qui peut
fervir à notre ufage, je ne dis pas qui ne vienne en
Italie, mais qui n'y foit excellent? Quel froment
peut-on comparer à celui de la *Campania*? Quel
bled peut-on comparer à celui de l'*Apulia*? Quel
vin peut-on comparer à celui de *Falernum*? Quelle
huile peut-on comparer à celle de *Venafrum*? L'I-
talie n'eft-elle pas plantée d'arbres, de façon à ne
paroître qu'un verger dans toute fon étendue?
Eft-elle moins couverte de vignes que ne l'étoit
la Phrygie, à laquelle Homere (9) donne cependant le titre de *Vineufe*, ou moins abondante
en bled qu'Argos, que le même Poëte appelle *Riche en bled*? Dans quel pays du monde un *Jugerum* de terre produit-il jufqu'à dix, ou même
quinze *Cullei* de vin, comme en produifent certaines contrées de l'Italie? M. Caton (10) ne

(9) Voy. la Note 5 du Chap. I.
(10) C'eft l'Auteur de l'Economie rurale.

dit-il pas dans son livre des Origines, *qu'on appelle Gallo-Romaines, les terres comprises entre Riminum & le Picenum, qui ont été distribuées par tête aux soldats* (11), *& qu'il arrive quelquefois que l'on récolte dans ces terres dix Cullei de vin, par Jugerum?* N'arrive-t-il pas aussi du côté de *Faventia*, qu'un *Jugerum* rapporte trois cent *Amphoræ* de vin, ce qui même a fait donner à ces vignes le nom de *Trécennaires?* Ce qu'il y a de certain, ajouta-t-il en me regardant, c'est que votre ami L. Martius, l'Inspecteur des ouvriers qui travaillent aux ouvrages militaires, assuroit qu'il étoit possesseur de vignes dans ce canton, qui lui en rapportoient tout autant. Les peuples de l'Italie paroissent avoir envisagé deux points principaux, avant de s'adonner à la culture, le premier, si la récolte pourroit dédommager des dépenses & des travaux, le second, si le terrein étoit sain ou non : & effectivement si l'un de ces deux points venoit à manquer, & que nonobstant cela quelqu'un voulût s'obstiner à cultiver une terre, ce seroit un fou qu'il faudroit à ce titre, mettre sous la tu-

---

(11) Ce fut C. Flaminius le Tribun du peuple, qui fut ensuite deux fois Consul & Censeur, & qui périt à la bataille de Thrasimene, qui porta la loi Agraire, dont parle ici Caton, ainsi que Cicéron dans son traité de la vieillesse. Cette Loi fit en faveur des soldats la distribution de ces terres, dont les Romains avoient expulsé les Gaulois Senonois.

telle

telle de ses parens paternels (12) : car il n'y a pas
d'homme, pour peu qu'il jouisse de son bon sens,
qui puisse vouloir se ruiner en frais de culture,
lorsqu'il s'apperçoit ou qu'il ne pourra pas en
être dédommagé par l'abondance de la récolte,
ou que les fruits qui pourroient l'en dédommager,
sont infailliblement dans le cas de périr, parce
que le lieu qui les aura produit est mal sain. Mais
voici justement des personnes que je crois plus
capables de démontrer cela que moi : car je vois
arriver C. LICINIUS STOLON, & CN. TREMELLIUS
SCROFA, dont l'un compte parmi ses Ancêtres
l'auteur d'une des Loix, qui a réglé la mesure des
terres; car la Loi qui défend à un Citoyen Romain
de posséder plus de cinq cent *Jugera*, est d'un
Stolon (13) qui s'étoit acquis ce surnom, qui a
passé à ses descendans, par l'attention qu'il donnoit à la culture, attention telle qu'on ne trouvoit jamais de rejettons inutiles dans ses terres,

---

(12) Varron fait ici allusion à la Loi des douze Tables,
qui ordonnoit que les fous seroient sous la tutelle de leurs
parens paternels.

(13) Ce C. LICINIUS STOLON oubliant qu'un Législateur
doit le premier se soumettre à sa loi, avoit acquis mil
Jugera de terre, dont cinq cent sous le nom de son fils, qu'il
avoit émancipé à cet effet, en fraude de sa propre loi. Pourquoi
il fut accusé par M. Popilius Læna, l'an de Rome 397
(avant J. C. 355), sous le second Consulat de Cn. Manlius Imperiosus & de C. Marcius Rutilus, & condamné
à 10000 *Nummi* d'amende.

attendu qu'il prenoit la précaution d'arracher autour de ses arbres toutes les racines, appellées
alors *Stolones*, qui sortoient de terre à leurs pieds.
Celui que vous voyez compte donc, ainsi que je
disois tout-à-l'heure, au nombre de ses ancêtres
ce C. Licinius (14), qui, étant Tribun du peuple (15), trois cens soixante & cinq ans après l'expulsion des Rois (16), porta le premier Plébicis-
te, qui régla le partage des terres entre le peuple, sur le pied de sept *Jugera* pour chaque Citoyen (17). L'autre que je vois aussi arriver est

---

(14) Ce C. Licinius est le même Stolon dont il vient de
parler, qui en même-temps qu'il défendoit par sa loi de
posséder plus de 500 *Jugera* de terre, donnoit aussi à chaque
Citoyen sept *Jugera*, de façon qu'en ôtant aux plus riches
leur superflu, il partageoit ce superflu entre les plus pauvres.

(15) Le mot de *Tribunus* venoit de celui de Tribu : comme il y avoit dans l'origine trois Tribus, on donna le nom
de *Tribunus* au Magistrat qui étoit à la tête de chacune. Il y
eut ensuite d'autres especes de Magistratures de ce nom. Les
premiers Tribuns du peuple furent créés sur le Mont Crustu-
merinus, environ dix-sept ans après l'expulsion des Rois, par
le peuple qui s'étoit séparé des Sénateurs, & s'étoit retiré
sur cette montagne, que l'on appella depuis ce temps *Mons
Sacer*, parce que la loi qui y créa les Tribuns du peuple
les déclara inviolables. Ces Magistrats avoient le droit de
convoquer le peuple, & de lui faire faire des *Plébiscites*, qui
n'avoient pas moins d'empire sur les Sénateurs que sur le
peuple.

(16) L'an de la fondation de Rome 608, avant J. C. 144.

(17) Ce réglement avoit déja été porté cinq ans aupara-

CN. TREMELLIUS SCROFA votre collegue, qui fut
avec vous un des vingt Magiftrats (18) prépofés
à la diftibution des terres de la *Campania* ; homme d'un mérite fingulier en tout genre, & qui
paffe pour le Romain le plus verfé dans l'Agriculture. N'eft-ce pas à jufte titre, repartis-je, qu'il
a cette réputation ? & fes terres ne préfententelles pas à l'œil une fi brillante culture, que bien
des perfonnes trouvent beaucoup plus de plaifir
à les voir, qu'elles n'en trouveroient à voir les
bâtimens les plus magnifiquement ornés, d'autant que le but des perfonnes raifonnables qui
vont voir fes Métairies, n'eft pas d'y chercher,
comme chez Lucullus (19), des cabinets de peinture, mais des greniers. D'ailleurs, ajoutai-je,
fes vergers ont l'avantage d'être fitués au bout

---

vant fous les Confulats de L. Lucretius & de Ser. Sulpitius, mais par Senatufconfulte feulement.

(18) On eft tenté de hazarder le mot de *Vigintivirs*. Pourquoi en effet ce mot ne feroit-il pas auffi bien reçu dans notre langue que celui de *Decemvir*, lorfque, pour ces diftributions de terres, on créoit tantôt des *Quinqueviri*, tantôt
des *Decemviri*, des *Quindecimviri*, des *Vigintiviri*.

(19) P. Licinius Lucullus fut Quefteur, puis Préteur en
Afie. Il s'y acquit beaucoup de gloire, & chaffa Mithridates
de fon Royaume. Après cette expédition il revint à Rome, où il devint fi fameux par les dépenfes exceffives qu'il
y fit, que fon nom paffa en proverbe, pour défigner les perfonnes les plus magnifiques. Il avoit acquis une fi grande
fortune dans fes expéditions, que fes dépenfes, fi énormes
qu'elles fuffent, ne purent jamais le ruiner.

de la rue Sacrée (20), lieu où les fruits se vendent au poids de l'or. Pendant que nous nous entretenions ainsi, ils nous aborderent tous les deux, & STOLON nous dit : Arrivons-nous trop tard, & la nappe seroit-elle déja ôtée, car nous n'appercevons-pas L. Fundilius qui nous a invités ? Rassurez-vous, reprit AGRIUS : car non-seulement on n'a point encore ôté la figure de l'œuf, qui sert, dans les jeux du Cirque, à avertir que la derniere course des chars est finie ; mais nous n'avons pas même vû paroître l'œuf, qu'on a coutume de servir avant tout, dans le festin qui suit ces jeux (21). Ainsi en attendant que nous le voyons ensemble, & que le Gardien du Temple soit arrivé, apprenez-nous quel est le but principal que l'on doit se proposer dans l'Agriculture ? si ce n'est que l'utilité, ou le plaisir seulement, ou tous les deux à la fois. Car on prétend que c'est

---

(20) C'étoit celle que les Triomphateurs traversoient pour se rendre au Capitole, auquel elle aboutissoit.

(21) Cette plaisanterie est relative à deux usages des Romains : le premier étoit de commencer leurs repas par un service d'œufs ; le second étoit de tracer dans le Cirque des figures ovales, qui servoient de direction à chaque course de chars. On appelloit ces figures *Ova*, & c'est sur ce mot que tombe la plaisanterie. Il y en a qui prétendent que ces *Ova* étoient des machines mobiles, que l'on enlevoit à mesure qu'une course étoit finie, de sorte que l'on pouvoit s'assurer par le nombre de celles qui étoient encore en place, du nombre des courses qui restoient à faire.

vous qui faites aujourd'hui la loi à tous les Agriculteurs (22), comme Stolon la faisoit autrefois.
Il faut commencer par voir, dit SCROFA, si l'on
ne doit comprendre sous le mot d'Agriculture,
que les choses que l'on dépose dans le sein de la
terre, ou si sous ce nom on doit comprendre
toutes celles dont l'on garnit les champs, comme les brebis & le gros bétail. Car je vois que
ceux qui ont écrit sur l'Agriculture, tant en Phé-
nicien, qu'en Grec & en Latin, se sont étendus
plus qu'ils n'auroient dû faire. Pour moi, dit
STOLON, loin de croire qu'on doive les imiter en
tout, je prétends au contraire que ceux d'entre
ces Auteurs, qui ont le plus circonscrit leur travail, & qui en ont écarté tout ce qui n'appartenoit pas à cette matiere, sont ceux qui ont le
mieux opéré. En conséquence, toutes les parties
qui regardent l'engrais des bestiaux, que cependant
dant la plupart ont jointes à l'Agriculture,
me paroissent plutôt concerner les Pâtres, que les
Agriculteurs. Aussi ceux que l'on met à la tête
de ces deux objets, ont-ils différens noms, puis-

---

(22) *Ad te rudem esse Agricultura*, métaphore prise des
maîtres des gladiateurs, qui portoient une espece de bâton
de commandement, que l'on appelloit *rudis*. On peut cependant
dant prendre ce *rudis* comme adjectif, auquel cas il faudroit traduire, *car on prétend que le plus habile en matiere
d'Agriculture, n'est qu'un ignorant auprès de vous*. Aucun
des deux sens ne choque, mais le premier paroît plus
élégant.

qu'on appelle les uns Métayers, & les autres Maîtres des troupeaux : le Métayer eſt celui qui eſt
conſtitué pour cultiver un champ, & il tire ſon
nom de celui de Métairie (23), parce que c'eſt
lui qui a ſoin d'importer les fruits dans la Métairie, comme de les en exporter pour les vendre : c'eſt pour cela qu'encore aujourd'hui les
payſans, pour déſigner un chemin, ſe ſervent du
mot de *vea*, comme analogue à ſa deſtination,
qui eſt de ſervir de paſſage aux voitures, comme
ils diſent auſſi *vellam* au lieu de *villam*, parce
que c'eſt dans la Métayerie que ſe fait l'importa-
tion, & que c'eſt hors de la Métayerie que ſe fait
l'exportation des fruits. On appelle auſſi, par la
même raiſon, le travail de ceux qui vivent des
voitures, *vellatura* (24). On ne peut nier, dit FUN-
DANIUS, que l'engrais des beſtiaux & l'Agriculture ne ſoient deux choſes bien différentes en ſoi,
mais cependant il faut convenir qu'elles ont une
grande affinité entr'elles : on peut les comparer
aux deux flûtes dont ſe ſert à la fois un Muſicien ;
en effet celle qu'il tient de la main droite dif-
fère à la vérité de celle qu'il tient de la gauche ;
mais de façon cependant que leur effet ſe trouve
en quelque ſorte identifié, en ce que l'une fait
entendre le chant & l'autre l'accompagnement

---

(23) *Villa* Métairie, *Villicus* Métayer.
(24) Tous ces mots, *vea*, *vella*, *vellatura* dérivent, ſelon notre Auteur, de celui de *veſa*, qui veut dire conduire.

d'une même piece de musique (25). Vous pour-
riez même ajouter, lui dis-je, que la vie des Pâtres est celle qui répond à la flûte dominante, &
que celle des Agriculteurs répond à la flûte d'accompagnement, & cela d'après le sçavant Dicear-
que (26), qui, en entrant dans le détail du genre
de vie, que l'on a suivi en Grece dès les premiers
temps, nous apprend que dans ces temps reculés
les hommes menoient une vie de Pâtres , sans
sçavoir ni labourer la terre , ni planter des arbres , ni les tailler; & que ce n'est que depuis,
& dans les temps postérieurs, qu'on s'est mis à
cultiver. C'est pourquoi l'Agriculture n'étant que
postérieure à la vie Pastorale, elle lui reste subor-
donnée comme la flûte gauche l'est à la droite.
Avec vos flûtes, dit AGRIUS, non-seulement vous
privez par ce systême les propriétaires de l'avantage d'avoir des troupeaux, & les esclaves de celui d'avoir un pécule, puisque le pécule n'est rien
autre chose qu'une portion de troupeau, que les
maîtres leur accordent, pour le faire paître à leur
profit ; mais encore vous rendez sans objet les

---

(25) On trouve dans les anciens monumens des preuves
de l'usage, sur lequel Varron fonde cette comparaison.

(26) Il étoit de Messene en Sicile , & disciple d'Aristote.
Il avoit composé trois Livres sur les peuples & les villes de
Grece. Les Spartiates ordonnerent qu'on lût tous les ans en
public le Livre, qu'il avoit composé sur leur République, &
que les jeunes gens assistassent à cette lecture.

loix relatives aux Fermiers, qui portent qu'un
Fermier ne menera point paître sur un terrein
couvert d'arbrisseaux, cette race d'animaux que
l'Astrologie a placés dans le Ciel près du Taureau,
je veux dire les chevres. Prenez garde, AGRIUS,
lui répliqua FUNDANIUS, de conclure de cette défense des loix, que tout engrais de bestiaux soit
opposé à l'Agriculture, puisqu'au contraire ces
loix laissent la liberté d'y mener paître certaines
especes de bestiaux. Il est vrai qu'il y en a qui
sont le fléau & le poison de la culture, comme,
par exemple, les chevres dont vous parliez, qui
détruisent tous les jeunes plans en les broutant,
ainsi que les vignes & les oliviers. C'est de là
qu'est venu l'usage d'immoler les animaux de
cette derniere espece à tel Dieu, & de n'en point
immoler au contraire à tel autre, & cela pour
des raisons à la vérité différentes, mais puisées
également dans le même principe d'aversion contre eux, qui fait que tel Dieu ne veut pas même
les avoir sous ses yeux, & que tel autre aime à
les voir périr. C'est ainsi qu'on immole des boucs
à Bacchus (27), le pere & l'inventeur de la vigne, comme pour leur faire payer de la tête les
torts qu'ils font à cette plante; & qu'au contraire on
n'immole jamais à Minerve (28) d'animaux de
cette classe, à cause de l'olivier que l'on dit qu'ils

---

(27) Voy. la Note. 11 du Chap. I.
(28) Voy. la Note 15 du Chap. I.

rendent stérile , lorsqu'ils en broutent les premiers bourgeons , parce que leur salive est un
poison pour ces fruits. C'est pour la même raison
qu'on n'en mene qu'une seule fois au Temple à
Athênes , & encore est-ce par la nécessité où l'on
est d'en sacrifier , de peur qu'ils ne soient à même
de toucher aux oliviers , que l'on dit avoir pris
naissance dans cette ville. Il n'y a point , dis-je ,
d'autres bestiaux que l'Agriculture puisse regarder comme lui étant propres , que ceux au moyen
desquels on peut parvenir à rendre un champ
plus fertile , comme , par exemple , ceux qu'on
peut atteller à la charrue. Si cela est ainsi , dit
AGRASIUS , comment pourra-t-on ne point admettre dans une terre telle espece de bétail que ce soit ,
puisqu'il n'y a point de bétail qui ne fournisse
du fumier , objet qui est de la plus grande utilité
pour les terres : Il faudra donc aussi , dit AGRIUS ,
dire qu'un troupeau d'esclaves sera partie de l'A-
griculture , lorsqu'on jugera à propos d'en tirer la
même utilité. Votre erreur vient donc de ce que
vous vous imaginez , que l'on doive avoir dans une
terre toute espece de bestiaux , même ceux
dont on tire une utilité étrangere à cette terre ;
ce qui n'est point raisonnable , autrement il faudroit aussi y avoir beaucoup d'autres choses absolument étrangeres , comme , par exemple , un
grand nombre de Tisserands , d'ouvriers en draps
& d'autres especes d'artisans. Séparons donc , dit
SCROFA , l'engrais des bestiaux de l'Agriculture ,

ainsi que tous les autres objets qui lui sont étrangers, mais qu'il plaira à telle ou telle personne d'avoir dans son fond. Faudra-t il, dis-je, m'en rapporter aux livres des Sasernas pere & fils (29); & dois-je penser d'après eux, qu'il y ait plus de rapport entre l'Agriculture & la façon de faire des ouvrages de poterie, qu'entre l'Agriculture & les mines d'argent, ou de tel autre métal que ce soit, qui toutes ne peuvent pas certainement s'exploiter ailleurs que dans un fond quelconque? mais non, & de même que les carrieres & les sablonnieres ne sont point du fait de l'Agriculture, les ouvrages de poterie n'en sont point non plus : ce n'est pas que je veuille en conclure qu'on ne doive pas les exploiter, ni en tirer du profit dans les terres où on pourra le faire commodément; de même que si on a un fond situé près d'un grand chemin, & un emplacement commode pour les voyageurs, il faut sans contredit y construire des Hôtelleries, mais cependant, tel profit que l'on en tire, on ne pourra pas dire, qu'elles fassent pour cela partie de l'Agriculture. En effet, de ce qu'il résulte quelque profit pour un propriétaire à cause de sa terre, ou même dans sa terre, il ne s'ensuit pas qu'il doive rapporter ce profit à l'Agriculture, puisqu'il n'y a réellement de fruit, qui soit dans le cas d'y être

---

(29) D'anciennes Médailles font foi qu'ils étoient de la famille Hostilia.

rapporté, que celui que l'on fait venir de la terre
elle-même pour son usage, & en vertu d'un ensemencement que l'on aura fait précédemment.
STOLON prenant la parole, me dit : Vous portez
sûrement envie à ce grand Auteur, & ce n'est
que par esprit de critique que vous le reprenez
sur l'article des poteries, d'autant que vous avez
passé sous silence bien d'excellentes choses dont
il traite, pour n'être pas dans le cas de lui donner les éloges qu'il mérite, quoi qu'elles soient
très-fort du ressort de l'Agriculture. SCROFA s'é-
tant mis à sourire, parce qu'il ne faisoit aucun cas
de ce qui étoit contenu dans ces Livres, quoiqu'il en fût fort bien instruit, & AGRASIUS qui
pensoit en être également instruit, ayant prié
STOLON de dire quelles étoient ces choses dont
il entendoit parler, celui-ci commença à dire :
L'Auteur donne la façon de tuer les punaises en
ces termes; Faites tremper du concombre sauvage
dans l'eau, & répandez de cette eau en tel endroit que vous voudrez, les punaises n'en appro-
cheront point; ou bien frottez votre lit de fiel
de bœuf mêlé avec du vinaigre. FUNDANIUS regardant SCROFA, lui dit : Il a pourtant raison de
dire que cet Auteur a donné cette méthode dans
son Agriculture. SCROFA lui répondit : Oui j'en
conviens, comme il a aussi donné celle-ci : Pour
épiler quelqu'un, il n'y a qu'à jetter dans de l'eau
une grenouille jaune, la faire cuire jusqu'à ce
que l'eau soit réduite aux deux tiers, & lui

en frotter le corps. Pour moi, répliquai-je, je ci-
terai d'autant plus volontiers un article, que j'ai
trouvé dans ce Livre, que c'est un article qui
concerne la santé de Fundanius; car ses pieds lui
occasionnent souvent des rides sur le visage, par
la douleur qu'ils lui causent. Dites le promptement, je vous prie, reprit Fundanius, car j'aime
mieux apprendre quelque chose qui puisse contribuer à la guérison de mes pieds, que d'apprendre comment il faut planter des pieds de poi-
rée. Stolon se mettant à sourire : Je me charge,
dit-il, de raconter, en me servant des mots même dont l'Auteur s'est servi, tels que je les ai
entendu réciter à Tarquenna, la maniere dont
l'Auteur veut que vous puissiez guérir un homme, pourvu que dès qu'il aura commencé à sentir de la douleur aux pieds, il se souvienne de
vous. Hé bien, je pense à vous, reprit Fundanius,
ainsi guérissez mes pieds : Allons, poursuivit Stolon; *Que la terre garde la maladie, & que la santé
reste ici.* L'Auteur veut que l'on répete ces paroles trois fois neuf fois, que l'on touche la terre,
que l'on crache, & que l'on soit à jeun pour faire ce charme. Vous trouverez encore, ajouta-t-il,
beaucoup d'autres secrets dans les Sasernas, qui
tous n'ont aucun rapport à l'Agriculture, & qu'il
faut par conséquent rejetter. Comme si, repli-
quai-je, il ne s'en trouvoit pas de pareils dans
les autres Auteurs? N'y a-t-il pas en effet, même
dans le Livre que le grand Caton a donné sur

l'Agriculture, mil chofes de cette nature, telles que celles-ci? Comment il faut faire la *Placenta* (30); Comment il faut faire le *Libum* (31); Comment il faut faler les jambons (32). Vous ne parlez pas, dit AGRIUS, de cette méthode qu'il a auffi donnée (33) : Si l'on veut beaucoup boire dans un repas & manger avec appétit, il faut auparavant manger du chou crud avec du vinaigre, & recommencer à en manger la valeur de cinq feuilles après le repas.

CHAPITRE III.

A-PRÉSENT, dit AGRASIUS, que nous avons mis de côté les chofes qu'il faut diftinguer de la culture, comme lui étant étrangeres : voici celles qui nous reftent à examiner? Quelle efpece de fcience eft l'Agriculture, & quels font les préceptes de cette fcience relativement à la culture : fi c'eft un Art ou tout autre chofe, & quel eft le point dont elle part pour arriver à fon but. STOLON ayant tourné les yeux fur SCROFA, lui dit : C'eft à vous à nous expliquer ces différens points, comme étant le

---

(30) Voy. l'Economie rurale de Caton, Chap. LXXVI.
(31) Voy. l'Economie rurale de Caton, Chap. LXXV.
(32) Voy. l'Economie rurale de Caton, Chap. CLXII.
(33) Voy. l'Economie rurale de Caton, Chap. CLVI.

plus distingué par l'âge, par le rang & par les con-
noiſſances. SCROFA ſenſible à ce compliment commença ainſi : L'Agriculture eſt non-ſeulement un
Art, mais encore un Art de néceſſité & très-étendu.
C'eſt la ſcience qui nous apprend ce que nous devons ſemer, & les travaux que nous avons à exécu-
ter dans telle eſpece de terre que ce ſoit, & qui
nous fait diſcerner quelle eſt celle qui eſt en état
de rapporter continuellement les fruits les plus
abondans.

CHAPITRE IV.

LEs principes de l'Agriculture ſont les mêmes,
que ceux qu'Ennius (1) donne au monde, ſçavoir : l'Eau, la Terre, l'Air & le Feu ; car ces
principes ſont la premiere choſe qu'il faut connoître, avant de confier vos ſemences à la terre,
attendu que ce ſont les principes des fruits que
vous récolterez; c'eſt de cette connoiſſance que
doivent partir les Agriculteurs, pour diriger leurs
travaux vers ces deux buts-ci : l'utilité & l'agrément; le premier but tend à procurer des fruits,

____

(1) Le Poëte Ennius (V. la Note 6. du Chap. I.) avoit
traduit du Grec en Latin, des morceaux tirés d'Epicharmus Poëte & Philoſophe Pytagoricien, ſur la nature des
choſes, & avoit donné à cet Ouvrage, dont ceci eſt tiré,
le titre d'*Epicharmus.*

& le second à procurer du plaisir. Ce qui est utile l'emporte à la vérité sur ce qui est de pur agrément; mais cependant la culture, en rendant une terre plus belle à la vue, non-seulement la rend communément plus fructueuse, comme il arrive lorsque des plans d'oliviers ou de vignes mariées à des arbres, sont rangés avec un certain ordre, mais elle la rend encore plus aisée à vendre, en ajoutant à son prix réel. Car il n'y a personne, qui, de deux fonds qui rapportent également, n'aime mieux acheter plus cher celui qui est de la plus belle apparence, que celui qui se présente mal à l'œil. Le fond le plus utile est sans contredit celui qui est le plus sain, parce que le produit en est certain; au lieu qu'il arrive que dans un fond mal-sain, tout fertile qu'il soit d'ailleurs, les accidens ne laissent point au Cultivateur le temps de voir parvenir les fruits à la récolte. Effectivement dans tout endroit où il faut batailler avec la mort, non-seulement les fruits sont incertains, mais la vie même des Cultivateurs n'est pas en sûreté; aussi par-tout où la salubrité manque, la culture n'est-elle rien autre chose qu'un jeu de hazard, auquel le Propriétaire risque sa vie & sa fortune. Ce n'est pas que la science ne puisse obvier à cet inconvénient, & le rendre moins funeste : en effet, de ce que la salubrité, qui provient de l'air & de la terre, n'est pas à notre disposition, & qu'elle dépend de la nature, il ne s'ensuit pas qu'il ne soit pas en notre pouvoir, à beaucoup d'égards, de rendre plus supportables par nos soins les inconvéniens les plus facheux. Si, par exemple, un fond se trouve mal-sain, soit à cause de la terre, ou de l'eau qu'on y rencontre, soit à cause de quelques mauvaises odeurs qu'il exhale en certains endroits, comme s'il se trouve trop chaud par la position du climat sous lequel il est situé, ou qu'il soit battu de quelques mauvais vents; un Propriétaire peut communément venir à bout de corriger ces défauts par l'Art & par les dépenses qu'il y fera. On voit par-là combien il est intéressant d'examiner le pays dans lequel sont situées les Métairies, leur étendue, & leur position relativement aux entrées, aux portes & aux fenêtres. Hyppocrate, ce fameux Médecin (2), n'a-t'il pas par sa science préservé d'une grande peste, je ne dis pas un seul endroit, mais un nombre de Villes considérable ? Mais pourquoi le citer à l'appui de ce que je dis ? Notre ami VARRON, ici présent, n'a-t'il pas sçu ramener sains & saufs ses compagnons de voyage & ses gens, dans le temps que l'armée & la flotte étoient à l'Isle de

---

(2) C'est le premier des Médecins, qui ait donné des préceptes clairs sur son Art. On en a fait un éloge qu'aucun Médecin n'a peut-être mérité depuis lui, lorsqu'on a dit, qu'il étoit aussi éloigné de tromper les autres, que de tomber lui-même dans l'erreur. Cet homme célèbre étoit de l'Isle de Coos, & mourut à 104 ans.

Corcyre,

Corcyre, quoique toutes les maisons fuſſent remplies de malades & de cadavres, en faiſant faire de
nouvelles fenêtres aux maiſons, pour y donner paſſage au vent du Nord, en bouchant celles par leſquelles entroit l'air peſtilentiel, en changeant de
côté les ouvertures des portes, & enfin par toutes
ſortes d'autres expédiens de cette nature.

CHAPITRE V.

APRÈS avoir fixé les principes & le but de l'A-
griculture, il nous reſte à examiner de combien
de parties cet Art eſt compoſé. Le nombre m'en
paroît immenſe, dit AGRIUS, lorſque je conſidere
la quantité de livres que Théophraſte (1) a com-
poſés ſous les titres d'*Hiſtoire des Plantes*, & de
Cauſes de la végétation. Ces Livres, dit STOLON,
ſont plus utiles à ceux qui veulent fréquenter les
Ecoles des Philoſophes, qu'à ceux qui ne veulent
que s'adonner à cultiver des terres. Je ne prétens
cependant pas vouloir dire par-là qu'ils n'aient rien
d'utile, & qu'ils ne puiſſent pas ſervir aux uns
comme aux autres. Quoiqu'il en ſoit, j'aime mieux
que vous nous expliquiez vous-même les différentes parties de l'Agriculture. Il y a dans l'Agriculture, reprit SCROFA, quatre parties à conſidérer,

______

(1) Voy. la Note 26, du Chap. I.

d'où dérivent toutes les autres : la premiere, c'est la connoissance d'un fond de terre, c'est-à-dire, de la qualité du sol en lui-même, & de ses différentes parties ; la seconde est la connoissance de ce qu'il faut avoir sur ce fond pour la culture ; la troisieme est la connoissance des travaux qu'il y faut faire pour le bien cultiver ; & la quatrieme enfin est la connoissance des temps destinés à chacun de ces travaux. Chacune de ces quatre parties se subdivise elle-même au moins en deux branches. La premiere partie qui concerne le fond, renferme d'un côté les terres, de l'autre les métayeries & les étables. La seconde partie qui concerne le mobilier, qui doit être dans un fond pour la culture, se subdivise aussi en deux branches, dont la premiere comprend les hommes qui doivent travailler à la culture, & la seconde le reste de l'attirail qu'elle entraîne après elle. La troisieme partie qui a pour objet les choses qu'il faut faire dans un fond, renferme les préparatifs qu'elles exigent, & la connoissance des lieux où on doit les faire. Enfin la quatrieme partie qui concerne les temps, comprend ce qui a rapport au cours du Soleil pendant l'année, & à celui de la Lune pendant le mois. Je commencerai par ces quatre premieres divisions, en traitant tout de suite des sous-divisions d'une maniere plus détaillée.

CHAPITRE VI.

IL nous faut d'abord examiner, relativement au sol d'un fond, ces quatre points-ci : quelle est sa forme ; de quelle nature est la terre dont il est composé ; quelle est son étendue ; & comment il est en sûreté par lui-même. Comme un fond peut être considéré sous deux especes de forme, l'une qu'il tient de la nature, & par laquelle il est d'une meilleure qualité qu'un autre ; la seconde qu'il acquiert par la culture, & qui fait qu'il est mieux planté qu'un autre ; je traiterai d'abord de sa forme naturelle. Or, de même qu'il y a trois genres de terres, que l'on peut regarder comme les plus simples, parce qu'elles ne sont point composées de différentes especes, à sçavoir celles qui sont situées dans les plaines, celles qui sont situées sur des collines, & celles qui sont sur de hautes montagnes : il y en a aussi un quatrieme genre mixte, c'est-à-dire, qui est composé ou des trois précédens, ou seulement de deux d'entr'eux, tel que celui de certaines terres qu'on trouve en plusieurs endroits. Pour les trois genres simples, il est certain qu'il y a une culture qui convient davantage aux terres qui sont dans les plaines, qu'à celles qui sont situées sur le haut des montagnes, parce que les premieres sont plus chaudes que les dernieres,

comme il y en a aussi une différente pour celles
qui sont situées sur les collines, attendu que celles-ci sont plus tempérées que les deux autres especes. La différence de ces qualités sera d'autant
plus sensible, que le pays où ces terres seront situées, sera plus étendu, lors sur-tout que ce pays
ne sera composé dans toute son étendue, que de
terres d'un seul genre. C'est pour cela que la plus
grande chaleur se fait sentir dans les pays où il se
trouve des plaines bien spacieuses ; d'où vient
que dans le pays de l'Apulia le climat est si chaud
& si pesant : de même que les pays montagneux,
comme le Mont-Vésuve, sont plus légers, & en
conséquence plus sains. Ceux qui cultivent les terreins bas, souffrent plus de l'Eté ; au lieu que ceux
qui cultivent les terreins élevés, souffrent plus de
l'Hiver : on s'y prend de meilleure heure pour
faire les semailles du Printemps dans les plaines,
que l'on ne fait dans les lieux élevés, & la récolte
se fait plutôt dans ces derniers que dans les premiers ; comme aussi l'on seme, & l'on recueille
plus tard dans les lieux élevés, à proportion de ce
qu'ils le sont davantage. Quelques arbres ne parviennent à toute la hauteur & à toute la fermeté
dont ils sont susceptibles, que sur les montagnes,
& par le froid qui s'y fait sentir ; de ce nombre
sont les diverses especes de sapins : d'autres n'y
parviennent que dans les lieux tempérés, comme
ici ; tels sont les peupliers & les saules : il en est
qui réussissent dans les terreins élevés, comme

l'arbousier & le chêne ; & d'autres dans les terreins bas, comme l'amandier & le figuier qui rapporte des figues folles. Il y a plus d'analogie entre les fruits des collines basses, & ceux des plaines, qu'entre ces mêmes fruits, & ceux des montagnes : c'est le contraire pour les collines élevées. Ces trois différentes formes naturelles donnent aussi des différences entre les plantations, qui leur conviennent. C'est ce qui fait que l'on estime plus les terres à bled des plaines, les vignes des collines & les forêts des montagnes ; d'ordinaire l'Hiver est le temps le plus favorable pour ceux qui cultivent les plaines, parce qu'ils y trouvent alors des prés en herbes, & que la taille des arbres est plus supportable à y faire dans cette saison. L'Eté au contraire est plus avantageux pour ceux qui cultivent les terreins montagneux, tant parce qu'il s'y trouve beaucoup plus de pâturage pendant cette saison, que dans les plaines dont les herbes sont alors brulées, que parce que le travail, qu'exige la culture des arbres, s'y fait plus commodément, à cause de la fraîcheur de l'air, qui s'y fait sentir plus que dans les plaines. Une plaine dont la pente est uniformément soutenue d'un seul côté dans toute son étendue, est préférable à celle qui seroit exactement de niveau, parce que, les eaux n'ayant point découlement dans cette derniere, elle est sujette à devenir marécageuse : à plus forte raison un terrein, lorsqu'il est mal applani, est-il d'autant plus défectueux, que les parties basses & sans issues, où les eaux se rassemblent & croupissent, y sont en plus grande quantité; c'est ainsi que ces trois différentes formes naturelles de terres, sont autant de raisons qui déterminent à les cultiver différemment.

CHAPITRE VII.

Stolon. Il paroît qu'on peut rapporter assez commodément à cette forme naturelle, ce que Caton dit (1): Que le meilleur fond de terre, est celui qui est situé au pied d'une montagne & exposé au midi. Scrofa continua ainsi : Quant à la forme qu'un fond de terre reçoit de la culture, je prétens qu'un terrein qui présente un aspect plus élégant qu'un autre, est par-là même d'un plus grand rapport; comme, par exemple, des plans de vignes mariées à des arbres bien arrangés en quinconces, sont d'un plus grand profit que des plans confus, à cause de l'ordre dans lequel ces arbres sont arrangés, & des intervalles qui sont ménagés entre chacun. C'est pourquoi le vin ou le bled que nos Ancêtres récoltoient sur un terrein, étoit en moindre quantité & de moindre qualité, que celui que nous récolterions sur un terrein de même grandeur, parce qu'ils le plantoient

____

(1) Voy. l'Economie rurale de Caton, Chap. I.

& l'enfemençoient mal : car lorfque les chofes font chacune à leur place , il eft certain que leur totalité occupe moins d'efpace, qu'elles ne fe nuifent pas mutuellement, & que les unes n'interceptent pas aux autres les influences du Soleil, de la Lune & de l'Air , dont elles ont toutes également befoin. C'eft ce que l'on peut fentir par une comparaifon prife de certains corps : on ne peut , par exemple, faire entrer qu'à grande peine , dans un *modius* & demi , toutes les noix caffées , que contenoit franchement un *modius* , quand elles étoient entieres , parce que, dans ce dernier cas , chacune avoit fa coquille & fon amande difpofées dans le lieu même , qu'elles devoient occuper naturellement. D'ailleurs , lorfque des vignes ou des oliviers font plantés en ordre , le Soleil & la Lune les mûriffent également par tous les côtés , d'où il réfulte qu'ils produifent plus de raifins & plus d'olives, & que ces fruits parviennent plus promptement à leur maturité ; deux effets qui font infailliblement fuivis de deux autres , fçavoir , qu'ils rendent plus de vin doux & d'huile, & par conféquent plus d'argent. Nous voici parvenus au fecond point, qui confifte à fçavoir de quelle efpece de terre doit être compofé le fol d'un fond , pour être appellé très-bon, ou non bon : de-là dépend en effet le choix des efpeces de productions auxquelles on le tournera, & du genre de culture qu'on lui donnera. Car toutes fortes de plantes ne viennent pas également bien dans un même

terrein, & de même que tel terrein est propre
pour la vigne, tel autre pour le bled, on peut dire
en général que de tous les terreins possibles, les
uns sont propres pour une chose, & les autres pour
une autre. Aussi dit-on que dans l'Isle de Crete,
il y a auprès de Cortinia un platane, qui ne se
dépouille point de ses feuilles en Hiver (2). Théophraste (3) raconte qu'il y en a un pareil dans l'Isle de Cypre. Il y a encore en face de la ville de
Sybaris, que l'on appelle aujourd'hui Thurium,
un chêne qui a la même propriété (4). Il arrive
aussi auprès d'Elephantine, que les figuiers & les
vignes ne quittent point leurs feuilles, comme
dans notre pays. Par la même raison beaucoup de
plantes rapportent deux fois l'an, comme les vignes de Smirne, auprès de la mer (5), & les pom-

---

(2) Pline 12, 1 en citant ce phénomene célébré tant par
les Auteurs Grecs, que par les Auteurs Latins, en prend occasion de tourner en dérision la passion des Grecs pour les
fables, parce qu'ils avoient débité que c'étoit sous cet arbre que Jupiter avoit eu commerce avec Europe, comme si
cet arbre fût unique en son genre.

(3) Voy. la Note 26 du Chap. I.

(4) Pline 16, 21, ajoute que ce chêne n'entroit en pous-
se qu'au milieu de l'Eté, d'où l'on pourroit conclure que
toute la merveille de ces arbres consistoit en ce que, poussant
plus tard que les autres, ils gardoient à proportion leurs
feuilles après que les autres les avoient quittées.

(5) Le P. Hardoin sur Pl. 16, 50, veut, d'après des Manuscrits de Pline qu'il a consultés, qu'au lieu de *Mare* on

miers dans le voisinage de Consentia. Le principe que j'avance est encore prouvé par l'expérience,
qui nous apprend que les lieux, qui ne sont point
cultivés, montrent plus de diversité dans leurs
productions, que ceux qui le sont ; mais que ceux-
ci donnent aux leurs plus de qualité. C'est pour
cela encore qu'il y a des plantes, qui ne peuvent
vivre que dans un terrein aqueux , ou même au
milieu de l'eau, encore ces sortes de plantes ne
vivent-elles pas indistinctement dans toute espece d'eau , puisque les unes vivent mieux dans des
lacs , comme les roseaux dans le lac de Reate ; les
autres dans les fleuves, comme les aunes dans le
fleuve Epeirus ; d'autres enfin dans la mer , comme le dit Théophraste des palmiers & des scilles.
Lorsque j'étois à la tête de l'armée, j'ai trouvé des
pays situés dans l'intérieur de la Gaule Transalpine, proche le Rhein, où il ne croissoit ni vignes,
ni oliviers, ni arbres fruitiers, où l'on ne fumoit
pas autrement les terres, qu'avec de la craie blanche, qu'on tiroit du sein de la terre, & ou les habitans, au lieu de tirer leur sel de la terre ou de la

---

lise *Matroum* , c'est-à-dire, auprès du Temple de Cybele , la
mere des Dieux. Il est certain par Pline 14 , 4, & par Strabon *L.* 4 , que ce Temple existoit à Smyrne ; mais est-ce
une raison suffisante pour corriger notre Auteur, & ce Temple lui-même ne pouvoit-il pas être auprès de la mer , &
donner lieu à ces deux Auteurs de désigner un seul & même
endroit, l'un par le voisinage de la mer , & l'autre par celui
du Temple.

mer, se contentoient de brûler certains bois, dont les charbons leur en tenoient lieu (6). Lorsque Caton, dit STOLON, fait la revue des différentes sortes de terreins, pour examiner lequel est le meilleur (7), il les divise en neuf classes, de façon qu'il met dans la premiere classe celui que l'on peut planter de vignes, qui soient abondantes en vin de bonne qualité; dans la seconde un jardin bien arrosé; dans la troisieme des saussayes; dans la quatrieme des plans d'oliviers; dans la cinquieme des prairies; dans la sixieme une terre à bled; dans la septieme un bois taillis; dans la huitieme un lieu planté en arbres fruitiers, & dans la neuvieme une chenaye. Je sçai bien, dit SCROFA, que c'est ce qu'il a écrit, mais tout le monde n'est pas en cela de son avis, puisqu'il y a des personnes qui mettent les bonnes prairies dans la premiere classe, sur quoi je pense moi-même comme elles : c'est pour cela que les Anciens ont donné aux prés le nom de *Prata*, comme qui diroit *Parata*, parce qu'ils sont toujours prêts à rapporter, sans exiger de grands soins. Cæsar Vopiscus, plaidant une cause après son Edilité (8), devant les Cen-

---

(6) Pline 31, 7, dit qu'en certains endroits c'est le charbon du chêne qui vaut le mieux pour cet usage, & en d'autres celui du coudrier. Il paroit cependant, par ce Naturaliste, que le charbon, tel qu'il soit, ne contracte cette propriété, que lorsqu'on jette dessus de l'eau salée, pendant qu'il est en feu.

(7) Voy. l'Economie rurale de Caton, Chap. I.

(8) Les Ediles étoient des Magistrats chargés à Rome de

feurs (9) , avança que les campagnes de Rofea
étoient les plus graffes de l'Italie , puifque lorfqu'on y avoit laiffé la veille un échalas, on ne
pouvoit plus le retrouver le lendemain , à caufe
de la hauteur de l'herbe , dont il fe trouvoit couvert.

CHAPITRE VIII.

Il (1) y a auffi des Antagoniftes de la vigne , qui
penfent que les frais qu'elle entraîne après elle ,
confument à eux feuls le produit des fruits qu'elle
peut rapporter. Il faut, dis-je , faire une diftinc-
tion entre les différentes efpeces de vignes; car il
y en a de beaucoup d'efpeces. Il y en a de rampantes , & qui n'ont pas befoin d'échalas, comme en
Efpagne; il y en a d'élevées, comme celles que l'on

foin de donner les jeux publics. Ils avoient l'Intendance des
Temples & la police de toute la Ville.

(9) Les Cenfeurs étoient les Magiftrats chargés de faire
le dénombrement du peuple. Ils avoient infpection fur les
mœurs & la conduite de tous les Citoyens.

(1) La première phrafe de ce Chapitre eft vifiblement une
fuire de ce qui a précédé , c'eft-à-dire, une expofition d'un
fecond avis oppofé au fentiment de Caton, qui préféroit les
vignes à tout. Ainfi la féparation de ce Chapitre d'avec le
précédent eft mal placée , & ne pourroit tout-au-plus fe to-
lérer qu'à la feconde phrafe. Nous avons déja remarqué que
les divifions par Chapitres ne font pas de nos Auteurs.

appelle *Jugata* ; la plupart de celles d'Italie font de cette nature. Cette derniere espece de vignes a befoin de deux chofes, de paiffeaux & de jougs : on appelle paiffeaux des pieux, que l'on fiche en terre perpendiculairement pour foutenir la vigne : on appelle jougs, d'autres pieux qui font paffés en travers fur les premiers : & c'eft de ce mot que ces vignes ont pris le nom de *Jugata*. On compte à peu près quatre efpeces de jougs : les perches, les rofeaux, les cordes & les farmens ; les perches font d'ufage dans le canton de Falernum, les rofeaux dans celui d'Arpinum, les cordes dans celui de Brundufium, & les farmens dans celui de Mediolanum. Il y a deux façons d'attacher les vignes au joug : l'une eft de les y attacher perpendiculairement, comme l'on fait dans le canton de Canufium ; l'autre eft de les y attacher en forme de treillage, de façon que leurs branches fe croifent par le milieu, comme font la plupart des vignes d'Italie. Quand on tire ces jougs de fon propre terrein, il n'y a pas lieu de craindre que la vigne foit couteufe ; quand on en tire la meilleure partie des Métairies voifines, les frais ne font pas encore confidérables. Pour les jougs de la premiere efpece, il faut avoir fur fon fond des fauffayes, dont on les tirera ; pour ceux de la feconde, une portion de terrein plantée en rofeaux ; pour ceux de la troifieme, une plantation en jonc ou autre chofe d'équivalent ; pour ceux de la quatrieme enfin, il faut avoir un plan d'arbres, fur lefquels on puisse entrelasser de long sarmens de vignes, comme font ceux de Mediolanum, sur des arbres qu'ils appellent *opulos* (2), & ceux de Canusium, sur les figuiers, dont ils réunissent à cet effet plusieurs branches liées ensemble avec des roseaux (3). On compte aussi à peu près quatre especes de paisseaux. La premiere espece, qui est la plus robuste & la meilleure de celles, que l'on puisse employer à la vigne, est de chêne ou de genevrier, & s'appelle *ridica*. La seconde espece s'appelle *palus* ; c'est une perche qui sera d'autant meilleure, qu'elle sera plus dure, parce qu'elle se conservera d'autant plus long-temps ; lorsqu'elle sera pourrie en terre par le pied, on l'en arrachera & on la retournera de l'autre sens, de façon que ce qui en étoit hors de terre s'y trouvera enfoncé. La troisieme espece, est celle que le roseau fournit subsidiairement, lorsqu'on manque des deux premieres : on prend pour cela quelques roseaux, que l'on attache ensemble avec leur écorce, & que l'on met dans de petits tuyaux de terre cuite, que l'on appelle *cuspides* ; il faut que ces tuyaux soient percés par le bout, afin que l'eau des pluies puisse s'écouler par ce trou. La nature seule fournit la quatrieme espece, lors qu'en formant un vignoble, on a soin d'entrelasser les

____

(2) Des obiers.

(3) Pour leur donner plus de consistance, parce que les branches de figuier sont trop foibles & trop fragiles par elles mêmes.

branches de seps, d'arbres en arbres ; il y a des personnes qui appellent ces sortes d'entrelassemens *traduces*, d'autres les appellent *rumpi*. Les vignes doivent monter à la hauteur de l'homme ; & leurs paisseaux doivent être à une distance suffisante les uns des autres, pour que des bœufs attelés ensemble puissent labourer dans les intervalles. La vigne la moins couteuse, est celle qui, sans avoir besoin de jougs, peut rendre un *Acratophoron* de vin (4). Il y en a de deux especes : les unes dont les grappes n'ont pas d'autre lit que la terre, telles qu'on en voit en plusieurs contrées de l'Asie ; mais il arrive souvent dans ce cas là, que les renards en profitent autant que les hommes, & que si la terre vient à engendrer des rats, la vendange diminue en conséquence, à moins que l'on n'ait soin de distribuer par toute la vigne des souricieres, que l'on fait dans l'Isle de Pandataria : l'autre espece de vigne est celle dont on releve au-dessus de terre les branches qui promettent de la grappe ; à cet effet on met dessous la branche, à l'endroit où elle est chargée de grappes, des fourchettes faites avec des petites branches d'arbres d'environ deux pieds de longueur , pour empêcher la vendange de périr ; par ce moyen cette branche s'accoutume insensiblement après la

---

(4) C'étoit une espece de vaisseau à mettre le vin pur, comme le porte le nom dérivé d'ἄκρατος, qui veut dire pur , & de φέρω, porter.

vendange à devenir une branche à fruit, que l'on attache en conséquence au sep avec une petite corde, ou un lien que nos anciens appelloient *ces-tum*. Il faut dans les pays où il y a de ces vignes, que le Propriétaire, dès que les vendangeurs sont partis, rapporte chez lui ces fourchettes, pour les y garder pendant l'Hiver, afin de pouvoir s'en servir une autre année, & éviter par-là de nouvelles dépenses : c'est l'usage de ceux de Reate en Italie. Toutes ces différences de soigner la vigne, n'ont lieu que parce qu'il est essentiel de se prêter à la différente nature des terres. En effet, dans les endroits où la terre est naturellement humide, il faut beaucoup élever la vigne, parce que le vin dans sa formation & dans sa croissance, ne cherche point l'eau, comme lorsqu'il est dans le verre, & prêt à boire, mais bien le Soleil. C'est pour cela (à ce que j'imagine) que les branches des vignes ont une tendance à quitter le sep le plutôt qu'elles peuvent, pour grimper aux arbres.

CHAPITRE IX.

IL importe donc, ainsi que je le disois tout-à-l'heure, de sçavoir de quelle nature est la terre, & quel est l'objet pour lequel elle est bonne ou mauvaise. Il y a trois acceptions du mot de terre ; ce mot se prend dans le sens général, dans le

fens propre & dans le fens mixte. Le mot de terre eft pris dans le fens général, lorfqu'on dit : le
globe de la terre, la terre d'Italie, ou telle autre
terre que ce foit ; car fous cette dénomination générale on comprend la pierre, le fable & les autres parties dont elle eft compofée. Le même mot
eft pris dans le fecond fens, qui eft le fens propre,
lorfqu'on ne lui ajoute aucune dénomination particuliere, & qu'on fe contente de dire fimplement
de la terre. Enfin, il eft pris dans le troifieme fens,
lorfqu'on ajoute à ce mot un épithete, pour défigner les mêlanges dont la terre eft compofée, &
qui la rendent propre à recevoir dans fon fein les
femences, qui doivent y prendre croiffance, comme
lorfqu'on dit une terre argilleufe, ou une terre
pierreufe, ou toute autre efpece de terre : car le mot
de terre pris dans ce dernier fens, ne comprend
pas moins d'efpeces différentes, que lorfqu'il eft
pris dans le fens général, fi l'on a égard aux mêlanges qui fe trouvent dans la terre prife dans l'un
comme dans l'autre fens. En effet, comme dans la
terre prife dans le fens général, il y a un grand
nombre de parties, qui ont chacune leur vertu
particuliere, telles que la pierre, le marbre, le
moëlon, le caillou, le fable, la terre rouge, l'argille, la pouffiere, la craie, le gravier & le charbon (c'eft-à-dire, les parties que le Soleil échauf-
fe à un tel point, qu'elles vont jufqu'à brûler les
racines des plantes) ; de même lorfque la terre,
proprement dite, eft mêlangée de quelqu'unes de

ces

ces parties-là, elle en emprunte son nom, & s'appelle ou crayeuse, ou graveleuse ou autrement, selon qu'elle est mêlangée d'autres parties. On peut même dire que l'on compte autant d'especes mixtes, qu'il y a de ces parties différentes, pour ne pas dire plus, puisque dans la vérité chaque espece peut être subdivisée elle-même au moins en trois autres : comme, par exemple, une terre peut être ou extrêmement pierreuse, ou médiocrement, ou presque point : & ainsi de même des autres mêlanges de terres, qui peuvent tous passer par ces trois degrés. En outre ces trois degrés eux-mêmes peuvent encore être subdivisés chacun en trois autres, parce que chacun de ces trois degrés peut indépendamment de cette premiere qualité, être en outre ou très-humide, ou très-sec, ou conserver le milieu entre ces deux qualités. Or toutes ces différences sont très-importantes à considérer par rapport aux fruits. C'est pourquoi les gens expérimentés sement plutôt du froment *Ador* (1), que du bled commun dans un terrein trop humide, comme ils sement plutôt de l'orge que du froment dans un terrein trop sec ; &, par la même raison, ils sement indifféremment l'un comme l'autre dans celui qui n'est ni trop humide, ni trop sec. D'ailleurs toutes ces especes de terres, ont encore d'autres différences plus détaillées :

____

(1) Voy. la Note 1, du Chap. XXXIV, de l'Economie rurale de Caton.

par exemple, s'il s'agit d'une terre fablonneufe,
autre chofe eft, quand le fable en eft blanc, autre
chofe eft quand il eft rouge; puifque, lorfqu'il eft
blanchâtre, on n'y peut pas planter d'arbriffeaux,
comme on le peut au contraire, lorfqu'il eft plus
rouge. De même il y a trois autres qualités effen-
tielles des terres, qu'il eft important de connoître, fçavoir : fi elles font maigres ou graffes, ou
d'une qualité mitoyenne, parce que, relativement à la culture, les terres graffes font plus uni-
verfellement fertiles que les maigres. Vous ne
trouverez pas dans ces dernieres, par exemple
dans le canton de Pupinia, des arbres d'une grande élévation, ni des vignes bien fertiles, ni de
paille d'une groffeur honnête, ni de figuiers qui
rapportent des figues folles; la plupart des arbres
n'y croiffent pas non plus, & les prés y font fecs
& couverts de mouffe; au lieu que dans un terrein gras, tel que celui de l'Hetruria, les terres
labourées rapportent beaucoup, & toutes les années fans fe repofer, les arbres font hauts, & l'on
n'y voit jamais de mouffe. Pour les terres d'une
qualité mitoyenne, comme celles de Tibur, elles
font plus propres à tout, à proportion de ce qu'elles approchent plus de la graiffe que de la mai-
greur, comme au contraire elles y font moins propres, lorfque la pire de ces deux qualités y eft
la dominante. Diophanes de Bythinie (2), dit

____

(2) Voy. la Note 29 du Chap. I.

STOLON, a prétendu avec assez de raison que pour s'assurer si une terre étoit propre à la culture, ou non, on pouvoit consulter différens indices, les uns pris de ses productions, les autres d'elle-même. Tels sont les indices pris de la terre elle-même; c'est si elle est blanche, si elle est noire, si elle est légere & friable lorsqu'elle est remuée, si elle n'est pas d'une qualité cendreuse, ni trop compacte. Pour les indices que donnent de la bonté d'une terre, les productions qui y croissent sans culture, c'est lorsque ces productions sont bien hautes & que les fruits en sont abondants. Mais poursuivons, & parlez-nous à présent du troisieme point relatif au sol, c'est-à-dire, de sa mesure.

CHAPITRE X.

SCROFA. Les uns ont adopté une façon de mesurer les terres, les autres en ont adopté une autre. Car dans l'Espagne ultérieure on les mesure par *Jugum*; dans la Province Campania, par *Versus*; & nous, dans le canton de Rome & dans tout le Latium, nous les mesurons par *Jugerum*. On appelle *Jugum*, la portée que deux bœufs attelés ensemble peuvent labourer en un jour. On appelle *Versus*, un quarré de cent pieds, tant en longueur qu'en largeur. Le *Jugerum* est le double de l'*Actus quadratus*, & l'*Actus quadratus* est de

cent vingt pieds de largeur, sur autant de longueur. On lui a donné en Latin (1) le nom d'*Acnua*.
La plus petite partie aliquotte du *Jugerum* s'appelle
un *Scriptulum*: elle équivaut à dix pieds, tant en longueur qu'en largeur. En partant de ce principe,
les Arpenteurs sont dans l'usage de dire qu'il y a
par-dessus le *Jugerum* une *Uncia*, ou un *Sextans*,
ou une autre partie telle quelle de l'*As*, parce
que le *Jugerum* est composé de deux cens quatre-
vingt-huit *Scriptula*, c'est-à-dire, par conséquent,
qu'il en contient autant qu'en contenoit notre ancien *As*, avant la guerre Punique (2). Deux de
ces *Jugera* réunis, qui forment la quantité précise
de terres, que l'on dit avoir été anciennement distribuée par Romulus à chaque Citoyen, ont pris

---

(1) Pourquoi lui donner en Latin le nom d'*Acnua*, quand
il porte déja le nom Latin, *Actus quadratus ?* *Acnua* d'ailleurs
est-il un mot vraiment Latin? ne seroit-ce pas plutôt un mot
corrompu & défiguré de celui d'*Agna*, semblable à celui de
Porca, autre mesure dont parle Columelle 5, 1, & dont les
Paysans seuls se servoient. Columelle 5, 1 le dit formelle-
ment : *Hunc Actum provincia Bætica rustici Acnuam vocant.*
Toutes ces raisons me portent à croire que ces mots du texte, *is modus Acnua Latinè appellatur*, ne sont qu'un mauvais commentaire puisé dans Columelle, qu'un ignorant
aura ajouté sur un Manuscrit de Varron, & qui s'étant per-
pétué dans d'autres Manuscrits & dans les imprimés, aura
passé dans le texte même.

(2) C'est la premiere guerre Punique, dont il entend
parler, qui commença l'an de la fondation de Rome 490,
avant J. C. 261, Voy. Pline 33, 3.

le nom d'*Heredium*, parce qu'ils étoient transmif-
fibles aux héritiers. Cent de ces *Haredia*, fe font
appellés par la fuite une *Centuria*. La *Centuria* eft
une furface quarrée, dont chacun des côtés a deux
mil quatre cens pieds de longueur. Quatre de ces
Centuriæ jointes enfemble fur deux de face, s'appellent *Saltus* dans les terres qui ont été partagées
publiquement entre les Citoyens.

CHAPITRE XI.

FAUTE d'avoir fait attention à la mefure d'une
terre, plufieurs perfonnes font tombées dans des
écarts : celles-ci ont fait leur Métairie moins grande que l'étendue de leur terre ne le requéroit,
celles-là l'ont faite plus grande ; deux inconvéniens également contraires à l'intérêt du Propriétaire, comme au rapport de fa terre. En effet,
lorfque les édifices font plus grands, que la terre
ne le comporte, ils coûtent plus cher à bâtir & à
entretenir, & lorfqu'ils font plus petits, les fruits
font communément en danger d'être diffipés. Car
il n'y a pas de doute qu'il ne faille faire un plus
grand cellier à vin dans une terre qui confiftera
en vignobles, que dans une autre, comme il y faudra faire de plus amples greniers, fi c'eft une terre
qui foit employée toute en bled. Il faut fur-tout,
lorfqu'on bâtit une Métairie, faire attention à ce

qu'elle foit pourvue d'eau dans fon enceinte, ou du moins à ce qu'il s'en trouve le plus près que faire fe pourra. L'eau la plus à defirer, fera celle qui y prendra fa fource, ou, à fon défaut, celle qui y coulera perpétuellement. Mais s'il ne s'y trouve point d'eau vive, il faut y conftruire des citernes qui foient à l'abri, & des abreuvoirs qui foient en plein air, les premieres à l'ufage des gens, les autres à celui des bêtes.

CHAPITRE XII.

IL faut faire enforte de placer la Métairie au pied d'une montagne couverte de bois, plutôt que partout ailleurs, & dans un endroit pourvu d'amples pâturages, en l'oppofant de face aux vents les plus fains de tous ceux qui foufflent dans canton. Le meilleur afpect pour une Métairie eft le point de l'horifon, où le Soleil fe leve dans le temps de l'E-quinoxe, parce que dans cette fituation, elle aura l'avantage de jouir à la fois de l'ombre en Eté, & du foleil en Hiver. Si vous êtes forcé de la bâtir auprès d'un fleuve, il faut avoir foin de ne la pas tourner vis-à-vis fon cours, autrement elle feroit très-froide en Hiver, & mal-faine en Eté. Il faut avoir la même attention auprès des marécages, tant pour les mêmes raifons, que parce que, lorfqu'ils viennent à fe deffécher, ils engendrent de petits animaux imperceptibles, qui entrent dans le corps par la bouche & par le nés, avec l'air qu'on respire, & qui occasionnent des maladies fâcheuses. Mais cependant, dit FUNDANIUS, lorsqu'un fond de cette nature me sera échû par succession, qu'aurai-je à faire pour me mettre à l'abri de cet air pestilentiel? Sans être fort habile, dit AGRIUS, je puis résoudre cette question : vendez - le à tel prix que ce soit, où, si vous ne pouvez pas vous en défaire, déguerpissez-en. Mais SCROFA reprenant la parole, continua ainsi : il faut éviter qu'une Métairie ne soit tournée du côté d'où nous vient pour l'ordinaire le vent le plus fatigant (1) : il ne faut pas non plus bâtir dans une vallée trop profonde, mais plutôt sur un lieu élevé, parce que, lorsqu'un bâtiment est exposé au plein air, s'il survient quelque chose de nuisible, le moindre vent viendra plus facilement à bout de le dissiper ; d'ailleurs les lieux que le Soleil éclaire pendant tout le jour, sont immanquablement les plus sains, parce que s'il s'engendre de petites bêtes dans leurs environs, ou qu'elles y soient amenées d'ailleurs, elles sont bientôt dissipées par le grand air, ou bien la sécheresse ne tarde pas à les faire périr. Les pluies soudaines, & qui tombent avec impétuosité, ainsi que les fleuves rapides, sont sou-

____

(1) L'Auteur entend peut-être ici un vent qui souffle du Midi, & que les Italiens modernes nomment vulgairement *Cirocquo*.

vent funestes à ceux qui habitent des bâtimens situés dans des terreins bas & creux; ils ont aussi
plus à craindre des coups de main de la part des
voleurs, qui trouvent plus de facilité à les surprendre à l'imprévu, au lieu que les lieux élevés
sont plus à l'abri de ce double danger.

CHAPITRE XIII.

IL faut disposer les étables de la Métairie, de
façon que celles qui seront destinées aux bœufs,
soient dans l'endroit où elles pourront sentir le
plus de chaleur pendant l'Hiver. Les fruits liqui-
des, tels que le vin & l'huile veulent être placés
sur la terre même, c'est pourquoi il faudra faire
des celliers à rez de terre, pour y mettre les vases
qui les contiennent. Pour les fruits secs, tels que
les fèves & le foin, on les mettra sur des planchers élevés au-dessus de terre. Il faut se précau-
tionner d'un endroit où les gens puissent prendre
leur repos, lorsqu'ils seront fatigués par l'ouvrage,
par le froid ou par la chaleur. La chambre du Métayer doit être près de la porte, afin qu'il soit à
portée de sçavoir qui entre ou qui sort la nuit, &
de voir ce qu'on porte; ce point est sur-tout nécessaire, lorsqu'il n'y a point de portier dans la
maison. Il est aussi très-intéressant que la cuisine
ne soit pas éloignée de lui, afin qu'il puisse y

avoir l'œil, attendu que c'est dans cette piece que se font certains ouvrages pendant l'Hiver avant le jour, & que c'est-là que se prépare le manger, & que l'on prend les repas. Il faut encore faire dans la basse-cour des remises assez spatieuses, pour y mettre à couvert les charettes, & tous les autres instrumens que la pluie pourroit gâter. Car si l'on se contente de les enfermer dans l'enclos, & en plein air, non-seulement ils se trouveront exposés à être volés, mais encore ils ne pourront pas résister aux mauvais temps. Il est à propos d'avoir deux basses-cours, lorsque la terre est d'une grande étendue; il y aura, au milieu de la basse-cour intérieure, une citerne, & l'eau de pluie qui viendra s'y rendre, pourra d'un côté servir de lavoir, lorsqu'elle passera dans les rigoles pratiquées sur les Stilobates des colonnes qui soutiennent les toits; d'un autre côté d'un abreuvoir, dans lequel les bœufs, en revenant des champs, seront à même de boire & de se baigner pendant l'Eté, de même que les oies, les truies & les cochons, lorsqu'ils reviendront de paître. Il faut avoir un réservoir dans la basse-cour extérieure, dans lequel on fera tremper les lupins & tout ce qui ne peut servir qu'après avoir été trempé dans l'eau : comme cette cour extérieure sera continuellement couverte de litiere & de paille, & que les bestiaux la fouleront aux pieds en allant & en venant, elle sera d'une grande ressource pour la terre, attendu qu'on en enlevera toutes ces immondices pour les

transporter dans les champs. Il faut avoir auprès
de la Métairie deux trous à fumier , ou un seul
qui soit partagé en deux parties : on mettra dans
l'un le nouveau fumier que l'on apportera de la
Métairie , & on prendra dans l'autre l'ancien fumier , que l'on voudra porter dans les champs :
d'autant que celui qui est bien pourri , vaut beaucoup mieux pour les terres , que celui qui est encore nouveau. Le tas de fumier se bonnifiera aussi ,
si on a soin de le garantir du Soleil , en étendant
par-dessus & sur les côtés des branchages & des
feuilles. Car il faut éviter que le Soleil n'attire à
lui d'avance le suc du fumier, dont la terre est avi-
de. Aussi les gens expérimentés ménagent - ils
(quand ils le peuvent) des écoulemens d'eau qui
puissent l'humecter ; c'est le moyen de conserver
très-bien son suc : voilà aussi pourquoi quelques
personnes y font aboutir les lieux d'aisance. Il
faut construire un bâtiment assez vaste , pour tenir
à couvert toute la moisson de la terre , c'est ce
que certaines personnes appellent un *Nubilarium*.
Il doit être proche de l'aire où l'on battra le bled ,
& d'une grandeur proportionnée à celle de la terre ; il faudra qu'il ne soit ouvert que d'un seul
côté , c'est-à-dire , du côté de l'aire , tant afin de
pouvoir en tirer facilement les gerbes , pour les
battre dans l'aire, que pour les y retirer par la suite promptement , si le temps vient à se couvrir.
Il faudra qu'il soit percé de fenêtres , du côté où le
vent pourra le rafraîchir le plus facilement. Les

bâtimens, dit FUNDANIUS, contribuent sans contredit à rendre un fond de plus grand rapport, pourvu qu'on se regle, en les construisant, sur les vues attentives de nos Anciens, plutôt que sur le luxe de nos Modernes. Effectivement les premiers ne regardoient en bâtissant, qu'à la quantité des fruits qu'ils pouvoient recueillir, au lieu que ceux-ci ne consultent que leurs passions effrénées; aussi les Métairies des Anciens étoient-elles d'un bien plus grand prix que leurs maisons de campagne, au lieu qu'aujourd'hui on voit communément tout le contraire. Dans ce temps-là, on citoit avec éloge une Métairie, pourvu qu'elle fût garnie d'une bonne cuisine de campagne, d'étables vastes, & de celliers tant pour le vin que pour l'huile, qui fussent proportionnés à la grandeur de la terre, & munis d'un pavé qui conduisît en pente à une fosse destinée à recevoir le vin au cas d'accident; précaution sage, parce qu'il arrive souvent que, lorsque le vin nouveau est renfermé, sa fougue rompt non-seulement les tonnes d'Espagne, mais encore les futailles d'Italie (1). Enfin ils avoient soin de pourvoir une Métairie de tout ce qui pouvoit être nécessaire à la culture :

---

(1) On peut conclure de ce passage, que les futailles d'Italie étoient moins exposées à se rompre que les tonnes d'Espagne, parce qu'apparemment ces dernieres étoient de bois comme les nôtres, au lieu que celles d'Italie étoient de terre. (Voy. la Note 2 de l'Economie rurale de Caton).

au lieu qu'aujourd'hui on n'est curieux que d'avoir une maison de campagne très-grande & très-élégante, & qu'on veut le disputer par le luxe à celles que Metellus & Lucullus (2) ont bâties au grand scandale de la République. C'est pour cela qu'on est plus occupé de tourner ses salles à manger d'Été du côté du Levant, pour jouir du frais, & celles d'hiver du côté du soleil couchant, qu'on ne s'inquiete, comme faisoient nos Anciens, du côté par lequel on percera les ouvertures des celliers à vin & à huile, toute importante que soit leur exposition, puisque le vin a besoin dans le cellier d'un air frais, lorsqu'il est renfermé dans les futailles, au lieu que l'huile veut un air plus chaud. Il faut aussi avoir l'attention de placer la Métairie sur une colline, plutôt que par-tout ailleurs, s'il s'en trouve une sur son terrein, & qu'il n'y ait point d'obstacle qui empêche d'y bâtir (3).

---

(2) Voy. la Note 17 du Chap. II.

(3) J'avoue que cette derniere phrase m'est bien suspecte, vû le peu de liaison qu'elle a avec ce qui précede & ce qui suit. Ne seroit-elle pas une Note que quelque Commentateur auroit mise, pour se rappeller ce que Varron a déja dit dans le Chapitre précédent, *qu'il faut bâtir sur un lieu élevé, & que les lieux élevés sont à l'abri des dangers*, qui menacent les bâtimens situés dans les vallées ?

CHAPITRE XIV.

JE vais parler à présent des clôtures que l'on fait, pour mettre en sûreté soit la totalité d'un fond, soit quelqu'une de ses parties. Ces clôtures sont de quatre especes; la naturelle, la champêtre, la militaire & l'artificielle. Chacune de ces especes se soudivise elle-même en plusieurs sortes. La premiere clôture que j'appelle naturelle, est celle que l'on forme ordinairement avec des brossailles ou des épines que l'on plante à cet effet; comme elle est formée de racines & de haies vives, on n'a pas à craindre que les flambeaux allumés, que pourroient y jetter des passans insolens, y mettent le feu. La seconde clôture est faite avec du bois grossier, & elle differe de l'autre en ce qu'elle n'est point vive : on la fait avec des pieux, que l'on enfonce en terre les uns auprès des autres, & que l'on garnit de brossailles dans les intervalles, ou que l'on perce en travers, pour y faire passer deux ou trois longues perches; on la fait aussi avec des troncs d'arbres, que l'on couche par terre & que l'on attache ensemble. La troisieme clôture, je veux dire la militaire, est un fossé & un rempart de terre; mais pour qu'un fossé remplisse bien cet objet, il faut qu'il soit assez profond pour pouvoir contenir toute l'eau des pluies, ou qu'il ait aſſez de pente pour en délivrer le fond ; pour qu'un rempart ſoit bon, il faut qu'il ſoit bordé extérieurement d'un foſſé, ou qu'il ſoit aſſez élevé, pour qu'il ſoit difficile de ſauter par-deſſus. On emploie ordinairement cette eſpece de clôture le long des grands chemins & des fleuves. On peut voir dans le canton de Cruſtuminum, proche la voie Saline, quelques endroits que l'on a clos ainſi avec des remparts attenant à des foſſés, dans l'intention de les garantir de l'impétuoſité du fleuve (1) : il y en a qui ſe contentent de faire des remparts ſans foſſés, & ils leur donnent le nom de murs, comme dans le canton de Reate. La quatrieme & derniere clôture, que j'appelle artificielle, eſt faite de murailles. On compte à peu près de quatre ſortes de murailles : celles de pierres, comme on en voit dans le canton de Tuſculum ; celles de briques cuites, comme on en voit dans la Gaule ; celles de briques crues, comme on en voit dans le canton de la terre Sabine, & celles de terre & de cailloux entaſſés entre deux planches, comme on en voit en Eſpagne & dans le canton de Tarente.

---

(1) Le Tybre.

CHAPITRE XV.

ON peut encore, sans avoir recours aux clôtures, mettre en sûreté les bornes d'un fond ou d'une piece de terre, en y plantant des arbres qui serviront à en fixer les limites, pour éviter qu'il ne s'éleve des rixes entre les gens de la maison & ceux du voisinage, & que l'incertitude des limites n'occasionne des procès, pour lesquels on se trouveroit obligé d'avoir recours à la Justice. Il y en a qui plantent à cet effet autour de leur terre des pins, comme a fait ma femme dans un canton de la terre Sabine, d'autres des Cyprès, comme j'ai fait près du Vésuve, d'autres des ormes, comme ont fait très-sagement plusieurs particuliers dans le canton de Crustuminum : effectivement, quand la chose est possible, comme elle l'est dans ce dernier canton, vû qu'il est tout en plaines, c'est l'orme qu'il y faut planter de préférence, parce que c'est l'arbre qui est du plus grand rapport, & qu'il peut, en servant de haie, soutenir quelques seps de vignes, qui rendront quelques corbeilles de raisins, produire les feuilles qui sont les plus agréables aux brebis & aux bœufs, & fournir des branchages pour les clôtures, pour l'âtre & pour le four. SCROFA : voilà donc les quatre choses qu'un Agriculteur doit d'abord examiner ; la forme d'un fond, la

nature de son sol, son étendue & la sûreté de
ses limites.

CHAPITRE XVI.

RESTE à examiner un second article, que l'on
peut ranger sous la premiere partie de l'Agriculture dont nous venons de traiter : la connoissance
de cet article, qui comprend l'extérieur du fond
& ses alentours, a une connexion si intime avec
la connoissance du fond lui-même, que l'utilité
de la culture ne dépend pas moins de l'une que
de l'autre. On peut diviser cet article en autant
de parties que le premier. Car il faudra examiner
premiérement, si le voisinage est infecté de brigands ; secondement, si c'est un pays où nous ne
trouvions pas d'avantage à exporter nos fruits, ni
à en tirer ce dont nous aurons besoin ; troisiéme-
ment, s'il n'y a ni chemins, ni rivieres pour fa-
ciliter les transports dans l'un ou l'autre cas, ou
que les chemins & les rivieres, qui s'y trouveront, ne soient point praticables ; quatriémement
enfin l'on doit examiner ce qu'il peut y avoir dans
les domaines voisins, d'avantageux ou de préjudi-
ciable aux nôtres. Quant au premier de ces quatre points, je dis qu'il est important d'examiner
si la contrée est infectée de brigands ou non : car
il se trouve bien d'excellentes terres, qu'il n'est pas

avantageux

avantageux de cultiver à cause des brigandages des voisins auxquels elles sont exposées, telles que certaines terres en Sardaigne proche Celie , & en Espagne dans le voisinage de la Lusitanie. Pour le second point, les terres qui ont avec le voisinage des communications faciles, tant pour la vente de ce qu'elles produisent , que pour la traite de ce qui peut leur manquer, sont dès-là très-avantageuses. Car il y a bien des personnes qui habitent dans des terres qui manquent de bled, de vin , ou d'autres choses nécessaires à la vie qu'il y faut par conséquent importer; comme il y en a beaucoup d'autres au contraire, qui habitent dans des terres où il se trouve certaines denrées , qu'il en faut exporter. C'est à cause de cela qu'il y a beaucoup de profit à cultiver des jardins auprès des Villes, en y multipliant des plans de violettes , de roses & de plusieurs autres fleurs pareilles , que l'on peut porter à la Ville, au lieu qu'il ne seroit pas expédient de s'adonner à ce genre de culture dans une terre qui seroit éloignée des Villes, & qui n'auroit point dans son voisinage d'endroit , où l'on pût porter ces sortes de marchandises pour les y vendre : de même si les Villes, & les Bourgs, & même les Terres & les Métairies du voisinage sont peuplés de beaucoup de gens riches , de qui vous puissiez acheter à bon marché ce dont vous aurez besoin pour votre terre , & à qui vous puissiez vendre ce que vous

aurez de superflu, comme, par exemple, des paiſ-
ſeaux, des perches ou des roſeaux dans le cas où
ils en auront beſoin, votre terre ſera d'un bien
plus grand rapport, qu'elle ne le ſeroit, s'il vous
falloit aller chercher tous vos beſoins plus au loin,
& très-ſouvent même vous ne gagneriez pas tant
à vous les procurer dans votre propre fond à force de culture. Auſſi les Propriétaires des terres qui
jouiſſent de cet avantage, aiment-t-ils mieux ga-
ger, pour ainſi dire, à l'année leurs voiſins, afin
que ceux-ci leur fourniſſent à leur commandement des Médecins, des foulons, des ouvriers,
que d'avoir de ces ſortes de gens en propriété dans
leur Métairie : parce qu'il arrive ſouvent que la
mort d'un ſeul artiſan de prix, vous fait perdre
en un inſtant tout le profit que vous aviez tiré de
votre terre ; au lieu que les gens riches, & qui
poſſedent des domaines étendus, ont ordinairement dans le nombre de leurs domeſtiques, de
toutes ces eſpeces de gens à leur commandement.
Mais ſi votre terre eſt trop éloignée des Villes ou
des Bourgs, il faut néceſſairement vous munir
d'ouvriers qui ſeront à demeure dans votre Métairie, ainſi que de toutes les eſpeces d'artiſans,
qui vous ſeront néceſſaires, ſi vous voulez éviter
que la néceſſité de ſortir ne fourniſſe à vos gens
un prétexte pour abandonner leur travail, & pour
ſe promener à l'aiſe les jours ouvrables, comme
s'il étoit fête, au lieu de faire fructifier votre terre

en travaillant. C'est pour obvier à cela que Saserna (1) exige dans son Livre, que personne ne sorte d'un domaine, si ce n'est le Métayer, l'esclave
chargé de la dépense, & celui que le Métayer aura
choisi lui-même pour faire des commissions. Cet
Auteur veut même que si quelqu'un vient à sortir
nonobstant cette défense, il soit puni, & que s'il
ne revient plus, le Métayer en porte la peine.
Mais il auroit plutôt dû défendre que personne
ne sortît sans l'ordre du Métayer, & que le Métayer lui-même ne s'écartât, sans l'ordre de son
Maître, plus loin qu'il ne faut pour être revenu le
même jour, ni plus souvent qu'il n'y sera forcé
par les besoins indispensables de la terre. Troisie-
mement, la commodité du transport augmente le
profit d'une terre; comme, par exemple, lorsqu'il
s'y trouve des chemins par où l'on peut aisément
conduire les charettes, ou qu'il y a dans le voisinage des fleuves navigables : car ce sont là les
deux moyens que nous connoissons de faire l'im-
portation, ainsi que l'exportation en beaucoup
d'endroits. Quatriémement, le profit d'une terre
dépend encore de la maniere dont le voisin a planté la sienne sur les limites de la vôtre : en effet,
s'il a un bois de chêne planté sur vos limites, vous
auriez tort de planter des oliviers auprès de ce
bois, parce qu'il y a naturellement une si grande
antipathie entre ces deux especes d'arbres, que

____

(1) Voy. la Note 18 du Chap. II.

non-feulement vos oliviers rapporteroient moins
de fruits, mais qu'ils fuieroient même l'approche
de ces chênes, au point de fe replier du côté de votre terre, comme la vigne a coutume de faire,
lorfqu'elle eft plantée auprès du choux. De grands
noyers plantés en quantité fur les limites d'une
terre, la rendent ftérile dans cette partie, de
même que les chênes.

CHAPITRE XVII.

JAI parlé de ce qui a rapport à la connoiffance
du fond, tant des quatre parties qui concernent
le fond en lui-même, que des quatre autres qui
en concernent l'extérieur, & defquelles dépend
également l'utilité de la culture : je vais maintenant traiter de ce qu'on emploie à la culture d'un
fond. Il y en a qui divifent cet objet-ci en deux
parties; fçavoir les hommes qui cultivent, & les
chofes qui leur font néceffaires pour cultiver, &
fans lefquelles ils ne pourroient pas le faire. D'autres le divifent en trois claffes; fçavoir, les inftrumens de culture qui font raifonnables, ceux
qui font animés fans être raifonnables, & ceux
qui font inanimés. Dans la premiere claffe font
compris les efclaves; dans la feconde les bœufs;
dans la troifieme les charettes. Tous les champs
font cultivés ou par des efclaves, ou par des

gens libres, ou par les uns & les autres. Par des
gens libres, ſoit ceux qui cultivent eux - mêmes
leur propre bien , comme font preſque tous les
gens très-pauvres en ſe faiſant aider de leurs enfans, ſoit ceux qui ſe donnent à gage , comme ces
gens libres qu'on a coutume de louer pour faire
les forts ouvrages , tels que la vendange ou les
foins, & ceux que nos Ancêtres appelloient *obœrati* (1), tels qu'on en rencontre encore aujour-
d'hui en quantité dans l'Aſie , dans l'Egypte &
dans l'Illyrie. Voici le principe auquel il faut ſe
tenir par rapport à toutes ces eſpeces de gens : c'eſt
qu'il y a plus de profit à faire cultiver les lieux
mal-ſains par des gens pris à gage , que par ſes
propres eſclaves; & même , tel ſain que ſoit un
lieu, il vaut encore mieux ſe ſervir des premiers,
quand il s'agit des plus forts travaux de la campagne , comme de la récolte des fruits de la vendange ou de la moiſſon. Voici les qualités que
Caſſius (2) exige de ces ſortes de gens dans ſon

____

(1) Ce mot, ſuivant notre Auteur, dans ſon traité de la
Langue Latine, *L.* 7, vient de celui d'*as* qui ſignifioit
dettes, ſur-tout lorſqu'il étoit joint avec celui d'*alienum.*
Nous en avons fait le mot François *obéré*, pour ſignifier
celui dont les affaires ſont dérangées. C'étoit donc des dé-
biteurs inſolvables qu'un créancier prenoit à ſon ſervice,
moyennant une ſomme convenue, pour travailler à ſon profit , juſqu'à ce qu'ils fuſſent quittes avec lui.

(2) C'eſt le Caſſius Dyoniſius d'Utique , qui avoit tra-

Livre : Il faut se pourvoir, dit-il, d'ouvriers qui puissent résister au travail, qui n'aient pas moins de vingt-deux ans, & qui aient de l'aptitude pour l'Agriculture. On pourra se mettre à même de conjecturer s'ils ont cette aptitude, en leur commandant des ouvrages d'un autre genre, pour voir comment ils s'en acquitteront, en les questionnant sur les usages de leurs pays relatifs à l'Agriculture, au cas qu'ils soient novices dans cet art, & en s'informant de ce qu'ils auront fait auparavant chez leur ancien maître. Pour les esclaves, il ne faut les prendre ni timides, ni hardis ; il faut que ceux qui sont à leur tête sçachent écrire, qu'ils aient quelque teinture de connoissances, qu'ils soient honnêtes gens, & plus âgés que les ouvriers dont je viens de parler, parce qu'on leur obéira plutôt que s'ils étoient plus jeunes. D'ailleurs il faut confier l'autorité sur les autres, à ceux préférablement qui ont de l'expérience dans les travaux rustiques, parce qu'ils ne doivent pas s'en tenir à commander, mais qu'ils doivent aussi agir par eux-mêmes, afin que les autres les imitent, & qu'ils s'apperçoivent que ce n'est pas sans raison que l'on a mis à leur tête ceux qui l'emportent sur eux, par les talens & par l'expérience : & il ne faut pas permettre aux chefs, lorsqu'ils ont quelque ordre à donner, d'en venir aux coups

---

doit en Grec l'Ouvrage de Magon le Carthaginois : il en est parlé dans le Chap. I.

pour se faire obéir, quand ils peuvent y parvenir par de simples paroles. Il faut éviter d'avoir plusieurs esclaves de la même nation ; car c'est ce qui occasionne ordinairement le plus de dissentions dans les maisons. Il faut animer l'activité des chefs par la vue des récompenses, & leur donner un pécule, & des femmes prises dans le nombre des esclaves qui servent avec eux, afin qu'ils en aient des enfans, s'il est possible : c'est le moyen de les rendre plus constamment attachés au fond. Aussi les esclaves de l'Epire ont-ils plus de renom, & sont-ils d'un plus haut prix que les autres, à cause de ces sortes d'alliances qui subsistent entr'eux. Pour les éguillonner, il faudra donner quelques marques de considération aux chefs, & à ceux des ouvriers qui se distingueront parmi leurs compagnons ; il faudra même les consulter sur les ouvrages qu'il y aura à faire : quand on se comporte ainsi vis-à-vis d'eux, ils s'imaginent qu'ils sont moins méprisés, & que leur maître fait quelque cas d'eux. Il faut les rendre plus zélés pour l'ouvrage, en employant à leur égard, dans l'occasion, un traitement plus honnête, soit en les nourrissant mieux, ou en les habillant plus commodément, soit en les exemptant de certains travaux, soit en leur accordant la permission de faire paître sur le fond quelque bétail à leur profit, ou enfin en leur accordant quelqu'autre agrément de cette nature, afin que, lorsqu'on leur aura commandé quelque chose de trop dur, ou qu'on les aura punis trop sévérement, ils aient quelque dédommagement qui les en console, & qui ranime leur bonne volonté & leur attachement pour leur maître.

CHAPITRE XVIII.

QUAND au nombre de personnes que l'on doit mettre sur un fond de terre, Caton le regle sur deux objets, sur la mesure du fond & sur le genre de culture auquel il est destiné, de façon qu'il fixe tel nombre de personnes pour les plans d'oliviers, & tel autre nombre pour ceux de vignes, comme pour que ces fixations servent de formules pour toute autre espece de terrein. La premiere de ces formules est celle qu'il adapte à un plan d'oliviers de deux cent quarante *Jugera* (1); voici comme il s'explique : il faut y avoir treize esclaves, sçavoir un Métayer, une Métayere, cinq ouvriers, trois bouviers, un ânier, un porcher, un berger. Il prescrit l'autre formule pour un lot de cent *Jugera* de vignes (2) : il faut, dit-il, y avoir quinze esclaves (3), sçavoir un Métayer, une Métayere,

____

(1) Voy. l'Economie rurale de Caton, Chap. X.

(2) Voy. l'Economie rurale de Caton, Chap. XI.

(3) Cette citation n'est pas exacte, puisque Caton en admet seize. Voy. la Note 1, du Chap. XI, de l'Economie rurale de Caton.

dix ouvriers, un bouvier, un ânier, un porcher.
Saferna (4) dit en général qu'il fuffit d'un homme
pour huit *Jugera* de terre, & qu'il doit les labourer
à lui feul en quarante-cinq jours tout au plus, puifqu'il doit même en venir à bout en n'employant
que quatre journées par chaque *Jugerum* : mais il
veut bien lui paffer treize journées en-fus, tant pour
fubvenir aux cas fortuits de maladie & de mauvais temps , que pour fuppléer foit au temps qu'il
pourra perdre par négligence , foit au temps de re-
lâche qu'on voudra bien lui accorder. Mais aucun
de ces deux Auteurs ne nous a donné par-là des
méthodes affez claires : En effet, fi Caton a voulu (comme il a dû le vouloir) donner une proportion, d'après laquelle il faudra augmenter ou
diminuer le nombre qu'il prefcrit , felon que le
fond fera plus grand ou plus petit , il a d'abord
dû ne compter ni le Métayer , ni la Métayere dans
le nombre des perfonnes , que l'on pourra augmenter ou diminuer. Car certainement , dans le
cas où le plan d'oliviers, que l'on auroit à cultiver, feroit de moins de deux cent quarante *Jugera*, on ne pourroit pas néanmoins y avoir moins
d'un Métayer , comme , d'un autre côté , fi ce fond
étoit fuppofé deux ou trois fois plus grand , il ne
faudroit pas pour cela y avoir deux ou trois Métayers : il n'y auroit donc que les ouvriers & les
bouviers dont on pourroit augmenter ou dimi-

____

(4) Voy. la Note 18 , du Chap. II.

nuer le nombre, à proportion de la grandeur &
de la petitesse du fond ; mais cela même ne pourroit avoir lieu, qu'au cas que le fond fût d'une
seule & même nature de culture : car si on le sup-
posoit tourné à différentes especes de culture, &
qu'on ne pût pas, par exemple, le labourer dans
toutes ses parties, parce qu'il seroit ou raboteux,
ou semé de montagnes escarpées, certainement il
y faudroit moins de bœufs & de bouviers dans ce
cas là. Je n'insiste pas sur ce qu'en proposant deux
cent quarante *Jugera* pour mesure commune, il
ne s'est point servi d'une mesure qui eût un nom
connu, & qu'il a excédé les bornes de la plus
forte possession qu'on peut avoir : car une des
possessions les plus fortes qu'on puisse avoir, c'est
la *Centuria*, qui n'est cependant composée que de
deux cent *Jugera* ; or, si on retire pour la former
quarante *Jugera*, qui sont le sixieme de la mesure
de deux cent quarante, que propose Caton, je ne
vois pas comment, en suivant sa méthode, je pour-
rai retrancher le sixieme de treize esclaves, ni
même de onze, au cas que je vienne à retrancher
du nombre de treize, le Métayer & la Métayere.
Quant à ce qu'il dit que pour cent *Jugera* dev i-
gnes il faut quinze esclaves, il s'ensuit que si
l'on avoit une *Centuria* qui fût composée moitié
de vignes, moitié d'oliviers, il faudroit avoir
deux Métayers & deux Métayeres ; ce qui seroit
une dérision. Il faut donc s'y prendre autrement
pour fixer en général le nombre des esclaves qu'il

faut employer à la culture : & j'aimerois mieux encore suivre le système de Saserna, qui prétend que pour expédier chaque *Jugerum*, il suffit d'un seul ouvrier & de quatre journées qu'il y emploiera : quoique si cela suffisoit dans les domaines de Saserna, qui étoient situés dans la Gaule, il ne faut pas en conclure que cela doive également suffire dans les terreins montagneux de la Ligurie. Ainsi donc pour sçavoir au juste ce dont il faudra vous pourvoir, tant en monde, qu'en autre sorte d'instrumens nécessaires à la culture, il y a trois choses à examiner avec attention : de quelle nature & de quelle grandeur sont les domaines du voisinage ; combien il y a de personnes employées à la culture de chacun d'eux ; combien il faudroit y en ajouter, pour en rendre la culture meilleure, & si, pour peu qu'on en retranchât, elle ne seroit pas plus mauvaise. Car la nature nous a montré deux chemins à suivre en fait d'Agriculture, l'expérience & l'imitation. Les premiers Agriculteurs ont établi la plus grande partie des regles, d'après les essais qu'ils ont faits, & leurs enfans en ont aussi établi une grande partie en les imitant. Pour nous, nous devons faire l'un & l'autre, c'est-à-dire, imiter nos prédécesseurs, & faire quelques essais nous-mêmes, pour parvenir à de nouvelles découvertes, en évitant néanmoins de rien donner au hazard, mais en cherchant à nous conduire toujours par quelque motif raisonnable, comme lorsqu'il s'agira de donner un second labour plus ou moins profond, qu'on ne l'aura donné jusqu'à nous, parce que nous croirons qu'il est important de le faire : c'est ainsi que l'expérience a dirigé ceux qui se sont avisés de sarcler une seconde & une troisieme fois, de même que ceux qui ont différé d'enter les figuiers jusqu'en Eté, au lieu de le faire au Printemps, comme on faisoit avant eux.

CHAPITRE XIX.

Pour ce qui est des instrumens animés, mais non-raisonnables, qu'on emploie à la culture, Saserna (1) déclare que deux attelages de bœufs, suffisent pour deux *Jugera* de terre, & Caton (2) en exige trois dans un plan d'oliviers de deux cent quarante *Jugera* ; de sorte que si nous en croyons Saserna, il ne faut qu'un attelage pour cent *Jugera*, au lieu que si nous en croyons Caton, un attelage ne peut suffire qu'à quatre-vingt. Mais moi, je crois qu'aucun de ces deux systêmes ne peut s'adapter à toute sorte de terre, comme je crois aussi qu'il y a des terres pour lesquelles l'un ou l'autre de ces systêmes peut convenir : car il est certain qu'il y a des terres plus faciles à cultiver

---

(1) Voy. la Note 18, du Chap. II.
(2) Voy. l'Economie rurale de Caton, Chap. X.

les unes que les autres; il y en a que les bœufs
ne peuvent défricher qu'avec les plus grands efforts, puisqu'il arrive souvent que la charrue se
brise & laisse son soc dans la terre. C'est pourquoi il
faut nous en tenir pour chaque espece de terre,
tant que nous ne la connoîtrons pas à fond, à trois
regles que voici; à la pratique du Propriétaire qui
nous a précédés, à celle des voisins, & à quelques
essais que nous pourrons tenter. Quant à ce que
Caton ajoute que dans le plan d'oliviers, dont
nous venons de parler, il faut avoir trois ânes
pour porter le fumier, & un quatrieme pour tourner la meule (3), & dans une vigne de cent *Jugera* une paire de bœufs, une d'âne & un troisieme âne pour tourner la meule (4); il auroit dû,
en traitant de ces instrumens animés & non-raisonnables, parler des bestiaux en général, & ajouter que ce ne sont que les bestiaux que l'on emploie à cultiver, qu'il faut avoir en petit nombre,
& cela afin que les esclaves qui n'ont pas besoin,
comme ces animaux, de secours étrangers pour se
faire panser, mais qui se soignent eux-mêmes,
soient moins détournés de leur travail par les
soins qu'ils seroient obligés de leur donner : mais
que pour les autres bestiaux que l'on a à un autre
fin (5), on peut les avoir en plus grand nombre,

---

(3) Voy. l'Economie rurale de Caton, Chap. X.

(4) Voy. l'Economie rurale de Caton, Chap. XI.

(5) Nous avons été obligés de suppléer ici le texte, qui
est visiblement tronqué.

auquel cas on doit préférer les brebis aux cochons, non-seulement quand on a des prés, mais même lorsqu'on n'en a point; car ce n'est pas seulement parce que l'on aura des prés qui peuvent servir à les nourrir, qu'il faudra en avoir, mais c'est plutôt dans la vue d'en retirer du fumier.

CHAPITRE XX.

ENTRE tous les quadrupedes, ce sont les bœufs qui méritent notre premier examen : il faut donc sçavoir quelles qualités doivent avoir ceux que l'on veut acheter pour être employés au labour. Il faut qu'ils n'aient point encore travaillé, qu'ils n'aient pas moins de trois ans, ni plus de quatre ; qu'ils soient très-robustes, & bien appareillés ensemble, de peur qu'en travaillant, le plus fort n'excede le plus foible; qu'il aient les cornes larges, & plutôt noires que de toute autre couleur ; le front ouvert, le nés camus, la poitrine large & les cuisses épaisses. Il ne faut point en acheter qui aient déja travaillé dans des pays plats, lorsqu'on veut les faire servir dans des terres fortes & montagneuses ; mais si l'on est au contraire dans le cas d'en acheter pour un pays plat, il n'y a pas le même inconvénient à les tirer d'un pays montagneux. Lorsqu'on aura acheté de jeunes bœufs qui n'auront point encore servi, on les apprivoi-

sera en peu de jours, & on viendra facilement à
bout de les dompter, en leur engageant le cou entre les courbes du travail, & ne les laiſſant manger
que dans cette poſture. Lorſqu'on voudra enſuite
les ſubjuguer, il faudra les y accoutumer peu-à-peu,
en attelant toujours au même joug le jeune bœuf
avec un vieux, car ils ſe laiſſent dompter plus facilement par l'exemple de ceux qui le ſont déja;
puis on commencera par les mener dans un terrein plat, ſans leur faire encore tirer de charrue;
après quoi on les attélera à une charrue légere,
qu'ils ne tireront d'abord que dans du ſable, ou
dans une terre bien tendre. On s'y prendra de la
même façon pour ceux que l'on deſtinera à tirer
des voitures, c'eſt-à-dire, qu'on commencera par
ne leur faire tirer d'abord que des charettes à vuide, & cela au milieu d'une Ville ou d'un Bourg,
quand on le pourra, parce que le bruit continuel
qu'ils y entendront, & la diverſité des objets qu'ils
y verront, les feront en très-peu de temps à ce
genre de ſervice. Il ne faut pas s'opiniâtrer à laiſſer à la droite un bœuf, que l'on aura commencé
à mettre de ce côté; ſi on le met au contraire alternativement à gauche & à droite, il trouvera
une eſpece de repos dans le travail, en changeant
ainſi de côté. Dans les endroits où la terre eſt légere, comme dans la province Campania, & où
on ne laboure pas avec de forts bœufs, mais avec
des vaches ou des ânes, il ſera plus facile de les
accoutumer à tirer la charrue, puiſqu'elle ſera lé-

gere, à tourner la meule, & à faire les transports
néceſſaires dans le fond, toutes opérations pour
leſquelles les uns ſe ſervent d'ânons, les autres
de vaches & les autres de mulets, ſelon qu'ils
ont plus ou moins de pâturages en leur diſpoſi-
tion : car il eſt plus aiſé de nourrir un ânon qu'une
vache ; mais d'un autre côté la vache eſt d'un plus
grand profit. Pour ſe décider ſur le choix de ces
animaux, le laboureur doit faire attention à la
nature de la ſuperficie de ſon terrein : car s'il eſt
montueux & difficile, il doit ſe pourvoir des plus
robuſtes animaux, mais parmi ceux-là choiſir toujours par préférence les plus fructueux, pourvu
qu'ils ne faſſent pas moins de beſogne que les
autres.

CHAPITRE XXI.

IL vaut mieux n'avoir que peu de chiens, pourvu qu'ils ſoient de prix & vifs, que d'en avoir un
grand nombre ; il faut les accoutumer à veiller la
nuit, & à dormir de jour quand ils ſeront renfermés. Pour ce qui eſt des autres quadrupedes
que l'on ne ſoumet point au joug, ainſi que des
troupeaux, je n'ai qu'une obſervation à faire, que
voici : Si l'on a des prés dans ſon fond, & qu'on
n'ait point de troupeaux à ſoi, il faut faire en-
ſorte de vendre ſes pâturages pour y faire paître

des

des troupeaux étrangers, & d'avoir des étables
pour les y retirer.

CHAPITRE XXII.

QUANT aux instrumens de culture inanimés,
sous lesquels sont compris les paniers, les futailles, &c. voici les principes que l'on peut donner.
Il ne faut rien acheter de ce que le fond pourra
produire, ni rien de ce que l'on pourra faire faire
par ses gens, comme sont à peu près tous les ustensiles que l'on fait avec de l'osier & du bois que
l'on trouve à la campagne, tels que les corbeilles,
les cabas, les traîneaux, les maillets, les rateaux;
comme sont encore ceux qui se font avec du
chanvre, du lin, du jonc, des feuilles de palmier & du genêt d'Espagne, tels que les cables,
les cordes, les natres. Pour les choses que l'on ne
pourra pas tirer de son fond, si, en les achetant,
on regarde moins à l'apparence qu'à l'utilité réelle,
la dépense qu'elles occasionneront ne diminuera
pas le profit du fond, sur-tout lorsqu'on fera ces
achats de préférence dans les lieux les plus voisins, dans ceux où ces acquisitions seront les meilleures, & où elles coûteront le moins. C'est l'é-
tendue du fond qui doit décider des différentes
especes d'instrumens inanimés qu'il faudra se
procurer, comme de la quantité qu'il en faudra

avoir; parce qu'il en faudra avoir un nombre d'autant plus considérable, que le fond sera d'une plus grande étendue. C'est pour cela, dit STOLON, que Caton commence par mettre en avant la grandeur déterminée d'un fond, lorsqu'il dit, relativement à cet objet (1), que celui qui cultive un plan d'oliviers de deux cent quarante *Jugera*, doit le garnir de façon qu'il y ait cinq assortimens complets des ustensiles nécessaires à la confection de l'huile, qu'il détaille article par article : en cuivre ; des chaudieres, des pots, un grand vase à trois anses & large orifice, &c. en bois & fer ; trois grandes charettes, six charrues avec leurs socs, quatre civieres à porter le fumier, &c. en ustensiles de fer qu'il détaille ; la quantité nécessaire pour tout son monde, comme huit fourches de fer, autant de sarcloirs, moitié moins de bêches, &c. Il donne encore une seconde formule pour garnir un domaine planté en vignes, lorsqu'il dit (2), que si ce domaine est de cent *Jugera*, il faut y avoir trois pressoirs complets dans tous leurs accessoires, un nombre suffisant de futailles garnies de leurs couvercles, pour pouvoir contenir huit cent *Cullei* de vin, vingt futailles séparées pour mettre le marc, autant pour mettre le bled, & autres choses pareilles : Je conviens que les autres Auteurs n'en font pas monter le nombre aussi haut que Caton

----

(1) Voy. l'Economie rurale de Caton, Chap. X.
(2) Voy. l'Economie rurale de Caton, Chap. XI.

l'a fait ; mais j'imagine que la raison pour laquelle il a voulu qu'on eût cette grande quantité de *Cullei*, c'est afin qu'on ne fût pas forcé de vendre son vin chaque année, parce que le vin se vend mieux quand il est vieux que quand il est nouveau, & très-souvent plus cher dans un temps que dans un autre. Cet Auteur entre aussi dans un détail circonstancié des ustensiles de fer dont il décrit les différentes especes, & dont il fixe la quantité nécessaire, tels que les faulx, les bêches, les rateaux, &c. Il y a quelques-uns de ces ustensiles, dont les genres sont subdivisés en plusieurs especes, tels que ceux qui sont compris sous le nom générique de *Falces* (3), & dont le même Auteur parle, lorsqu'il dit qu'il faut en avoir six pour tailler la vigne, cinq pour couper les liens des seps, autant pour couper le bois dans les forêts, dix pour émonder les arbres, autant pour couper les ronces (4) : voilà ce que préscrit Caton. Alors SCROFA dit : Il faut qu'un Propriétaire

---

(3) Ce mot s'applique en Latin à tout ce que nous appellons faulx, faucille, serpe, serpette, comme on voit par le détail qui suit.

(4) Nous nous sommes conformés ici aux nombres que nous avons crû devoir adopter dans l'Economie rurale de Caton ; il faut toujours se souvenir que rien n'est plus fautif que les nombres dans tous les Auteurs, & que par conséquent on est en droit d'y faire les changemens que l'on juge à propos.

ait à la ville un état circonstancié de tous les uf-
tenfiles & de tous les meubles de fa campagne,
dont il reftera un double à fa terre. Le Métayer
de fon côté, doit les tenir tous arrangés en ordre
dans la Métairie, chacun à leur place marquée.
Il faut qu'il faffe enforte d'avoir, le plus que faî-
re fe pourra, fous fes yeux, les chofes qui ne pourront pas être gardées fous la clef, & principalement celles dont on fe fert le moins fouvent,
comme celles qui ne font d'ufage que pour la vendange, par exemple, les paniers, &c. parce que,
lorfqu'on a tous les jours une chofe fous les yeux,
elle eft moins expofée aux coups de main des
voleurs.

CHAPITRE XXIII.

AGRASIUS prenant la parole, dit : Puifque vous
avez achevé de nous donner ce qui eft relatif au
fond & aux inftrumens de culture, & que vous
avez épuifé par là les deux premieres parties de
la divifion, que vous aviez annoncée en quatre ;
j'attens à préfent que vous traitiez de ce qui eft
compris fous la troifième partie. Comme je penfe, dit SCROFA, que par les fruits d'un fond, on
ne doit entendre que ce qu'il produit en confé-
quence d'un enfemencement quelconque, & qui
peut tourner à notre utilité foit d'une façon, foit

d'une autre; je réduis à deux points ce que j'ai à dire sur cette partie, sçavoir : quelles sont les choses qu'il est le plus avantageux de semer, & dans quel endroit chacune doit l'être. Car il y a des endroits propres pour le foin, d'autres pour le bled, d'autres pour le vin & d'autres pour l'huile. Il en est de même de tout ce qui entre dans la classe des fourrages, comme la dragée, les légumes que l'on coupe en herbe pour donner aux bestiaux, la vesce, la luzerne, le cytise, les lupins. En effet, il ne faut pas croire qu'on puisse semer indifféremment de tout dans une terre grasse, ni qu'on ne puisse absolument rien semer dans une terre maigre. Car si d'un côté l'on fait bien de semer dans une terre maigre les choses qui n'ont pas besoin de beaucoup de nourriture, comme le cytise & tous les légumes (si cependant vous en exceptez le pois chiche, que l'on ne compte pas moins au nombre des légumes, que toutes les autres plantes auxquelles on donne ce nom (1), quand on les arrache de terre, sans les couper pardessous); on fait bien d'un autre côté de semer dans une terre grasse celles qui veulent plus de nourriture, comme les herbes potagères, le froment, le seigle, le lin. Il y a encore des choses que l'on ne seme pas tant pour en retirer du fruit dans le moment présent, que pour parvenir à s'en procurer l'année suivante, en les laissant sur le

____

(1) Du mot *lego* qui signifie *cueillir*.

lieu, après les y avoir coupées, afin qu'elles ajoutent un degré de bonté à la terre. C'est dans cette vue que lorsqu'une terre est trop maigre, on est dans l'usage d'y incorporer en guise de fumier, lorsqu'on la laboure, les lupins avant qu'ils soient montés en graine, & quelquefois la tige des fèves, pourvu que les cosses n'en soient pas encore assez formées, pour que l'on soit dans le cas de trouver plus de profit à récolter la fève elle même. Il faut encore mettre de la différence entre les fruits qui servent à notre nourriture, & ceux qui n'ont de rapport qu'au plaisir des sens, comme ce que l'on appelle des vergers & des parterres, de même qu'il en faut mettre tant entre les uns & les autres, qu'entre ceux qui, sans avoir de rapport à la nourriture de l'homme, ni au plaisir des sens, font néanmoins partie de l'utilité d'un fond, comme les saules & les roseaux ; il faudra par conséquent choisir un lieu qui soit convenable à ces derniers, ainsi qu'aux autres plantes qui se plaisent comme eux dans un terrein humide ; au lieu qu'il en faudra choisir un tout différent pour les bleds & pour les fèves, ainsi que pour les autres choses qui se plaisent dans les terreins secs. Autre différence : il est des plantes qu'il faut semer dans les lieux ombragés, telles que l'asperge sauvage, parce que celle que l'on mange, qui en doit provenir, se plaît dans ces sortes de lieux : il en est d'autres, au contraire, qu'il faut semer dans les lieux exposés au Soleil, parce que sa

chaleur eſt néceſſaire pour leur croiſſance, comme les violettes & toutes les autres plantes des
jardins. Autres ſeront auſſi les lieux où vous planterez l'oſier, que vous deſtinerez à faire des ouvrages de la nature des mannequins , des vans &
des claies : autres ceux où vous planterez du bois
taillis, ſoit pour le laiſſer croître , ſoit pour le
conſacrer à la chaſſe des oiſeaux : autres enfin ceux
que vous réſerverez pour le chanvre, le lin, le
jonc & le genêt d'Eſpagne , que vous deſtinerez à
faire des liens pour botteler la paille des bœufs,
des ficelles, des cordes & des cables. Ce n'eſt pas,
telle différence que l'on ſuppoſe entre un lieu &
un autre, qu'il ne ſe trouve auſſi des lieux qui
pourront recevoir dans le même-temps des plantes de différentes eſpeces ; auſſi voyons-nous bien
des perſonnes mettre des plantes de jardins, ou
toutes autres , dans des vergers nouvellement formés , entre les rangées d'arbriſſeaux qui y ſont
déja ; ce qu'il ne faut néanmoins faire que les premieres années , & avant que les racines de ces
arbriſſeaux ſe ſoient étendues au loin , car une
fois que les arbres ont pris de la force, on ſe garde de le faire , dans la crainte d'offenſer leurs racines. Caton ne s'eſt pas mal exprimé ſur la matiere que nous traitons (2) , en diſant, qu'un champ
gras & bien fumé , lorſqu'il eſt ſans arbres, doit

---

(2) Voy. l'Economie rurale de Caton, Chap. VI. & les
Notes y jointes.

F iv

être réservé pour recevoir du bled ; mais que, dans le cas où il seroit habituellement couvert de brouillards, il seroit plus à propos d'y semer des raves, des raiforts, du millet, du panis.

CHAPITRE XXIV.

(1) QUE dans un terrein gras & chaud il faut mettre les olives de garde, les olives longues, les Salentines, celles qu'on nomme *orchites*, celles que l'on nomme *posée*, celles de Sergianum, les Colminiennes & les blanches, & choisir préférablement celles d'entre ces especes qui passeront dans le canton pour être les meilleures. Qu'il n'y a pas d'autre terrein propre à former un plan d'o-

---

(1) Voici encore un de ces exemples, tels que nous en avons trouvés dans Caton, de divisions par Chapitres faites sans aucun fondement, puisque c'est la suite d'un passage, qui se trouve dans un seul & même Chapitre de Caton. Nous répéterons donc encore une fois pour toutes, que nous n'avons pas crû avoir assez de raisons pour changer ces divisions, puisqu'autrement il faudroit se résoudre à faire ces changemens dans presque tous les Auteurs, tant sacrés que profanes, auquel cas l'on se trouveroit très-embarrassé en cherchant dans les anciennes éditions de ces Auteurs ; mais du moins avertirons-nous, ainsi que nous l'avons fait dans Caton, des occasions où ces divisions sont ridicules, comme ici.

liviers, que celui qui est tourné au vent *Favonius* (1),
& exposé au Soleil. Que si le terrein est trop froid
& trop maigre, il y faut planter des olives de
Licinius, parce que, si on plantoit les olives de
cette derniere espece dans un terrein gras ou chaud,
le *hostus* que l'on en retireroit, ne vaudroit rien,
outre que l'arbre périroit à force de rapporter, &
qu'il engendreroit une espece de mousse rouge
qui lui seroit fort nuisible. On appelle *hostus* ce
que l'on fait couler d'huile du pressoir par un
seul *factum* ; & on appelle *factum*, l'opération
des pressureurs faite d'un seul trait, & sans remonter l'arbre du pressoir. Il y en a qui prétendent qu'un *factum* doit donner cent soixante *modii* d'huile, d'autres en rabaissent la portée jusqu'à cent vingt, & par conséquent l'on peut dire
en général que la portée du *factum* dépend du
nombre & de la grandeur des instrumens du pressoir à huile, que l'on y emploie. Quant à ce que
Caton ajoute, qu'il faut planter des ormes & des
peupliers sur les lisieres de ses pieces de terre,
pour se procurer des feuilles que l'on donnera à
ses brebis & à ses bœufs, & avoir du bois à sa
disposition, il n'est pas vrai que cela soit nécessaire dans toutes sortes de terres, ni que dans
celles où on le fera principalement pour avoir des
feuilles, on puisse le faire sans courir aucun ris-

---

(1) Voy. la Note 7 du Chap. VI. de l'Economie rurale
de Caton.

que, à moins qu'on ne les plante du côté du Septentrion, parce qu'ils n'intercepteront pas le Soleil de ce côté-là. SROLON ajouta encore d'après le même Auteur, que s'il se trouve des parties de terrein qui soient humides, il faut les garnir de têtes de peupliers & de roseaux, en retournant d'abord la terre avec une hoüe, en y mettant ensuite des œilletons de roseaux à trois pieds de distance l'un de l'autre, & en y entremêlant des asperges sauvages, qui en produiront de bonnes à manger, parce que les roseaux & les asperges demandent à peu près la même culture; qu'il faut entourer cette plantation de franc-osier, qui donnera de quoi lier les vignes.

CHAPITRE XXV.

QUE pour le terrein dans lequel on plantera de la vigne, voici l'attention qu'il faudra avoir. Qu'il faudra mettre du petit Amminéen, de l'Albe double & du petit raisin gris dans les cantons qui seront les meilleurs pour le vin, & le plus exposés au Soleil. Qu'il faudra mettre au contraire du gros Amminéen, du Murgantin, de l'Apicius ou du Lucanien, dans ceux qui seront plus gras, ou exposés aux brouillards, & que toutes les autres especes de raisins, & sur-tout le noir, s'accommodent également bien de telle terre que ce soit.

CHAPITRE XXVI.

ON observe avec scrupule dans tous les vigno-bles de couvrir les seps du côté du Septentrion, avec des échalas; & quand on y plante des Cyprès au lieu d'y mettre des échalas, on met alternati-vement une rangée de Cyprès & une de seps, & on ne laisse pas croître les Cyprès à une hauteur plus grande que celle des échalas; on évite aussi d'en approcher la vigne de trop près, à cause de l'antipathie qui regne entre ces deux plantes (1). AGRIUS, prenant la parole, dit à FUNDANIUS: Je crains bien que le Gardien du Temple ne soit ar-rivé avant que ce discoureur en soit au quatrieme acte, d'autant que je soupire après la vendange. Prenez courage, dit SCROFA, & préparez d'avance les paniers & les cruches.

CHAPITRE XXVII.

COMME le temps se mesure de deux façons, par l'année que le Soleil regle par son cours, &

______

(1) La vigne ne se marie pas moyennant cela aux cyprès comme aux ormes, mais elle grimpe seulement dessus.

par le mois que la Lune regle par le sien; je par-
lerai d'abord du cours annuel du Soleil. Ce cours,
considéré respectivement aux fruits de la terre, se
divise en quatre parties, chacune à peu près de trois
mois; on peut encore le diviser en huit parties
d'environ un mois & demi chacune. La premiere
division donne les quatre saisons, le Printemps,
l'Eté, l'Automne & l'Hiver. Le Printemps est destiné à certaines plantations : c'est encore dans
cette saison qu'il faut donner le premier labour à
la terre, tant pour en arracher toutes les productions venues d'elles-mêmes, avant qu'elles laissent
tomber leur graine, qu'afin que les mottes que le
labour aura levées, venant à être bien échauffées
par le Soleil, soient plus disposées à recevoir la
pluie, & qu'étant amollies, elles se prêtent mieux
aux fonctions qu'elles ont à remplir pour la nutrition des plantes. Il ne faut pas labourer la terre
moins de deux fois, & il sera mieux de le faire
trois fois. Il faut faire la moisson en Eté. C'est en
Automne, pourvu que le temps soit sec, qu'il sera
bon de faire la vendange, & de travailler dans
les forêts : on pourra pour lors y couper les arbres
par le pied; mais il faudra attendre jusqu'aux premieres pluies pour en arracher les racines, de peur
qu'elles ne repoussent. On fera la taille des arbres
en Hiver, en évitant cependant de la faire lorsque leur écorce se trouvera couverte de frimats,
de pluie ou de glace.

CHAPITRE XXVIII.

LE Printemps commence pendant que le Soleil est dans le Verſeau, l'Eté pendant qu'il eſt dans le Taureau, l'Automne pendant qu'il eſt dans le Lion, & l'Hiver pendant qu'il eſt dans le Scorpion. Mais comme ce n'eſt que du vingt-troiſieme jour, à compter depuis que le Soleil eſt entré dans chacun de ces quatres ſignes, qu'il faut datter le premier jour de chaque ſaiſon, il s'enſuit que le Printemps eſt compoſé de quatre-vingt-onze jours ; l'Eté de quatre-vingt-quatorze ; l'Automne de quatre-vingt-onze ; & l'Hiver de quatre-vingt-neuf. Si l'on veut rapporter les jours que nous venons de fixer pour le commencement de chaque ſaiſon, à nos jours civiles, le premier jour du Printemps ſe trouvera répondre au huitieme jour avant les Ides de Février (1), le premier de l'Eté

---

(1) Les Romains ne dattoient point comme nous par le nombre des jours du mois. Ils avoient trois époques principales dans le mois, ſçavoir les Ides, les Nones & les Calendes. Les Ides partageoient le mois en deux parties, & tomboient le quinzieme jour des mois de Mars, Mai, Juillet & Octobre, & le treizieme de tous les autres mois, ſuivant notre maniere de compter. Les Nones, ainſi appellées parce qu'elles étoient le neuvieme jour avant les Ides, étoient par conſéquent le ſeptieme jour des quatre mois que nous

au cinquieme avant les Ides de Mai (2), le premier de l'Automne au huitieme avant les Ides d'Août (3), & le premier de l'Hiver au cinquieme avant les Ides de Novembre (4). Si l'on distribue l'année en huit parties, cette distribution donnera lieu à quelques observations (5). D'abord depuis le temps où le Soleil se couche au point d'où souffle le vent *Favonius* (6) jusqu'à l'Equinoxe du Printemps, il y aura quarante jours; depuis l'Equinoxe du Printemps jusqu'au lever des Pléiades,

---

venons de nommer, & le cinquieme de tous les autres, d'où venoit la différence des *Nona septimana* & des *Nona quintana*. Les Calendes étoient le premier jour de chaque mois. Tous les jours, depuis l'une de ces époques jusqu'à l'autre, prenoient le nom de l'époque qu'ils précédoient. Ainsi l'on disoit : tel jour avant les Nones, tel jour avant les Calendes, tel avant les Ides, par conséquent le septieme jour avant les Ides de Février, étant le sept de Février, suivant notre maniere de compter, le jour qui le précédoit, dont parle ici Varron, *ante diem VII. Idibus Februariis*, répond au six Février.

(1) Le onze Mai. Voy. la Note 1.

(3) Le six Août. Voy. la Note 1.

(4) Le neuf Novembre. Voy. la Note 1.

(5) Pline 18, 25, pour faire cette division en huit parties, se contente de partager par le milieu le temps intermédiaire entre les Solstices & les Equinoxes. Cet Auteur, ainsi que Columelle 9, 14, ne s'accorde pas non plus avec Varron, sur le nombre des jours compris dans chaque saison, ni sur les jours où elles commencent.

(6) Voy. la Note 7 du Chap. VI. de l'Economie rurale de Caton.

quarante-quatre; depuis le lever des Pleïades juſqu'au Solſtice, quarante-huit; depuis le Solſtice
juſqu'au lever de la Canicule, vingt-neuf; depuis
le lever de la Canicule juſqu'à l'Equinoxe d'Automne, ſoixante & ſept; depuis l'Equinoxe d'Automne juſqu'au coucher des Pleïades, trente-deux;
depuis le coucher des Pleïades juſqu'au Solſtice
d'Hiver, cinquante-ſept; & depuis le Solſtice d'Hiver juſqu'au temps où le Soleil ſe couche au point
d'où ſoufle le vent *Favonius*, quarante-cinq (7).

---

(7) Suivant ces calculs, la premiere diviſion de l'année
par ſaiſons donne 365 jours, au lieu que la ſeconde n'en
donne que 362. C'eſt ce qui a enfanté une foule de variantes dans ce Chapitre; mais nous n'eſſaierons pas plus
de concilier Varron avec lui-même, qu'avec Pline, Columelle & les autres Auteurs qui lui ſont oppoſés. M. de la
Lande, Profeſſeur au Collège Royal de France, que nous
avons conſulté comme la perſonne la plus capable de faire
cette conciliation, y a renoncé, comme on peut le voir par
la réponſe qu'il a eu la bonté de nous faire, & que nous
inférons à la ſuite de cette Note.

VARRON, de même que pluſieurs Auteurs anciens, parlent
ſouvent du lever & du coucher des étoiles; mais leurs paſſa-
ſages ſont très-ſouvent ou inintelligibles, ou viſiblement
défectueux. On y reconnoît en général trois ſortes de levers,
dont le premier eſt le lever *Héliaque*: chaque année le Soleil, par ſon mouvement propre d'Occident vers l'Orient,
rencontre les différentes conſtellations de l'Ecliptique, & les
rend inviſibles pour nous par l'éclat de ſa lumiere; lorſque le
Soleil, après avoir traverſé une conſtellation, eſt aſſez éloigné d'elle pour ſe lever une heure plus tard, la conſtella-

CHAPITRE XXIX.

Voici ce qu'il y a à faire dans le premier in-

tion commence à paroître le matin en se levant un peu avant que la lumiere du Soleil soit assez considérable pour la faire disparoître ; c'est ce qu'on appelle lever *Héliaque* ou Solaire des étoiles. De même le coucher *Héliaque* arrive lorsque le Soleil approche d'une constellation : car, avant qu'il l'ait atteint, elle cesse de paroître le soir après le coucher du Soleil, parce qu'elle se couche trop peu de temps après lui. Il est sur-tout nécessaire, pour l'intelligence de la Chronologie & des Poëtes, d'avoir une idée de ce lever *Héliaque*.

Celui de *Sirius*, il y a 2000 ans, arrivoit en Egypte vers le milieu de l'Eté, lorsqu'après une longue disparition, cette étoile commençoit à reparoître le matin, un peu avant le lever du Soleil ; la saison qui regnoit alors, ou la situation du Soleil étoit à peu près la même que celle du 12 Juillet parmi-nous ; & c'étoit le temps où le vent Etésien, soufflant du Nord sur l'Ethiopie, y accumuloit les vapeurs, les nuages & les pluies, & causoit les débordemens du Nil : aussi le lever de Sirius s'observoit avec le plus grand soin.

Les Anciens distinguoient encore plusieurs autres especes de lever & coucher *Héliaque* des étoiles (*Gemini elementa*) ; les Modernes à leur imitation ont distingué le lever *Cosmique*, qu'on peut appeller le lever du matin ; & le coucher *Cosmique* ou coucher du matin, aussi-bien que le lever & le coucher *Acronique*, qu'il vaudroit mieux appeller le lever ou le coucher du soir. Le moment du lever du Soleil regle le lever ou le coucher *Cosmique*. Lorsque des étoiles se levent

tervalle,

tervalle, c'est-à-dire, depuis le temps où le Sol-

avec le Soleil ou se couchent au Soleil levant, on dit qu'elles se levent ou se couchent *Cosmiquement* ; mais quand les étoiles se levent ou se couchent le soir, au moment où se couche le Soleil, on dit que c'est le lever ou le coucher *Acronique* ; d'où il suit que le coucher *Acronique* suit à douze ou quinze jours près le coucher *Héliaque*, du moins pour les étoiles voisines de l'Ecliptique, & que le lever *Cosmique* précede de la même quantité le lever *Héliaque*.

Le P. Pétau a calculé une table fort ample de ces différentes sortes de levers & de couchers des différentes étoiles, pour le temps de Jules-César. Et dans les Dissertations du même Auteur (*Liv.* II. *Chap.* VIII), on trouve beaucoup d'inéxactitudes & d'erreurs relevées dans les Anciens.

La plupart de leurs descriptions se rapportent visiblement à des lieux très-éloignés de celui où ils vivoient, & à des siecles très-reculés. L'ancienne Sphere Grecque, attribuée à Chiron, se rapporte environ à 1350 ans avant J. C. Il y a grande apparence qu'elle avoit été reglée par quelques Astronomes Egyptiens (*Défense de la Chronologie par M. Freret*, *pag.* 459). La division du Zodiaque est peut-être encore plus ancienne que Chiron ; car il est naturel de penser qu'elle fut faite dans le temps, auquel les levers sensibles du commencement de chaque Constellation précédoient de quinze jours les points Cardinaux, c'est-à-dire, les Equinoxes & les Solstices.

Au temps d'Hésiode, 950 ans avant J. C. les points Cardinaux étoient au huitième degré des Constellations, & le Soleil entroit dans les Astérismes ou Constellations huit jours avant que d'entrer dans les points de la Dodécatemorie, qui portoient les mêmes noms : ainsi le Soleil entroit dans la Constellation du Bélier huit jours avant l'Equinoxe, c'est-à-dire, avant le temps où les jours étoient

leil se couche au point d'où soufle le vent *Fa-*

égaux aux nuits ; Columelle 9, 14, nous dit que les Calendriers rustiques de Meton, d'Eudoxe & des anciens
Astronomes suivoient cette méthode, & que les jours de
Fêtes, qui dépendoient du commencement des saisons,
étoient réglés sur ce pied-là ; il s'y conforme lui-même ; on
la trouve dans Varron, Ovide, Vitruve, Pline & Hygin ;
dans le Scholiaste d'Aratus, dans Martianus Capella, &
même dans les Calendriers du vénérable Bede (né en Angle-
terre en 672), comme l'observe le P. Pétau. (*Dissert. Liv.*
II. Chap. IV, pag. 43, *édition d'Anvers* 1705.)

Il paroît que vers ce temps-là on dressa de nouveaux Calendriers, dans lesquels les levers & les couchers des étoiles
étoient marqués d'une maniere plus conforme aux apparences, que dans la Sphere de Chiron. Les idées Astronomiques
commençoient à devenir plus communes dans la Grece, par
le commerce des Orientaux ; le Calendrier, fait du temps
d'Hésiode, fut reçu par les Grecs, & ensuite par les Romains, qui l'employerent sans examen, comme s'il eût été
fait pour le temps & le climat où ils vivoient. Ainsi il faut
ôter environ 18° des Longitudes qu'ont les étoiles en 1770,
si l'on veut faire des calculs qui soient d'accord avec les
passages d'Ovide, de Pline, &c. sans cependant qu'on puisse
dire qu'ils aient suivi constamment la même regle.

Eudoxe, qui écrivit environ 370 ans avant J. C. paroît
avoir décrit la Sphere d'après une tradition plus ancienne
encore que le temps d'Hésiode : Newton dans sa Chronologie, pense que c'étoit sur la Sphere de Chiron, & il en fixe
l'époque à 936 ans avant J. C. mais Whiston dans la réfu-
tation qu'il a faite de la Chronologie de Newton, & M. Freret, après lui, prouvent que la Sphere décrite par Eudoxe
& par le Poëte Aratus, se rapporte à l'an 1353 avant J. C.
ou environ. M. Maraldi la fait remonter à plus de 1200 ans
avant J. C. (*Mém. Acad.* 1733, *pag.* 438.)

vonius (1), jusqu'à l'Equinoxe du Printemps. Il faut semer des pépinieres de toute espece, & surtout tailler la vigne & la déchausser, en coupant les racines qu'elle peut avoir jettées hors de terre; ôter des prés les pierres & les mauvaises herbes, planter des saussayes, sarcler les terres labourées, qu'on appelle *Segetes* depuis l'instant où elles sont labourées, jusqu'à celui où elles sont ensemencées, & *Novales* lorsqu'après s'être reposées, elles ont été ensemencées, sans avoir eu besoin d'un second labour. Il faut observer que l'opération par laquelle on donne le premier labour à une terre, s'appelle *proscindere* (2), & que celle par laquelle on lui donne le second, s'appelle *offringere* (3), par la raison que le premier labour, en fendant la terre, fait ordinairement lever de grosses mottes de terre, que le second sert à briser; pour ce qui est de l'opération par laquelle on donne un

---

Ces variétés font qu'il est presque inutile de vouloir expliquer ou commenter les passages de Varron, où il est parlé d'Astronomie. Le P. Pétau a réfuté Scaliger & Saumaise, qui ont voulu expliquer quelques passages des Anciens; mais il est plus facile de contredire les conjectures d'un autre, que d'en trouver de vraisemblables. Voy. *l'Astronomie de M. De La Lande*, *L. VIII*, où les principes de cette matiere sont expliqués.

(1) Voy. la Note 7. du Chap. VI. de l'Economie rurale de Caton.

(2) Qui signifie *fendre*.

(3) Qui signifie *briser*.

troisieme labour, après que les femences ont été jettées en terre, on l'appelle *lirare* : elle se fait avec des planches que l'on attache au soc, de façon que la même opération sert à recouvrir la semence sur les rayes, & à creuser des sillons, dans lesquels l'eau de pluie puisse s'écouler. Ceux dont les terres labourées ne sont pas d'une grande étendue (comme les cultivateurs de l'Apulia) les sont ordinairement herser ensuite par des sarcleurs, afin de pulvériser les mottes, au cas qu'il en soit resté de trop grosses sur les raies. On appelle *Sulcus* la canelure formée par le soc de la charrue, & *Porca* l'élévation de terre renfermée entre deux sillons, parce qu'effectivement l'objet de cette élévation est de présenter en haut le bled, du mot *porricere*, dont on se servoit pour exprimer l'action par laquelle on élevoit les mains, pour offrir aux Dieux les entrailles des victimes.

CHAPITRE XXX.

CE qu'il faut faire dans le second intervalle, c'est-à-dire, entre l'Equinoxe du Printemps & le lever des Pléïades. Il faut nettoyer les terres labourées, c'est-à-dire, en arracher les mauvaises herbes, donner le premier labour aux autres terres; couper les saules, interdire l'entrée des prés aux troupeaux, achever de donner aux arbres, avant que les boutons & les fleurs ne paroiſſent, les façons qui auroient dû leur être données dans les temps précédens, & qui ne l'auront pas été. Dès que les arbres, qui ſont dans l'uſage de quitter leurs feuilles, en auront pris de nouvelles, ils ne ſeront plus bons à être plantés. Il faut planter les oliviers & les élaguer.

CHAPITRE XXXI.

VOICI ce que l'on doit faire dans le troiſième intervalle, c'eſt-à-dire, entre le lever des Pléiades & le Solſtice. Il faut bécher ou labourer les jeunes vignes, & enſuite les herſer, c'eſt-à-dire, briſer toutes les mottes qui s'y trouveront ſans en laiſſer aucune; on a appellé cette opération *occare*, du mot *occidere* (1), parce qu'effectivement elle les détruit toutes. Il faut épamprer les vignes, mais avec intelligence, d'autant que cette opération eſt de plus grande conſéquence que celle de la taille; il ne faut pas la faire aux vignes qui ſont mariées à des plans d'arbres, mais ſeulement à celles qui ſont iſolées. Epamprer, c'eſt ne laiſſer ſur un ſep qu'une ou deux, & quelquefois juſqu'à trois des plus fortes tiges, & retrancher toutes les autres, de peur que, ſi on

---

(1) Qui veut dire *détruire*.

les laiſſoit toutes, le ſep ne fût pas en état de fournir la nourriture qui leur ſeroit néceſſaire. C'eſt pour la même raiſon que, lorſqu'un plan de vigne nouvellement formé commence à lever, on eſt dans l'uſage de le raſer entiérement, afin qu'il donne à la ſeconde pouſſe des ſeps plus robuſtes, & qui aient toute la force néceſſaire pour jetter de belles tiges. Car, lorſqu'un ſep eſt mince & délié comme un jonc, ſa foibleſſe le rend ſtérile, & il n'a pas la force de donner des tiges. Lorſque ces tiges ſont petites, on les appelle *flagella*, mais lorſqu'elles ſont grandes & en état de porter des grappes, on les appelle *palma* : les premières tirent leur nom du mot *flatus* (1), parce que leur petiteſſe les rend le jouet du vent, & il n'a fallu que changer une ſeule lettre pour produire les mots *flabellum* & *flagellum* qui ſont ſynonimes : les ſecondes paroiſſent avoir été appellées d'abord *parilema* du mot *parere* (3), parce qu'elles ſont deſtinées à produire le raiſin, mais moyennant quelque changement de lettres, tel qu'il s'en trouve dans beaucoup d'étimologies, on les a appellées par la ſuite *palma*. La vigne produit encore des tendons, qui ſont de très-petites tiges friſées comme des cheveux ; ces tendons ſervent à attacher les branches de la vigne aux endroits dont ils ſe ſaiſiſſent : c'eſt pour cela qu'on les appelle

---

(1) Qui ſignifie *ſouffle*.
(3) Qui ſignifie *produire*.

capreoli du mot *capere* (4). Il faut couper toutes les
especes de fourages, en commençant par la dragée,
les légumes que l'on coupe en herbes pour donner
aux bestiaux, & la vesce, & en finissant par le foin.
On appelle la dragée *ocimum* du mot Grec ὠκέως,
qui signifie *promptement*, parce qu'elle vient
promptement, de même que le basilic des jardins, qui porte le même nom précisément par la
même raison. On l'appelle encore *ocynum*, parce
qu'elle lâche le ventre : c'est pourquoi on en donne aux bœufs pour les purger (5). Cette dragée
n'est rien autre chose que des fèves que l'on ceuil-
le vertes, & avant qu'elles soient en cosse, au
lieu que les mêlanges d'orge, de vesce & de légumes semés ensemble, que l'on coupe de même en herbes pour donner aux bestiaux, sont appellés *farrago*, parce qu'on les coupe avec un
instrument de fer (6), à moins que ce nom ne

---

(4) Qui signifie *prendre*.

(5) Pline 18. 16, dit qu'elle resserre les bœufs, ansi le
P. Hardouin soupçonne-t-il qu'il faut lire dans cet Auteur
citabant au lieu de *sistebant*, à moins, ajoute-t-il, qu'elle
ne procure des effets absolument opposés, selon qu'ils en
prennent en plus ou moins grande quantité. Comment cet
Interprete a-t-il pû chercher à favoriser le *sistebant* de Pline par ce raisonnement, quand Varron, qui avoit fait naître ses soupçons, dit positivement qu'on en donne aux
bœufs pour les purger, & que c'est à cause de la prompti-
tude avec laquelle elle opere cet effet, qu'on l'appelle *ocimum.*

(6) Du mot *ferrum*, qui signifie *fer.*

leur ait été donné, parce qu'on les semoit originairement dans des terres destinées à rapporter du froment (7). Quoiqu'il en soit, ces mélanges sont bons pour purger & engraisser les chevaux, & le gros bétail au Printemps. La vesce est appellée *vicia* du mot *vincire* (8) , parce qu'elle a des liens comme la vigne, avec lesquels elle monte ordinairement sur la tige des lupins, ou de toute autre plante, & s'y tient fermement attachée. Si vous avez des prés que vous puissiez arroser aisément, ne manquez pas de le faire sitôt que vous en aurez enlevé le foin. Donnez tous les jours de l'eau, dans les temps de sécheresse, aux arbres fruitiers cultivés, que l'on n'appelle peut-être *poma*, que parce qu'ils ont besoin d'être abbreuvés (9).

CHAPITRE XXXII.

LA plupart font la moisson dans le quatrième intervalle, c'est-à-dire, entre le Solstice & la Canicule, parce qu'ils prétendent que le bled doit rester quinze jours enfermé dans son fourreau (1),

---

(7) Appellées *farracia segetes.*

(8) Qui veut dire *garotter.*

(9) Du mot *potus*, qui signifie *boisson.*

(1) Il appelle fourreau l'herbe qui renferme l'épi, avant qu'il soit entiérement développé. Voy. le Chap. XLVIII.

quinze jours en fleurs, & quinze autres jours à se durcir, jusqu'à ce qu'il soit parfaitement mûr. Il faut finir les labours, qui seront d'autant plus profitables, qu'ils auront été faits dans un temps où la terre aura été plus chaude. Après avoir donné le premier labour, il faudra briser la terre, c'est-à-dire, donner un second labour, afin de rompre les mottes, que le premier labour aura détachées du sol. Il faut semer la vesce, les lentilles, la gesse, les cicerolles & les autres plantes, que les uns appellent *legumina*, les autres (comme certains Gaulois) *legaria*, mots tirés tous deux du mot *legere* (2), parce qu'on ne coupe pas ces plantes, mais qu'on les cueille en les arrachant. Il faut herser les vieilles vignes pour la seconde fois, & les nouvelles jusqu'à trois fois, s'il y reste encore des mottes qui ne soient pas pulvérisées.

CHAPITRE XXXIII.

DANS le cinquième intervalle, c'est-à-dire, entre la Canicule & l'Equinoxe d'Automne, il faut couper la paille & la mettre en tas, donner les seconds labours, tondre les arbres, & faucher pour la seconde fois les prés arrosés.

_____

(2) Qui signifie *cueillir*.

CHAPITRE XXXIV.

LEs Auteurs veulent que l'on commence à semer dès le sixième intervalle, c'est-à-dire, depuis
l'Equinoxe d'Automne, & que l'on continue a le
faire pendant quatre-vingt onze jours consécutifs,
de façon cependant que l'on ne seme après le
Solstice d'Hiver, que lorsqu'on y sera contraint
par la nécessité; parce qu'il y a une différence si
marquée d'un temps à l'autre, que ce qui est semé avant ce Solstice, leve dès le septième jour;
au lieu que ce qui ne l'est qu'après, leve à peine
au bout de quarante jours : ils pensent aussi, d'un
autre côté, qu'il ne faut pas commencer à semer
avant l'Equinoxe, parce que, quand il survient
des temps fâcheux, les semences, faites avant ce
temps, sont communément exposées à pourrir.
La féve se seme bien vers le coucher des Pleïades,
au lieu quil faut cueillir le raisin & faire la vendange auparavant, c'est-à-dire, entre l'Equinoxe
d'Automne & le coucher des Pleïades : après quoi
on commencera à tailler la vigne, à la propager
& à planter les arbres fruitiers. Il y a cependant
des pays où il vaut mieux remettre ces opérations
au Printemps; ce sont ceux où la rigueur du
froid se fait sentir de bonne-heure.

CHAPITRE XXXV.

VOICI ce qu'on prétend qu'il faut faire dans le septième intervalle, c'est-à-dire, entre le coucher des Pléiades & le Solstice d'Hiver : planter les lys, & le safran qui ont déja jetté des racines, ainsi que les rosiers. On coupe les racines de ces derniers en petites branches de la longueur de la main, que l'on couvre de terre, pour les transporter ensuite, lorsqu'elles sont devenues marcottes. Il n'y a pas de profit à faire des plans de violettes dans un fond, parce qu'il est nécessaire alors de ramasser de la terre pour leur former des planches, & que les arrosemens & les pluies venant à entraîner cette terre, le champ en devient plus maigre. Depuis le temps où le Soleil se couche au point d'où souffle le vent *Favonius* (1) jusqu'au lever de l'Arcture, on fait bien de tirer des pépinieres le serpolet, que l'on a nommé *serpullum*, parce qu'il est dans l'habitude de ramper (2). Il faut creuser de nouveaux fossés, nettoyer les anciens, tailler la vigne & les arbres auxquels elle est mariée. On doit cependant s'abstenir de faire

---

(1) Voy. la Note 7 du Chap. VI. de l'Economie rurale de Caton.

(2) Du mot *serpere* qui veut dire *ramper*.

la plupart de ces opérations quinze jours avant, comme quinze jours après le Solstice d'Hiver, quoiqu'il y ait des choses qu'on peut planter même dans cet intervalle, comme les ormes.

CHAPITRE XXXVI.

VOICI ce qu'il faut faire dans le huitième intervalle, c'est-à-dire, entre le Solstice d'Hiver & le temps où le Soleil se couche au point d'où soufle le vent *Favonius* (1). Il faut détourner l'eau qui séjourne dans les terres labourées, si le cas y écheoit; si, au contraire, la terre est séche, sans être tenace, il faut la sarcler, tailler la vigne & les arbres auxquels elle est mariée : quand on ne pourra pas travailler dans les champs, on fera à la maison tout ce qui sera de nature à pouvoir y être fait pendant les veillées d'hiver. Il faut avoir par écrit les regles que je viens de prescrire, & les mettre en vue dans la Métairie, afin que le Métayer sur-tout n'en ignore point.

(1) Voy. la Note 7 du Chap. VI. de l'Economie rurale de Caton.

CHAPITRE XXXVII.

IL faut aussi observer les jours de la Lune, que l'on peut en quelque façon considérer sous deux points de vûe. Car ou la Lune croît depuis qu'elle est nouvelle, jusqu'à ce qu'elle soit pleine, ou elle décroît depuis qu'elle est pleine, jusqu'à ce qu'elle soit nouvelle, c'est-à-dire, jusqu'au jour qui se trouve entre la Lune ancienne & la nouvelle, jour où nous disons en conséquence que la Lune est à sa fin & à son commencement, & que les Grecs appellent à Athènes le jour ancien & nouveau, & ailleurs le trentieme de la Lune. Il y a des choses qu'il vaut mieux faire dans ses terres lorsque la Lune croît, que lorsqu'elle décroît; comme, au contraire, il y en a qu'il vaut mieux faire, lorsqu'elle décroît; comme, par exemple, la moisson des bleds & la coupe des bois taillis. Pour moi, dit AGRASIUS, j'ai là-dessus une méthode, que je tiens de mon pere & que j'observe non-seulement lorsqu'il s'agit de tondre mes brebis, mais même lorsqu'il s'agit de me couper les cheveux, dans la crainte de devenir chauve, si je les coupois lorsque la Lune décroît. Qu'entend-on, dit AGRIUS, par les quatre quartiers de la Lune, & quelle influence peut avoir cette division sur les terres? N'avez-vous jamais entendu parler à la campagne, dit TRÉMELLIUS, du huitième jour avant la Lune qui croît, ainsi que du huitième jour avant la Lune qui décroît, & n'avez-vous pas ouï-dire qu'entre les choses qu'il faut faire quand la Lune croît, il y en a qu'il vaut mieux faire après ce huitième jour qu'avant ? comme entre les choses qu'il faut faire lorsqu'elle décroît, il en est qu'il vaut mieux faire, lorsqu'elle donne moins de lumière, que lorsqu'elle en donne davantage ? Eh bien, c'est tout ce que je puis vous dire sur ces quatre quartiers de relatif à la culture des champs. Il y a, dit STOLON, une autre division des temps en six membres, qui est également réglée en quelque façon par le cours du Soleil, & par celui de la Lune : car presque tous les fruits ont quatre degrés à parcourir avant de venir à leur perfection, & de remplir par un cinquième degré les futailles ou les boisseaux de la Métairie, dont ils doivent être tirés ensuite par un sixième degré, pour être employés à notre usage. Il faut d'abord qu'ils soient préparés, secondement qu'ils soient semés, troisièmement qu'ils prennent de la nourriture, quatrièmement qu'ils soient cueillis, cinquièmement qu'ils soient serrés, sixièmement qu'ils soient tirés de l'endroit où ils auront été serrés, pour servir à notre usage. Il y en a dont la préparation exige des fossés, ou un défoncement du sol, ou des tranchées, comme lorsqu'on veut faire des plans d'arbres mariés avec des vignes, ou des vergers. Il y en a d'autres pour lesquels il faut se servir de la charrue ou de la bêche, comme les bleds; d'autres pour lesquels il faut retourner plus ou moins la terre avec la houe, parce qu'il se trouve des racines, telles que celles du cyprès, qui ne s'étendent pas fort au loin, & d'autres qui s'étendent plus au loin, comme celles du platane, qui s'étendent quelquefois si loin, que Théophraste (1) dit qu'il y avoit à Athènes dans le Licée (2) un platane encore tout jeune, dont les racines n'avoient pas moins de trente-trois *cubiti* de longueur. Il en est qui ne se contentent pas d'une terre labourée à la charrue, & qui demandent qu'elle soit binée avant qu'on les y seme. Quant aux prairies, s'il est quelque préparation a y faire, elle consiste à en interdire l'entrée aux bestiaux, ce que l'on a soin de faire communément dès que le poirier est en fleurs, & à les arroser à temps, si ce sont des prairies faciles à arroser.

------

(1) Voy. la Note 16 du Chap. I.

(2) Pline, en citant cette merveille 12, 1, dit que cet arbre se voyoit dans l'Académie & non dans le Licée; or le Licée étoit la promenade où les Péripatéticiens, c'est-à-dire, les Sectateurs d'Aristote disputoient, au lieu que l'Académie étoit l'endroit où se tenoient les autres Sectateurs de Platon. Mais le P. Hardouin, pour concilier Pline avec Varron, observe très bien que sous le nom d'Académie on comptenoit aussi le Licée.

CHAPITRE XXXVIII.

EXAMINONS à préfent de quelle maniere il faut s'y prendre pour fumer les parties d'un champ qui en ont befoin, & de quelle efpece de fumier il convient de faire principalement ufage; car il y en a de plufieurs efpeces. Caffius (1) prétend que le meilleur fumier eft la fiente des oifeaux, excepté celle des oifeaux de marais, & de tous ceux qui fe tiennent dans l'eau : Que celle du pigeon eft la plus fouveraine, parce qu'elle eft la plus chaude & la plus capable de mettre la terre en fermentation ; & qu'il faut l'éparpiller dans les champs comme de la graine, & non pas l'y jetter par tas, comme on jette le fumier des beftiaux. Pour moi, je crois que celle que l'on tire des volieres remplies de grives & de merles doit avoir la palme, parce qu'elle eft bonne non - feulement pour les terres, mais encore pour les bœufs & les cochons, qu'elle engraiffe lorfqu'ils en mangent. Auffi ceux qui prennent à loyer ces fortes de volieres en donnent-ils un moindre prix, lorfque le Propriétaire fe réferve le droit d'en garder la fiente pour fes terres, qu'ils n'en donnent, lorfqu'elle eft comprife dans le marché. Le même

(1) Voy. la Note 2 du Chap. XVII.

Auteur

Auteur prétend qu'après la fiente de pigeon, ce sont les excrémens humains qui tiennent le second rang, que les crottes de chevres, de brebis & d'ânes tiennent le troisieme, & que le fumier le moins bon est le crotin de cheval, du moins pour les terres labourées, puisque non-seulement il est bon pour les prés, mais que c'est même le meilleur que l'on puisse y employer, aussi-bien que celui des autres bêtes de somme qui se nourrissent d'orge, parce qu'il engendre beaucoup d'herbes. Il faut que le trou à fumier soit placé près de la Métairie, afin qu'il en coute le moins de peine possible pour le transporter au-dehors. Si on y enfonce un morceau de bois de robre dans le milieu, on prétend qu'il ne s'y engendrera jamais de serpens.

CHAPITRE XXXIX.

Pour ce qui est du second degré par lequel passent les fruits, je veux dire leur ensemencement, il faut voir quel est le temps convenable à chaque semence : car si l'aspect du Ciel auquel sont exposées les différentes parties d'un champ, est un point essentiel à connoître, le temps où chaque chose prend plus facilement son accroissement ne l'est pas moins. Ne voyons-nous pas en effet qu'il y a des plantes qui fleurissent au Printemps, &

d'autres qui fleuriffent en Eté; & que celles qui fleuriffent en Automne ne font pas les mêmes que celles qui fleuriffent en Hiver ? qu'il en eft que l'on feme, que l'on greffe, & que l'on récolte plutôt ou plus tard que d'autres; & que fi la plus grande partie des plantes aiment mieux être greffées au Printemps que dans l'Automne, il en eft cependant quelques-unes à qui l'Hiver convient mieux, tels que les figuiers que l'on greffe à l'approche du Solftice, & les cerifiers que l'on greffe pendant le Solftice même? Cela pofé, comme il y a quatre efpeces de femences; une formée par la nature même, fans que l'Art y ait aucune part, & trois que l'Art a découvertes, fçavoir: celles dont les racines font toutes formées, & que l'on ne fait que tranfplanter d'une terre à une autre, celles qui font prifes fur un arbre, & que l'on dépofe dans la terre pour y prendre racine, & celles qui font également prifes fur un arbre, mais que l'on greffe fur un autre: nous allons examiner quels font les temps & les lieux convenables à chacune en particulier.

CHAPITRE XL.

ENTRE les premieres efpeces de femence, c'eft-à-dire, celles qui font les principes naturels de la génération, il y en a qui font cachées à nos fens,

& d'autres qu'il est facile d'appercevoir. Celles qui sont cachées à nos sens, sont celles qui sont répandues dans l'air, ainsi que s'explique le Physicien Anaxagoras (1), & que la pluie entraîne par sa chûte sur les terres, comme dit Théophraste (2); les autres, quoique visibles, méritent cependant le plus grand examen de la part des Agriculteurs. Il y a en effet de ces principes de génération qui sont si menus, qu'il est difficile de les appercevoir, tels que ceux des Cyprès: car les noix du Cyprès ne sont pas elles-mêmes la semence de cet arbre, ce ne sont que de petites balles qui servent d'enveloppe à la semence, qui est cachée dedans. C'est la nature seule à qui nous sommes redevables de ces premieres especes de semences dont nous parlons, au lieu que ce sont les Cultivateurs qui ont découvert par l'expérience les trois autres especes. En effet, ces premieres especes sont venues sans le secours d'aucun Cultivateur, & sans avoir jamais été semées; au lieu que les autres, qui doivent leur existence à ces premieres, ne sont venues qu'après avoir été semées. Il faut prendre garde que les premieres especes de semence ne soient desséchées à force d'être

____

(1) Il étoit de Clazomene, & abandonna tout son patrimoine, qui étoit considérable, pour s'adonner à l'étude. Il mourut à Lampsaque, après avoir fait plusieurs voyages, dans la vue d'étendre ses connoissances.

(2) Voy. la Note 26 du Chap. I.

H ij

vieillies, qu'elles ne soient mélangées, ou enfin qu'elles ne soient fausses, & qu'elles n'aient en leur faveur qu'une reſſemblance apparente avec les véritables. Les effets de la vieilleſſe ſont ſi puiſſans ſur certaines ſemences, qu'ils en changent abſolument la nature. Car on prétend qu'en ſemant de vieille graine de chou, il en vient des raves; & qu'au contraire en ſemant de vieille graine de raves, il en vient des choux. Quant aux ſemences de la ſeconde eſpece, c'eſt-à-dire, à celles dont la racine eſt toute formée, il faut prendre garde de les tranſplanter trop tôt ou trop tard. Le temps favorable pour cette opération c'eſt, ſelon Théophraſte, le Printemps, l'Automne & le lever de la Canicule; mais cependant ce temps varie ſuivant la différence des lieux & des ſemences même. Ainſi, comme les lieux ſecs, maigres & argilleux n'ont pas beaucoup d'humidité, c'eſt le Printemps qu'il faut choiſir pour les y tranſplanter; au lieu que c'eſt pendant l'Automne qu'il faut les tranſplanter dans une terre bonne & graſſe, parce que le Printemps ſeroit trop humide pour ces ſortes de terres. Il y en a qui prétendent qu'on a environ trente jours pour faire cette opération. Quant à la troiſieme eſpece de ſemence que l'on prend ſur un arbre, & que l'on met en terre pour y prendre racine, il faut prendre garde à ne la tirer de l'arbre que dans un temps convenable, c'eſt-à-dire, avant qu'il ait commencé à bourgeonner ou à fleurir. Quand on ſépare de l'arbre la branche que l'on destine à servir de semence, il vaut mieux la détacher avec soin, que de l'arracher inconsidérément, parce que plus le pied en sera étendu, plus il sera assuré, & par conséquent, plus cette branche trouvera de facilité à prendre racines. Il ne faut pas tarder à mettre en terre les semences que l'on aura ainsi détachées des arbres, de peur que leur séve ne vienne à se dessécher. Si l'on veut en tirer sur un olivier, il faut avoir soin de choisir une jeune branche, & la couper uniformément par les deux bouts : il y en a qui appellent ces branches destinées à servir de semences, *clavolæ* ; d'autres les appellent *taleæ*, & ils leur donnent environ un pied de longueur. Pour la quatrieme espece de semence, que l'on tire d'un arbre pour la greffer sur un autre, il faut faire attention à l'arbre sur lequel on la prendra, à celui sur lequel on l'appliquera, au temps & à la maniere dont on fera cette opération ; car le chêne ne reçoit pas une greffe de poirier, quoique le pommier la reçoive : ce sont des attentions que ne manquent jamais d'avoir les personnes, qui ont confiance dans les propos des Aruspices (3), d'autant que ceux-ci donnent pour constant, qu'autant il se trouve sur certains arbres de greffes capables d'attirer le tonnerre, autant de fois il y tombera. Si l'on greffe sur un poirier sauvage,

____

(3) C'étoient des gens qui se donnoient pour prédire l'avenir, par l'inspection des entrailles des victimes.

un autre poirier, ce dernier fût-il excellent , les
fruits qui en résulteront ne seront pas si agréables,
qu'ils seroient si on l'eût greffé sur un poirier cultivé. En général, quelqu'arbre que l'on greffe, si l'on
emprunte la greffe d'un arbre pareil , comme si
ce sont deux pommiers, il faut que l'arbre dont
on l'emprunte , soit d'une meilleure qualité que
celui sur lequel on l'appliquera. Il y a une façon
de greffer un arbre sur un autre, que l'on a découverte nouvellement , & qui n'est d'usage que pour les
arbres qui sont voisins les uns des autres. On fait
passer dans l'arbre que l'on veut greffer , une petite
branche de celui dont on veut avoir des fruits ; à
cet effet on fend une branche de l'arbre que l'on
veut greffer , & on y insere la branche de l'arbre
voisin par le côté qui peut y atteindre , après l'a-
voir aiguisée par le bout avec une serpette sur
deux faces , de façon que la partie de cette branche, qui doit rester exposée à l'air , joigne exactement du côté de son écorce , l'écorce de la branche dans laquelle elle est insérée. On a soin que
le haut de la branche qu'on a insérée, ait sa direction vers le Ciel. L'année suivante, lorsque
cette branche a bien pris sur l'arbre greffé , on la
sépare de celui dont on l'avoit empruntée pour
la propager.

CHAPITRE XLI.

Pour ce qui concerne le temps auquel il faut greffer, la premiere obfervation à faire, c'eft qu'au lieu que l'on greffoit autrefois toutes les plantes au Printemps, il en eft que l'on greffe aujourd'hui pendant le Solftice même d'Eté, comme les figuiers, parce que leur bois n'étant pas compact, il leur faut de la chaleur : auffi ne peut-on pas venir à bout d'avoir des plans de figuiers dans les lieux froids. L'eau eft mortelle aux greffes nouvellement faites, parce que, comme elles font encore fort tendres, la moindre humidité les pourriroit facilement, c'eft pourquoi on eftime en général que le meilleur temps pour greffer eft celui de la Canicule. Cependant, quand il s'agit de plantes qui font naturellement feches, on a la précaution d'attacher au-deffus de la greffe un vafe, dont on fait diftiller de l'eau goutte à goutte, afin qu'elle ne fe deffeche point avant d'être bien incorporée à l'arbre. Il faut conferver l'écorce des greffes dans fon entier, & prendre garde en les éguifant de n'en pas mettre la moëlle à découvert. Il faut auffi les enduire d'argille & les maintenir en place, en les ferrant avec quelques morceaux d'écorce, de peur que les pluies ou la trop grande chaleur ne les endommagent à l'extérieur.

C'est pour parer aux accidens de l'humidité, que l'on fait une incision à la vigne trois jours avant de la greffer, afin que la trop grande humidité, dont elle est toujours remplie, puisse être desséchée avant que l'on en vienne à la greffer, où si l'on ne prend pas cette précaution, on fait au moins une incision un peu au-dessous de l'endroit greffé, par laquelle toute l'humidité qui y surviendra puisse s'écouler. On greffe au contraire sur le champ & sans apprêt les figuiers, les grenadiers, & tous les arbres d'une nature plus seche. Pour ce qui est des autres semences, qui se font de même que la greffe par transplantation, il faut avoir l'attention que celles que l'on transplante en tiges toutes formées, comme les figuiers, soient garnies de boutons. Des quatre especes de semences que nous avons distinguées (1), celles qui se font par rejettons sont souvent préférables, à l'égard de certaines plantes, à leur semence naturelle, parce que celle-ci seroit trop lente à venir : c'est ce qu'on observe pour les plans de figuiers. En effet, la semence naturelle du figuier est cette petite graine, que l'on voit dans la figue même, telle que nous la mangeons, or cette graine pourroit à peine, vû sa petitesse, engendrer de petites tiges : car toutes les semences qui sont menues & seches, sont lentes à croître, au lieu que celles qui sont moins seches & plus volumineuses, sont

---

(1) Voy. le Chap. XXXIX.

dès-lors plus précoces, de même que dans les animaux les femelles le font plus que les mâles : car
c'est à proportion la même chose pour les arbrisseaux. Aussi le figuier, le grenadier & la vigne,
dont la mollesse tient, pour ainsi dire, du sexe féminin, ont-ils plus de tendance à croître prompte-
tement, que le palmier, le Cyprès & l'olivier,
parce que les semences humides viennent plus
aisément que celles qui sont trop séches. Il vaut
donc mieux former une pépiniere de figuiers avec
des rejettons pris sur le figuier même, qu'avec des
graines de figues, à moins que l'on ne puisse pas
faire autrement ; car on est bien forcé d'avoir recours à la graine elle-même, lorsque l'on veut
envoyer des semences au-delà de la mer, ou en
faire venir de par-delà, auquel cas on enfile sur
de petites cordes des figues mûres, telles que nous
les mangeons, & lorsqu'elles sont séches, on les
roule en paquets, & on les envoie ainsi où l'on
veut, afin que ceux qui les recevront en mettent
la graine en terre dans une pépiniere, & puissent
en avoir de la race : c'est ainsi qu'on a transporté
en Italie les figues de Chio, de Chalcis, de Lydie, d'Afrique (1) & de tous les autres pays
d'au-delà de la mer. Par la même raison, comme
la semence de l'olivier est un noyau qui ne pro-
duiroit pas si promptement une tige, qu'une de

____

(1) Voy. la Note 2 du Chap. VIII. de l'Économie rurale
de Caton.

ses branches coupée par les deux bouts, nous avons préféré de planter dans nos pépinieres de ces sortes de branches, dont j'ai déja parlé (3).

CHAPITRE XLII.

POUR ce qui est de la luzerne, il faut observer entr'autres choses de ne la pas semer dans une terre trop séche ni trop boueuse. Une terre médiocrement humide lui convient mieux, & les Auteurs prétendent qu'il suffit d'un *modius* & demi de luzerne, pour un *Jugerum* d'une terre de cette nature. On la seme en jettant la graine sur terre, comme on fait à l'égard du fourage & du bled.

CHAPITRE XLIII.

ON seme la graine de cytises comme celle de chou, dans une terre bien labourée. Lorsqu'ensuite les cytises sont venus, on les transplante, en observant de les mettre à un pied & demi de distance les uns des autres; où même on prend sur un cytise fort de petites branches, que l'on plante en les espaçant de même.

(3) Voy. le Chap. précédent.

CHAPITRE XLIV.

POUR ensemencer un *Jugerum*, on emploie communément quatre *Modii* de fèves, cinq de bled, six d'orge & dix de froment; il en faudra cependant un peu plus dans certains lieux, ou un peu moins, selon la qualité du terrein; plus, s'il est gras, moins, s'il est maigre : c'est pourquoi on fera attention, à cet égard, à l'usage du pays où l'on se trouvera, afin de se régler, pour la quantité de chacune de ces semences, sur la nature du pays, & sur celle du terrein, d'autant que la même quantité de semence rapporte dans certains endroits dix, & dans d'autres quinze pour un, comme dans l'Hetruria, & dans quelques endroits de l'Italie. On prétend même qu'un *modius* de grain rend tout communément au centuple dans le canton de Sibaris, ainsi qu'en Syrie, près de Gadara, & en Afrique dans le Byzacium. Il y a aussi bien de la différence, quant à l'ensemencement, entre une terre qui n'a pas encore été cultivée, ou celle qui aura été ensemencée toutes les années, & que l'on appelle *restibilis*, ou enfin celle qui se repose de temps à autre, que l'on appelle *vervactum*. AGRIUS l'interrompant, lui dit : On prétend que dans le canton d'Olinthe, les terres sont ensemencées toutes les années, mais qu'elles ne rapportent abondamment que de trois années l'une. A quoi il répartit : Il est certain qu'il faut toujours laisser reposer un champ de deux années l'une, ou du moins ne le charger chaque seconde année, que de semences légeres, c'est-à-dire, de celles qui épuisent le moins la terre. Parlez-nous donc à présent, reprit Agatus, du troisième degré par où passent les fruits, c'est-à-dire, de la maniere dont ils se nourrissent, & de ce qui leur sert d'aliment. Lorsque les semences sont nées, continua-t-il, elles prennent leur croissance dans le fond, ensuite, lorsqu'elles sont devenues adultes, elles conçoivent, & enfin, après avoir conçu & porté le temps nécessaire, elles enfantent des fruits ou des épis, ou toute autre chose, de façon que chaque semence en reproduit toujours d'autres semblables à celle qui lui a donné naissance. C'est pourquoi, si l'on arrache la fleur d'un poirier, ou de tel autre arbre que ce soit, ou que l'on cueille son fruit avant qu'il soit mûr, il n'y reviendra rien la même année à l'endroit que l'on aura ainsi dépouillé, parce qu'un même arbre ne peut pas avoir deux portées à la fois ; car de même que les femmes ont des termes fixes pour accoucher, les arbres & les fruits de la terre ont aussi des temps marqués pour rendre leurs productions.

CHAPITRE XLV.

D'ORDINAIRE l'orge commence à lever sept jours après qu'il a été semé; le bled ne leve pas beaucoup plus tard : pour les légumes, ils levent presque tous au bout de quatre ou cinq jours, si ce n'est la fève qui leve un peu plus tard. Il en est à peu près de même du millet, de la sesame & des autres graines, à moins que quelqu'obstacle, occasionné par le pays même ou par le temps, ne les retarde. Lorsqu'un terrein est trop froid, il faut couvrir de feuille ou de paille pendant le Solstice d'Hiver, les plantes des pépinieres, qui seront d'une nature délicate; & quand le froid aura été suivi de pluie, il faudra prendre garde que l'eau ne séjourne nulle part, parce que la gelée est un poison tant pour les racines qui sont sous terre, que pour les tiges qui en sont sorties, quoique les unes & les autres ne grossissent pas également dans les mêmes saisons; car les racines profitent plus sous terre pendant l'Automne ou pendant l'Hiver, que ce qui est sorti de terre, parce que la chaleur de la terre, dont elles sont couvertes, contribue à les dilater; au lieu que plus l'air est froid, plus ce qui est hors de la terre se resserre : c'est ce que l'on peut appercevoir dans les plantes sauvages, auxquelles le cultivateur n'a point donné ses soins : car leurs racines croissent long-temps avant ce qu'elles ont coutume de produire, & elles ne s'étendent jamais plus loin, que lorsque le Soleil vient à les échauffer. Il y a deux raisons de ces effets : la premiere, c'est qu'il est des racines dont la nature est de s'étendre plus loin, que les autres; la seconde, c'est qu'il est des terreins qui leur livrent plus facilement le passage, que d'autres.

CHAPITRE XLVI.

CE sont des raisons approchantes qui donnent lieu à des effets surprenants dans la nature ; par exemple, on est à même de connoître par l'inspection de certaines feuilles, telles que celles de l'olivier, du peuplier blanc & du saule, dans quel temps de l'année on est, pour peu que l'on fasse attention au côté vers lequel elles sont tournées; car on est sûr que le Solstice d'Eté est passé, lorsqu'elles se sont retournées. Ce qu'on remarque encore dans les fleurs que l'on appelle tourne-sols, n'est pas moins surprenant, c'est que le matin elles se tournent du côté du Soleil Levant, & qu'elles le suivent dans sa course jusqu'à son coucher, sans cesser jamais d'être tournées de son côté (1).

____

(1) Cette observation, quoique confirmée par Pline en

CHAPITRE XLVII.

COMME les rejettons plantés dans les pépinières, tels que ceux d'olivier & de figuier, ont l'extrémité supérieure naturellement très-tendre, il la faut couvrir de deux planches attachées de gauche & de droite, & arracher toutes les herbes qui se trouveront à leurs pieds, pendant qu'elles sont encore jeunes; car si on leur donne le temps de se fortifier, elles résisteront ensuite, & se rompront plutôt que de céder à l'effort de quiconque voudra les arracher. Pour les herbes au contraire, qui viennent dans les prés, & qui donnent l'espérance d'une fenaison abondante, non-seulement il ne faut pas les arracher tant qu'elles prennent de la nourriture, mais il faut même se garder de les fouler aux pieds; on doit, par conséquent, éloigner pour lors des prés les troupeaux, ainsi que tous les bestiaux & les hommes eux-mêmes : car

---

différens endroits de son Histoire naturelle, ainsi que par plusieurs autres Auteurs anciens, est cependant démentie par les observations modernes. Cela provient-il de la différence des climats, où l'*Heliotropium* de ces Auteurs seroit-il une fleur différente de notre tournesol ? Nous avons déja observé ailleurs combien nous avions peu de connoissances certaines sur les plantes des anciens comparées aux nôtres, & combien il seroit utile de les étendre sur cet objet.

le pied de l'homme est la ruine des herbes qu'il foule, comme il est le fondement des nouveaux chemins qu'il trace.

CHAPITRE XLVIII.

QUANT aux grains qui sont dans la classe des bleds, ils portent tous, sur la sommité de leur tige, un épi : lorsque cet épi n'est point tronqué, comme dans l'orge & le froment, il est composé de trois parties qui se joignent, sçavoir, le grain, la balle & la barbe, sans compter le foureau qu'il avoit dans le principe, & lorsqu'il ne faisoit que commencer à se former. On appelle grain, le corps solide enveloppé de la balle ; on appelle balle, la petite peau dans laquelle le grain est enfermé, & la barbe est ce qui sort de cette peau, & qui se prolonge en forme d'éguille fine ; de façon que la balle est comme l'étui du grain, & la barbe comme ses cornes. Presque tout le monde connoît la barbe & le grain, mais peu de gens connoissent la balle qui l'enferme ; car il est certain que personne n'en a fait mention, si ce n'est Ennius (1) dans les Livres d'Euhemerus (2) qu'il a traduits : le nom de *gluma*, sous lequel elle

---

(1) Voy. la Note 6 du Chap. I.

(2) Il étoit de Messana en Sicile, & avoir composé l'histoire des Dieux, d'après les inscriptions qu'il avoit ramas-

est

est connue, paroît lui venir du mot *glubere* (3),
parce qu'on a soin de dépouiller le grain de cette
petite peau; on donne, par la même raison, ce
nom à la petite peau de la figue que nous mangeons. La barbe s'appelle *arista* du mot *arere*
(4), parce que c'est la partie de l'épi qui se séche la premiere. Le grain s'appelle *granum* du
mot *gerere* (5), parce qu'on ne seme le bled
qu'afin que les épis, qui en proviendront, portent du grain, & non pas afin qu'ils portent uniquement des balles ou de la barbe : de même
qu'on ne plante pas la vigne, afin qu'elle porte
uniquement des pampres, mais afin qu'elle porte
des grappes. L'épi que les paysans appellent encore *speca* de l'ancien mot qu'ils ont conservé,
semble être nommé *spica* du mot *spes* (6), parce qu'on ne seme le grain que dans l'espérance
qu'il produira des épis. On dit de l'épi qu'il est
écorné, lorsqu'il n'a point de barbe, parce que la
barbe est aux épis, ce que sont les cornes aux
bœufs. On donne le nom de *vagina* (7) à l'herbe
qui renferme les épis, dans le temps où ils ne font
que commencer à se former, & lorsqu'ils ne font

---

sées dans les plus anciens Temples. C'est cette histoire
qu'Ennius avoit traduite.

(3) Qui veut dire, *dépouiller*.
(4) Qui veut dire, *sécher*.
(5) Qui veut dire, *porter*.
(6) Qui veut dire, *espérance*.
(7) Qui veut dire, *fourreau*.

Tome II. I

pas entièrement développés, comme on appelle *va-gina* l'étui qui renferme une épée. Le corps étranger qui se trouve à l'extrémité supérieure de l'épi, lorsqu'il est mûr, & que l'on distingue du grain, parce qu'il est plus petit que lui, s'appelle *frit* (8). Celui qui se trouve au contraire au-dessous de l'épi, attenant le bout du tuyau qui le soutient, & que l'on distingue également du grain par sa petitesse, s'appelle *urruncum* (8).

------

(8) Il faut convenir que ces deux mots *frit* & *urruncum* sont absolument inconnus dans la Latinité : le premier n'a pas même une terminaison Latine, ainsi c'est en vain qu'on a voulu le faire dériver du mot *frio*, pour signifier que ce petit grain, étant sans substance, est par cela même très-*friable*, car quand cela seroit, ce qui n'est cependant pas, puisqu'il est très-dur, pourquoi le grain inférieur, également sans substance, auroit-il un nom différent, puisqu'il ne seroit pas moins *friable* que le supérieur ? On a aussi voulu chercher à ces mots une étymologie Grecque, sous le prétexte qu'ils doivent être empruntés d'une Langue étrangere, parce qu'autrement Varron eût donné leur étymologie, comme il a fait pour les mots *gluma*, *arista*, *granum*, *spica*, si cette étymologie se fût trouvée dans la Langue Latine. Le prétexe est peut-être raisonnable, mais les étymologies qu'on leur a en conséquen e trouvées dans le Grec, sont si ridicules, qu'il n'est pas possible qu'un homme sensé en fasse aucun cas. Ainsi il faut se déterminer à croire ou que ces mots sont racines, ou qu'ils sont fautifs. Mais en les supposant fautifs, ce qui est le plus vraisemblable, comment les rétablir dans leur intégrité, puisque l'on ne trouve dans aucun autre Auteur, nulle mention de ces vices du grain, auxquels ces mots s'appliquent ?

CHAPITRE XLIX.

Comme il avoit cessé de parler, & qu'on ne lui fit aucune question sur la nutrition des plantes, il s'imagina dès-lors qu'on ne vouloit pas en sçavoir davantage sur cet article, & annonça qu'il alloit parler de la récolte des fruits mûrs. En effet il continua en ces termes : Pour commencer par les prairies basses, lorsque l'herbe a cessé de croître, & que la chaleur a commencé à la sécher, il faut la faucher & la remuer avec des fourches, jusqu'à ce qu'elle soit entiérement sechée, pour la mettre sitôt après en bottes, que l'on portera dans la Métairie ; ensuite il faut faire passer le râteau sur les prairies, pour en enlever toute l'herbe qui sera restée sur terre, & l'ajouter au foin qui aura été fauché, afin d'en augmenter le tas. Quand cela sera fait, il faudra faire ce que l'on appelle *sicilire*, c'est-à-dire, faucher l'herbe que les faucheurs auront oubliée, & qui forme de petites touffes sur la surface de la prairie, c'est de cette seconde coupe (1) que j'imagine que le mot de *sicilire* est dérivé.

---

(1) Du mot *sectio* qui veut dire *coupe*.

CHAPITRE L.

ON prétend que le mot de moisson ne s'applique dans le sens propre, qu'aux choses que l'on mesure, & sur-tout au bled, & que ce mot est dérivé de celui de *metiri* (1). Il y a trois façons de moissonner le bled ; l'une qui est usitée dans l'Umbria, & que voici : après avoir fauché la paille à rez-terre, on la laisse par poignées sur le lieu même, à mesure qu'on l'a coupée ; ensuite, lorsqu'il s'en trouve une grande quantité de poignées à terre, on revient sur ses pas, & on coupe de nouveau chaque poignée, entre l'épi & la paille ; on met les épis dans un panier pour les faire porter dans l'aire, & on laisse la paille sur terre, pour l'enlever ensuite & la mettre en tas. Il y a une autre façon de moissonner, qui est d'usage dans le Picenum. On a une pelle de bois recourbée, à l'extrémité de laquelle est attachée une petite scie de fer, avec laquelle on saisit une liasse d'épis, que l'on coupe, en laissant sur pied la paille, pour être sciée elle-même par la suite. Voici la troisième façon de moissonner, telle qu'elle est usitée aux environs de Rome & dans

______

(1) *Metiri* qui signifie *mesurer*, fait au Participe *mensum*, d'où Varron fait apparemment dériver le mot *messis*, qui veut dire *moisson*.

la plupart des autres pays : on coupe la paille par
le milieu, en la tenant de la main gauche par le
bout ; & c'est même de cet usage de la couper par le
milieu, que je crois que vient le mot de *messis* (2) ;
ensuite on coupe la paille d'au-dessous de la main,
que l'on avoit laissée sur pied, au lieu qu'on met
celle qui tient à l'épi dans des paniers, pour être
portée dans l'aire, où on la sépare de l'épi, afin
de la serrer dans un lieu découvert : c'est peut-
être delà qu'elle a tiré son nom de *palea* (3). Il y
en a qui prétendent qu'elle s'appelle *stramentum*
du mot *stare* (4), comme qui diroit, ce qui reste
sur terre ; d'autres veulent que le mot de *stramentum* vienne de celui de *stratus* (5), parce qu'on
l'étend pour servir de litière aux troupeaux. On
doit faire la moisson dès que le bled est mûr. On
prétend que lorsqu'un champ n'est point difficile à
moissonner, il suffit presque d'une journée de
travail pour en expédier un *Jugerum*. Il faut mettre
dans des paniers les épis que l'on aura moisson-
nés, quand il s'agit de les porter dans l'aire.

---

(1) Il fait venir *messis* de *medium* qui signifie *milieu* :
que d'absurdités à force de courir après les étymologies !
Mais tel est le goût de notre Auteur.

(3) Du mot *palam*, qui signifie *à découvert*.

(4) Qui signifie, *rester*.

(5) Qui veut dire, *étendu*.

CHAPITRE LI.

L'Aire doit être placée en plein champ, dans le lieu le plus élevé, afin d'être plus exposée au vent. Il faut qu'elle soit d'une grandeur proportionnée à l'étendue des terres labourables, plutôt ronde que d'une autre forme, & un peu plus élevée par le milieu que par les extrémités, afin que, s'il vient à pleuvoir, l'eau n'y séjourne pas, & qu'elle puisse s'écouler au-dehors par le plus court chemin, (car le plus court chemin dans une forme ronde, est constamment du milieu aux extrémités) qu'elle soit entiérement formée de quelque terre forte, bien battue, & d'argille préférablement à toute autre terre, si on est à même d'en avoir, pour éviter que la chaleur, venant à la dessécher, n'y forme des crevasses, dans lesquelles le grain se terreroit, & qui donneroient passage à l'eau, ainsi qu'aux souris & aux fourmis. C'est pour cela qu'on est dans l'usage d'y répandre de la lie d'huile, qui empêche les herbes d'y croître, & qui est un poison pour les fourmis & pour les taupes. Il y en a qui, pour donner plus de solidité à leur aire, la font revêtir de pierre, ou même qui la carrelent avec soin: il y en a même qui portent l'attention plus loin, tels que les Bagienni, qui y font une couverture, à cause des orages qui s'élevent souvent chez eux dans le temps de la moisson. Lorsque l'aire est à découvert, & que le pays est chaud , il faut pratiquer dans son voisinage des retraites , où les ouvriers puissent se mettre à l'ombre pendant la chaleur du midi.

CHAPITRE LII.

IL faut mettre à part dans l'aire les épis qu'aura donnés la plus belle & la meilleure piece de terre , pour en tirer le meilleur grain : c'est dans l'aire qu'il faut séparer le grain des épis. Il y en a qui se servent pour cela de bêtes de somme attelées à un traîneau : ce traîneau est composé d'une planche armée en-dessous de pierres ou de fer , sur laquelle se met un conducteur , ou que l'on charge d'un poids considérable , pour la faire ainsi traîner par des bêtes de somme sur les épis , afin d'en séparer le grain : il est aussi composé quelquefois de solivaux garnis de dents & de roulettes par-dessous ; c'est ce qu'on appelle un petit chariot à la Carthaginoise : on a soin que quelqu'un soit assis dessus pour conduire les bêtes de somme qui le tirent ; c'est ainsi que l'on s'y prend dans l'Espagne Citérieure , & dans d'autres endroits. Il y en a d'autres qui font aller & venir , à travers les épis , des troupeaux de bêtes de somme , qu'ils tourmentent avec des perches, jusqu'à ce qu'ils aient entiérement séparé le grain des épis avec la corne de leurs pieds. Lorsque les épis ont été bien battus, il faut secouer le grain au-dessus de la terre avec des vans, ou des pelles à vanner, dans un temps où le vent ne soit pas violent; moyennant cela les parties les plus légeres, que l'on appelle *acus*, sont chassées hors de l'aire, & le bled, qui est plus pesant, s'en trouve dégagé, & dès-lors en état de remplir par la suite les mesures, sans aucun mélange.

CHAPITRE LIII.

LA moisson faite, il faut glaner ou arracher le chaume pour le porter à la maison, ou s'il n'est gueres resté d'épis sur le champ, & que les journées des ouvriers soient à haut prix, il faut y mener paître les bestiaux : car la plus grande attention que l'on doive avoir, c'est que les frais n'excedent pas le profit en cette occasion.

CHAPITRE LIV.

LORSQUE le raisin sera mûr dans les vignobles, il faudra y faire la vendange, non pas indifféremment, mais en examinant par quelle espece de raisin, & par quelle partie du vignoble il faudra la commencer; car, comme le raisin précoce ainsi que le mélangé, que l'on appelle raisin noir, mûrissent long-temps avant les autres, il faut les cueillir les premiers : les parties tant des vignes mariées aux arbres, que des autres, qui seront le plus exposées au Soleil, sont aussi celles qu'il faudra vendanger les premieres. On a bien soin, pendant la vendange, non-seulement de cueillir le raisin que l'on destine à sa boisson, mais encore de choisir celui que l'on destine à être mangé : c'est pourquoi on porte le premier dans l'endroit où il doit être pressuré, pour en remplir ensuite les futailles, & on met l'autre dans des paniers à part, soit pour en remplir des pots, que l'on met en réserve dans des futailles pleines de marc, soit pour le conserver dans des amphores enduites de poix, que l'on descend au fond d'un réservoir d'eau, soit enfin pour le faire sécher dans l'aire, & le monter ensuite dans la serre à provisions. Quand le raisin aura été foulé, il faudra mettre les rafles des grappes, ainsi que la peau des grains, sous le pressoir, afin d'en exprimer le reste du vin doux, pour le joindre à celui qui aura déja coulé dans la fosse, lorsqu'on l'aura foulé. Lorsque le tas du marc ne rend plus rien sous le pressoir, il y en a qui le coupent à l'entour, & qui le remettent encore une seconde fois sous le pressoir, & ils donnent le nom de *circumcisitum* (1) au vin qui en provient, & le gardent à part, parce qu'il sent le fer : après que les peaux des grains ont été pressurées pour la derniere fois, on les jette dans des futailles, & on verse de l'eau par-dessus, pour faire une boisson que l'on appelle *lora* (2), parce que ces peaux sont lavées avec cette eau; on donne cette boisson aux ouvriers pendant l'Hiver en guise de vin.

CHAPITRE LV.

VENONS aux plans d'oliviers : Quand on peut atteindre l'olive soit en se tenant debout, soit avec le secours d'une échelle, il vaut mieux la cueillir à la main que de la gauler, parce que, quand elle a été battue, elle devient maigre, & ne rend pas tant d'huile. Dans le cas où on la cueillera à la main, elle sera bien meilleure si l'on n'y porte que la main nue, que si l'on fait usage de doigtiers; car non - seulement les doigtiers font perdre au fruit une partie de son huile, par leur dureté & parce qu'ils le serrent trop,

---

(1) C'est-à-dire, coupé à l'entour. Nous l'appellons *Vin de taille.*

(2) Du mot *lota* qui veut dire *lavés.* C'est ce que nous appellons *de la piquette.*

mais encore ils écorchent les branches de l'arbre, & les laissent à découvert & exposées par conséquent à la gelée. Quand on ne pourra pas atteindre aux olives avec la main, il faudra se servir de roseaux plutôt que de perches pour les abattre, parce que plus la plaie est considérable, moins elle peut se passer du Médecin. On prendra garde, en les abattant, de les gauler à rebours, car il arrive souvent que l'olive, pour avoir été gaulée en ce sens, entraîne avec elle des rejettons, qui se cassent sur les branches des arbres, ce qui occasionne leur stérilité l'année suivante : & ce n'est pas une des moindres raisons, pour lesquelles on prétend que les plans d'oliviers ne portent de fruits que de deux années l'une, ou du moins qu'ils n'en portent pas en aussi grande quantité la seconde année, que la premiere. L'olive se rend à la Métairie par deux chemins, de même que le raisin : par l'un, elle y va pour être mangée en nature, par l'autre, pour être changée en une liqueur, qui doit servir à oindre le corps, non-seulement à l'intérieur, mais encore à l'extérieur, puisque le Propriétaire ne peut pas s'en passer dans les bains, ni dans les lieux où il fait ses exercices (1). Celle dont on doit faire de l'huile,

---

(1) Les Anciens faisoient un très-grand cas de l'huile, eu égard à cette derniere destination. Epaminondas, l'homme le plus prudent & le plus brave de toute la Grece, étant Magistrat, prit un jour feu en voyant, par des comptes

sera mise en tas jour par jour sur des planchers, afin qu'elle ait le temps de s'y amollir un peu, après quoi l'on fera porter chaque tas l'un après l'autre au pressoir & au trapete (1), où les olives seront concassées sous des meules, dont la pierre doit être très-dure & piquée. Si, lorsque l'olive est cueillie, on la laisse trop long-temps en tas, elle s'amollit en s'échauffant, & l'huile devient rance : c'est pourquoi, lorsqu'on ne pourra pas faire l'huile de bonne-heure, il faudra éventer les tas d'olives, en les transportant peu à peu d'une place à une autre. L'olive rend deux especes de liqueurs, dont chacune a son utilité : l'huile, que tout le monde connoît, & la lie d'huile, dont bien des personnes ignorent l'utilité ; c'est ce qui fait qu'on la voit couler si souvent des pressoirs à huile dans les champs, où non-seulement elle noircit la terre, mais elle la rend même stérile par sa trop grande abondance : au lieu que, si cette liqueur étoit employée modérément, on en tireroit de grands

---

qu'on lui rendoit, que la consommation de l'huile étoit excessive. Et comme ses Collegues étoient surpris de sa colere, qui leur paroissoit déplacée, il en rendit raison, en déclarant qu'il ne se conduisoit point ainsi par lésine, mais parce qu'il étoit convaincu qu'il y a beaucoup plus d'avantage à employer l'huile à fortifier le corps, qu'à l'employer comme nourriture.

(2) Voy. les Chap. XVIII, XIX, XX, XXI & XXII de l'Economie rurale de Caton, où se trouve l'explication de ces machines.

avantages relativement à beaucoup d'objets , &
sur - tout relativement à l'Agriculture , puisqu'on en répand ordinairement autour des racines des arbres , & qu'on en arrose les champs
par-tout où il croît des herbes, qui peuvent leur
être nuisibles.

CHAPITRE LVI.

IL y a long-temps, dit AGRIUS à STOLON, que
j'attens tranquillement dans la Métairie, les clefs
à la main, que vous y fassiez entrer les fruits.
Eh ! bien, dit STOLON, me voilà arrivé à la porte,
ouvrez-là donc. D'abord il vaut mieux mettre le
foin à l'abri dans la Métairie, que de l'exposer en
tas à l'air, parce qu'il en sera d'autant plus agréable aux bestiaux. Présentez-leur en effet de l'un
& de l'autre, & vous en jugerez ainsi par la préférence qu'ils donneront au premier.

CHAPITRE LVII.

POUR le bled , il faut le serrer dans des greniers élevés, qui soient battus par le vent, tant
du côté de l'Orient, que de celui du Septentrion,
& garantis de tout air humide, qui pourroit y

pénétrer des lieux circonvoisins. Il faut en crépir les murailles & le sol avec un enduit composé de marbre pilé, sinon, avec de l'argille mêlée de paille de froment & de lie d'huile ; cet enduit empêchera les rats ou les vers de s'y mettre, & augmentera la solidité & la fermeté du grain : il y en a qui versent sur le grain même de la lie d'huile, à la quantité d'un *quadrantal* sur environ mille *modii* de bled : d'autres répandent ou égrugent dessus différentes matieres, comme de l'argille de Chalcis, de la craie de Carie ou de l'absynthe, & autres choses de cette nature. Il y en a qui n'ont pas d'autres greniers que des cavernes sous terre, qu'ils appellent σιρούς, comme en Cappadoce & en Thrace. D'autres ont des puits, comme dans l'Espagne Citérieure, & dans les environs de Carthage & d'Osca. Ils en couvrent le sol de paille, & ont soin d'empêcher que l'humidité ni l'air n'y pénetrent, si ce n'est dans les occasions où ils sont obligés d'en tirer le bled pour s'en servir, parce que, tant que l'air n'y pénetre pas, le charenson ne s'y met point. Le bled serré de cette façon se conserve jusqu'à des cinquante ans, & le millet cent ans & plus. Il y en a qui suspendent leurs greniers en l'air dans le champ même, comme les habitans de l'Espagne Citérieure & de certains cantons de l'Apulia, dans la vue qu'ils soient rafraîchis non-seulement sur les côtés par le vent qui vient des fenêtres, mais encore en - dessous par celui que la terre réfléchit.

CHAPITRE LVIII.

LEs fèves & les autres légumes se conservent très-long-temps sans se gâter, si on les couvre de cendre dans des vaisseaux à huile. Caton dit (1) qu'on peut conserver très-commodément dans des pots de terre du petit & du gros raisin Amminéen, ainsi que de l'Apicius, comme aussi dans du vin cuit jusqu'à diminution des deux tiers, & dans du vin doux; & que les meilleurs raisins à garder suspendus, sont le Maroquin & l'Amminéen, que l'on nomme aussi Scantien (2).

CHAPITRE LIX.

QUANT aux fruits, on est dans l'opinion que les poires-coins de garde, les coins Scantiens, les coins Quiriniens, les pommes rondes (1), & celles

---

(1) Voy. l'Economie rurale de Caton, Chap. VII & les Notes y jointes.

(2) Il y a dans le texte l'*Amminéen & le Scantien*, mais Caton, Chap. VII, ne parle point du raisin Scantien, & Pline 14, 4, dit expressément que Varron donne le nom de Scantien à celui que Caton appelle Amminéen, ainsi cela nous décide à lire *seu Scantianas* au lieu de *& Scantianas*.

(1) On croit que ce sont des pommes de Rambure.

que l'on appelloit autrefois *muslea* (2), & qu'on appelle aujourd'hui *melimela* (3), que tous ces fruits, dis-je, se conservent très-bien étendus sur de la paille dans un endroit sec & frais. C'est pour cela que ceux qui font faire des serres, ont soin de les munir de fenêtres ouvertes au vent du Nord, à l'effet que ce vent y ait un libre accès, sans cependant négliger d'y mettre des volets, de peur que la continuité de ce vent ne dessèche ces fruits & ne les flétrisse. Ils en font aussi les voutes de marbre pilé, ainsi que les murailles & le pavé, pour leur donner plus de fraîcheur; & de fait, ces précautions les rendent si fraîches, qu'il y a quelques personnes qui sont dans l'usage d'y faire dresser des lits, pour y prendre leur repas, ce qu'on auroit bien tort de blâmer. En effet n'est-il pas raisonnable que ceux à qui le luxe procure la facilité de se donner dans des cabinets de peinture, un spectacle qui n'est dû qu'à l'Art, jouissent du magnifique spectacle, que la nature même leur offre dans un arrangement de fruits élégant? & cette conduite n'est-elle pas plus sage que celle qu'ont tenue certains particuliers, lorsqu'ils ont porté à la campagne des fruits qu'ils avoient achetés à Rome, pour en garnir une serre à l'occasion d'un festin. On pense que les pommes se conservent assez commodément dans des serres:

(2) C'est-à-dire, qui ont la douceur du mout.
(3) C'est-à-dire, qui ont la douceur du miel.

d'autres

d'autres croient qu'elles se conservent mieux sur
des tablettes, telles que celles que l'on pratique
avec du marbre pilé, d'autres enfin sur de la paille, ou même sur de la laine ; on conserve les grenades en les mettant avec la branche même dans
une futaille pleine de sable, & les coins en les
suspendant ; au lieu que les poires Aniciennes, &
celles qui sont mûres au temps des semailles se
conservent mieux confites dans du vin cuit jusqu'à diminution des deux tiers. Pour les cormes,
ainsi que les poires, lorsqu'elles sont coupées par
morceaux & desséchées au soleil, elles se conservent aisément en tel endroit qu'on les mette,
pourvu qu'elles soient au sec, les cormes s'y con-
serveroient même, quand on les y laisseroit dans
leur état naturel. On conserve les raves coupées
par morceaux dans de la moutarde, & les noix
dans du sable, de même que les grenades ceuil-
lies à leur point de maturité, ainsi que je l'ai déja
dit ; si même, lorsqu'elles ne sont pas mûres &
qu'elles tiennent encore à la branche, on met cette
branche dans un pot qui n'ait pas de fond, que
l'on enfonce ce pot en terre, & que l'on entoure
la branche de terre (4), de peur que l'air extérieur
ne la desseche, non-seulement on les en retirera
saines & sauves, mais même elles seront plus grosses, qu'elles ne l'auroient jamais été sur l'arbre.

---

(4) Pline, en citant ce passage de Varron, 15, 16, lui fait
dire qu'il faut enduire la branche *de poix*, ce qu'on ne voit
point ici.

CHAPITRE LX.

QUANT à la garde des olives, Caton écrit à ce sujet (1), qu'on peut très-bien conserver les *Orchites* (2), & les *Pausea* (3) seches (4), ou dans de la saumure, si elles sont fraîches, ou dans de l'huile de lentisque, si elles sont meurtries. Il ajoute que si on roule dans le sel des *Orchites* noires, & qu'on les laisse s'en impregner pendant cinq jours, & qu'ensuite, après avoir secoué le sel, on les expose au soleil pendant deux jours, elles se conserveront dans toute leur bonté : il dit aussi qu'on peut les confire, tout uniment & sans sel, dans du vin cuit jusqu'à diminution de moitié.

CHAPITRE LXI.

C'EST avec raison que les Agriculteurs expérimentés conservent la lie de l'huile dans des futail-

(1) Voy. l'Economie rurale de Caton, Chap. VII, & les Notes y jointes.

(2) Voy. la Note 2 du Chap. VI. de l'Economie rurale de Caton.

(3) Voy. la Note 5 du Chap. VI. de l'Economie rurale de Caton.

(4) Ni Caton dans le Chap. VII, d'où ceci est tiré, ni Pline 15, 6, en citant cet endroit de Caton, n'exigent qu'elles soient séches.

les, avec autant de soin que l'huile même & le vin. La maniere de l'apprêter pour cela, consiste à la faire bouillir, au sortir du pressoir, jusqu'à moitié de déchet, & à la verser ensuite dans des vaisseaux quand elle est refroidie. Il y a encore d'autres façons de l'apprêter, comme celle par laquelle on y ajoute du vin doux.

CHAPITRE LXII.

COMME personne ne serre les fruits que dans la vue de les tirer par la suite, il nous reste quelques observations à faire sur ce sixieme degré par lequel ils passent. On tire les fruits que l'on a serrés ou pour les préserver d'accident, ou pour les consommer, ou pour les vendre. Les temps auxquels on doit les tirer pour les préserver d'accident ou pour les consommer, varient suivant la différence des fruits entr'eux.

CHAPITRE LXIII.

IL faut tirer le bled pour le préserver d'accident quand les charensons commencent à le ronger : & dès qu'il sera tiré, on mettra au Soleil des bassins pleins d'eau, où les charensons viendront d'eux-mêmes se noyer. Ceux qui ont leur bled sous terre dans ces cavernes qu'ils appellent σιροὺς, ne doivent l'en tirer que quelque temps après avoir fait l'ouverture; car il y a du danger à entrer dans ces cavernes bientôt après les avoir ouvertes, & il est même arrivé à quelques personnes d'avoir perdu la respiration pour y être entré trop tôt. Si l'on veut apprêter pour sa consommation le bled, que l'on a conservé en épis pendant la moisson, il faut le tirer pendant l'hiver, pour le faire broyer dans le moulin, & le rotir (1).

CHAPITRE LXIV.

POUR la lie d'huile, qui n'est rien autre chose qu'une liqueur aqueuse, & la crasse même de l'huile, qu'on a déposée dans des vaisseaux de terre à mesure qu'on transvasoit l'huile, voici la maniere dont quelques personnes ont coutume de la préparer pour la conserver : elles soufflent au bout de quinze jours sur le dessus du vase, où se trouvent toujours les parties les plus légeres, pour les faire passer dans d'autres vaisseaux, & elles répetent la même opération jusqu'à douze fois, pendant six mois consécutifs, de quinze jours en quinze jours, en observant de choisir par préférence, pour la derniere fois, le temps où la Lune est dans son déclin. Après cela, elles la font bouillir à un feu clair dans des chaudieres, jusqu'à ce

____

(1) Les Anciens rotissoient le bled avant de l'employer, comme nous rotissons le caffé.

qu'elle soit réduite à moitié; enfin elles la tirent ensuite à propos pour s'en servir.

CHAPITRE LXV.

IL ne faut tirer le moût, que l'on a mis dans les futailles pour en faire du vin, ni tant qu'il bout, ni même aussitôt qu'il est fait. Si on veut le boire vieux, comme il n'est réputé tel que lorsque l'année est écoulée, il ne faut le tirer qu'au bout d'un an; mais s'il est de nature à s'aigrir de bonne-heure, il faut le consommer ou le vendre avant la vendange. Il y a des especes de vins, qui, plus ils sont gardés, meilleurs ils sont lorsqu'on vient à les tirer, tels que ceux de Falernum.

CHAPITRE LXVI.

SI vous tirez trop tôt les olives blanches, que vous aurez serrées dans leur nouveauté, elles seront d'une amertume désagréable au goût, à moins que vous ne les assaisonniez : il en sera de même des noires, si vous ne les faites pas tremper dans le sel avant de les manger, afin qu'elles puissent flatter le palais.

CHAPITRE LXVII.

Plutôt on tire les noix, les dattes & les figues Sabines, plus on les trouve agréables ; parce que, si on les garde trop long-temps, les figues se gâtent, les dattes pourrissent, & les noix se séchent.

CHAPITRE LXVIII.

Il suffit de jetter un coup d'œil sur les fruits suspendus, comme le raisin, les pommes & les cormes, pour connoître à ne s'y pas tromper, quand il est temps de les tirer pour les consommer ; en effet le changement de couleur de ces fruits, ou le desséchement des grains de raisin, avertissent que les uns & les autres ne seront bientôt plus bons qu'à être jettés, lorsqu'on les descendra, si on ne se presse pas de les manger. Si les cormes étoient déja mûres & molles, lorsqu'on les a serrées, il faudra les tirer plus promptement, que si elles eussent été suspendues vertes, parce que, dans ce dernier cas, elles ont besoin, avant de mollir, d'un certain temps, pour acquérir à la maison la maturité, qu'on ne leur a pas laissé prendre sur l'arbre (1).

____

(1) Il faut distinguer entre les cormes qui sont mûres, & celles qui sont molles. Elles sont mûres lorsqu'elles sont par-

CHAPITRE LXIX.

IL faut tirer pendant l'hiver, du lieu où on l'a
ferré, le bled de la récolte, que l'on deſtine à être
roti (1) dans la boulangerie pour ſa conſommation. Pour celui qu'on deſtinera à être ſemé, il
faudra l'en tirer lorſque les terres labourées ſeront
prêtes à le recevoir. Et en général toutes les graines, qui ſeront deſtinées à être ſemées, doivent
être tirées chacune au moment où on les emploiera. Quant aux choſes que l'on doit vendre,
il faudra voir quel ſera le temps le plus convenable à chacune, pour être tirées du lieu où elles ſont
ſerrées : car il y en a qui, ne pouvant ſe conſerver
ſans ſe gâter, en veulent être tirées promptement
& vendues de même, & d'autres qu'il ne faut tirer pour les vendre, que lorſqu'elles ſeront chetes,
parce qu'elles ſont en état de ſe conſerver. Car
il arrive ſouvent qu'en conſervant certaines choſes, non-ſeulement elles vous rapportent l'intérêt
du prix que vous en auriez retiré, ſi vous les euſſiez vendues plutôt, mais qu'elles doublent mê-

venues à leur groſſeur, & qu'elles ont acquis la couleur qui
leur eſt naturelle, mais elles ne ſont pas encore bonnes à
manger en cet état, il faut qu'elles ſoient molles, c'eſt-à-
dire, qu'elles touchent au premier degré de la putréfaction.
  (1) Voy. la Note 1 du Chap. LXIII.

me votre profit, pour avoir été tirées à temps. Au moment que Stolon parloit, un Affranchi du Gardien du Temple vint à nous les larmes aux yeux; & après nous avoir prié de l'excuser de ce qu'il nous avoit fait attendre, il nous invita à aller le lendemain à ses funérailles. Nous nous levames tous, en nous écriant : quoi, à ses funérailles? de quelles funérailles parlez-vous? qu'est-il arrivé? Il nous raconta, en pleurant, que son Patron avoit été tué d'un coup de couteau par un inconnu, & qu'on n'avoit pas pû distinguer dans la foule le meurtrier, mais qu'on avoit seulement entendu la voix d'un homme, qui disoit l'avoir fait par inadvertance; que pour lui, comme il avoit été occupé à reconduire son Patron chez lui, & à envoyer des gens pour chercher un Médecin, & l'amener promptement, il étoit juste de l'excuser de ce qu'il avoit préféré ce soin à celui de venir nous rejoindre, & que quoique ses attentions n'eussent pas empêché son patron de rendre l'ame peu de temps après, il croyoit cependant avoir fait ce qu'il devoit, en se comportant ainsi. Nous agréames ses excuses, & nous descendîmes tous du Temple, pour nous retirer chez nous, plus occupés à nous répandre en plaintes sur les accidens auxquels l'humanité est sujette, que surpris de ce qu'une catastrophe de cette nature fût arrivée à Rome.

Fin du Livre premier.

L'ÉCONOMIE
RURALE
DE M. TERENTIUS VARRON.

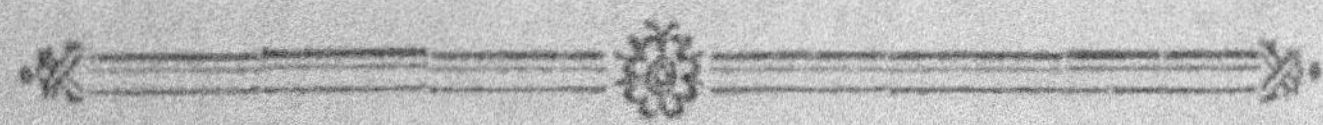

LIVRE SECOND.

DE L'ENGRAIS DES BESTIAUX.

CE n'est pas sans raison que les grands personnages, qui nous ont devancés, donnoient la préférence aux Romains qui passoient leur vie à la campagne, sur ceux qui la passoient à la ville : en effet, de même qu'entre les gens de la campagne, ils regardoient ceux qui restoient dans l'enceinte des Métairies, comme plus paresseux naturellement, que ceux qui étoient occupés aux travaux des champs; ils estimoient aussi que ceux qui se tranquillisoient dans les villes, étoient plus lâches que ceux qui cultivoient la terre; c'est pour

cela qu'ils avoient partagé l'année de telle forte,
qu'ils ne s'occupoient des affaires de la ville qu'une
feule fois tous les neuf jours (1), & qu'ils cultivoient les champs pendant les fept autres. Tant
qu'ils s'en font tenus à cet ufage, ils en ont retiré
deux avantages; celui d'avoir des terres mieux cultivées & dès-là plus fécondes, & de jouir eux-mêmes d'une fanté plus robufte, & celui de fçavoir
fe paffer de tous ces lieux d'exercice, que les Grecs
ont dans leurs villes, & qui nous fuffifent à peine
aujourd'hui, que nous les avons tous, fans en ex-
cepter un feul : en effet nous ne croirions pas aujourd'hui avoir une Métairie, fi elle ne retentif-
foit pas d'une foule de noms Grecs imaginés pour
chacune des pieces qui la compofent, tels que
προκοιτῶν (2), παλαίστρα (3), ἀποδυτήριον (4), περιc-

---

(1) Tous les neuf jours il y avoit un marché public à Rome, appellé à caufe de cela *nundina* : comme le peuple Romain s'y rendoit en foule de la campagne, on profitoit des
jours qu'il tenoit pour propofer les loix, & on n'en publioit
jamais qu'elles n'euffent été ainfi propofées pendant trois
jours de marché confécutifs, afin que tout le monde pût en
avoir pris connoiffance avant la publication, & fût à même
de donner fon avis deffus.

(2) La piece qui précédoit la chambre à coucher, & dans
laquelle les Efclaves fe tenoient.

(3) Le lieu deftiné aux exercices.

(4) La piece où l'on quittoit fes habits avant d'entrer aux
bains.

αὐλὰς (5), ὀρνιθῶν (6), περιστερῶν (7), ὀπωροθήκην (8). Aussi, comme aujourd'hui presque tous les peres de famille se sont établis petit à petit sous les murs des villes, après avoir renoncé à la faulx & à la charrue, & qu'ils ont préféré de consacrer leurs mains à applaudir sur les Théâtres ou dans le Cirque, plutôt qu'à travailler dans les guérets ou dans les vignobles ; nous en sommes réduits à louer des commissionnaires, pour nous faire apporter du bled ; de sorte que c'est l'Afrique & la Sardaigne qui nous fournissent de quoi nous rassasier, & que nous sommes obligés d'avoir recours à la navigation, pour tirer notre provision de vin des Isles de Cos (9) & de Chio. Ainsi le même pays qui a vû fonder sa Capitale par des Pâtres (10), qui enseignerent l'Agriculture à leurs enfans, est aujourd'hui témoin, que les descendans de ces fondateurs ont, au contraire, converti par avarice & contre la teneur des loix, les terres labourables en prés, sans faire attention que l'Agriculture est bien différente de la nourriture des bestiaux : car autre chose est un

---

(5) Des Peristiles.

(6) Des volieres.

(7) Des colombiers.

(8) Des serres.

(9) Le vin de cette Isle étoit fort estimé des Anciens. Ils étoient même dans l'usage de le contrefaire avec du vin d'Italie. Voy. l'Economie rurale de Caton, Chap. CXII.

(10) Les premiers Habitans de Rome ne furent en effet qu'une troupe de Pâtres vagabonds.

Pâtre, autre chose un Laboureur; & quoique l'on puisse faire paître des bestiaux dans les champs que l'on cultive, il ne faut pas confondre celui qui les garde lorsqu'ils paissent, avec le bouvier qui les conduit lorsqu'ils labourent. En effet, les bestiaux qui vont en troupeaux ne contribuent pas par leur tavail à produire ce qui vient dans un fond, puisqu'au contraire ils l'enlevent avec leurs dents; au lieu que les bœufs, que l'on a domptés, font venir plus heureusement le bled dans nos guérets, ainsi que le pâturage dans nos jacheres. La méthode, dis-je, & la science du Cultivateur different de celle du Pâtre. Le but du Cultivateur est de tourner à son profit les fruits qu'il fait produire à la terre par la culture ; celui du Pâtre, au contraire, est de tourner au sien tous les fruits que lui donnent les bestiaux. Cependant comme ces deux buts ont une liaison intime entr'eux, tant parce qu'ordinairement il est plus avantageux au Propriétaire d'une terre d'y faire consommer à des bestiaux son fourage, que de le vendre, que parce que l'amendement des terres, que l'on tire particuliérement des bestiaux, est ce qui contribue le plus à leur faire rapporter des fruits ; tout possesseur de fond doit embrasser à la fois l'Art de l'Agriculture & celui de l'engrais des bestiaux, & même y joindre l'engrais des animaux que l'on éleve dans l'intérieur des Métairies. Car cette derniere nourriture peut également procurer des fruits considérables, que produiront

les volieres, les garennes & les viviers. Comme
j'ai déja traité du premier de ces deux Arts dans
le Livre que j'ai composé sur l'Agriculture, &
que j'ai dédié à ma femme Fundania, par la raison qu'elle fait valoir elle-même sa terre; je me
propose de traiter du second dans celui-ci, & c'est
à vous, mon cher Niger Turannius, que je l'a-
dresse, vous dont le goût pour les bestiaux est si
décidé, que la passion d'en acheter vous conduit
souvent aux Foires, qui se tiennent dans les terres
arrosées par la Macra, & que vous préférez à tout
autre ce moyen d'avoir de quoi faire face aux dépenses de la vie, qui sont si étendues. Au surplus,
ce traité me coûtera d'autant moins à composer,
que j'ai possédé moi-même des troupeaux nombreux soit de brebis dans l'Apulia, soit de chevaux dans le canton de Réate, & que je ne par-
lerai que briévement & sommairement de ce qui
concerne les bestiaux, en me contentant de recueillir ici les conversations que j'ai eues avec différentes personnes, qui toutes avoient des troupeaux nombreux en Epire, dans le temps que je
commandois, pendant la guerre des Pirates, les
flottes de la Gréce, entre l'Isle de Delos & la Cilicie (11). Voici, pour commencer, d'où je reprends
ces conversations.

---

(11) C'est dans cette expédition que notre Auteur reçut de
Pompée la Couronne Navale.

CHAPITRE PREMIER.

COMME MENATÈS s'étoit retiré, COSSINIUS m'adressant la parole, me dit : Nous ne vous laisserons point partir, que vous ne nous ayez expliqué les trois points, que vous aviez entamés derniérement, lorsque nous fumes interrompus. Quels sont ces trois points, dit MURRIUS ? ne sont-ce point ceux dont vous me parlâtes hier, & qui concernent la science des Pâtres ? C'est précisément cela, repartit COSSINIUS ; Varron avoit commencé à disserter sur cette matiere chez Pœtus, que nous étions allé visiter dans sa maladie, & à examiner quelle étoit l'origine de cette science, quelle en étoit l'excellence, & dans quelle classe des Arts on devoit la mettre, lorsque nous fûmes détournés de cet entretien par l'arrivée du Médecin. Pour moi, dis-je alors, je ne me charge de traiter que la partie historique, c'est-à-dire, les deux premiers points concernant l'origine & l'excellence de cette science, & j'en dirai volontiers ce que j'en ai appris. Pour le troisieme, qui regarde l'Art, ce sera Scrofa qui s'en chargera, ὥσπερ μευ πολλόν ἀμείνων, (1), pour me servir d'une phrase Grecque, vis-à-vis de Pâtres à-demi Grecs. Comment en

---

(1) C'est-à-dire, lui qui m'est bien supérieur.

effet ne le reconnoîtrois-je pas pour supérieur
à moi en cette partie, lui qui a été le maître de
C. Lucilius Hiprus votre gendre, qui s'est rendu
si célebre par la beauté des troupeaux, qu'il a en
sa possession chez les Brutiens. J'y consens, dit
Scrofa, mais à une condition, c'est que vous
autres, qui êtes fort habiles sur l'article des troupeaux, vous me récompenserez de ma complai-
sance, en mettant en avant, à votre tour, ce que
vous sçavez sur cette matiere, d'autant qu'il n'y
a personne qui puisse se flatter de tout sçavoir à
la fois. Comme j'avois accepté la condition de me
charger du premier rôle, concernant la partie historique (non pas que je n'eusse aussi moi-même
des troupeaux en Italie, mais parce que, suivant
le proverbe, il n'est pas donné à tous ceux qui
ont une Cithare, d'en sçavoir jouer) je commen-
çai ainsi : Comme, suivant l'ordre de la nature, il
est nécessaire qu'il ait toujours existé des hommes & des bestiaux (soit qu'il y ait eu un principe de génération pour les animaux, suivant l'o-
pinion de Thalés de Milet (1), & de Zenon de

---

(1) L'un des sept sages de la Grece : il fut le premier des
Philosophes qui cultiva l'Astronomie & qui sçut prédire une
Eclypse de Soleil : ce fut lui à qui fut porté un trepied d'or,
que des pêcheurs de Milet avoient trouvé, & que l'Oracle
d'Apollon avoit ordonné de donner à l'homme le plus sage.
Il mourut déja avancé en âge, de chaud & de soif, en as-
sistant à un combat de lutteurs.

Cittum (3), soit qu'il n'y en ait point en suivant celle de Pythagore de Samos (4), & d'Aristote (5) de Stagire) il est aussi nécessaire, ainsi que l'a écrit Dicearchus (6), que la vie humaine ait passé, depuis le plus ancien souvenir qui nous en reste, par différens degrés, avant d'être où elle en est aujourd'hui; il est donc constant que le premier

---

(3) Le chef de la Secte des Stoïciens : il étoit si respecté à Athènes, que c'étoit chez lui que l'on déposoit les clefs de la Ville, respect bien mérité par un Philosophe, qui faisoit consister tout le bonheur dans la vertu. Il finit ses jours à quatre-vingt-dix ans, d'une façon bien extraordinaire. Étant tombé sur une pierre au sortir de son Ecole, & s'étant cassé un doigt, il frappa la terre de sa main, & s'écria : *Je descends de Niobé, pourquoi m'appellez-vous ?* après quoi il s'étrangla. Cette allusion orgueilleuse avoit rapport à la Fable de Niobé, dont tous les enfans furent tués par Apollon & Diane, à qui leur mere Latone avoit ordonné de le faire par jalousie contre Niobé, & sa progéniture.

(4) Le chef d'une Secte de Philosophes, qui portent son nom. Il étoit fils d'un Commerçant, & se jetta dans les voyages pour s'instruire : il mourut à Métaponte en Italie, où la vénération qu'on avoit pour lui étoit si grande, qu'on fit un Temple de sa maison, & qu'on l'y adora comme un Dieu. C'est l'Auteur du système le plus raisonnable qu'ait pû imaginer l'homme destitué du secours de la révélation, tant pour expliquer la cause du bien & du mal qui arrivent dans ce monde, que pour porter les hommes à la pratique de la vertu, par l'espérance d'une récompense immanquable.

(5) Voy. la Note 25 du Chap. I. du Liv. I.
(6) Voy. la Note 24 du Chap. II. du Liv. I.

degré

degré par lequel elle a passé, & celui qui est le
plus conforme à la nature, est celui où les hommes vivoient des fruits que la terre produisoit
d'elle-même, & sans être aidée par aucune culture : que ce n'est qu'après ce premier genre de
vie que les hommes ont dû passer au second, je
veux dire à la vie Pastorale, dans laquelle ils prenoient dans les forêts ceux des animaux féroces
& sauvages, dont ils pouvoient se saisir, les en-
fermoient & les apprivoisoient pour s'en servir à
leur usage, de même qu'ils s'étoient servi dans le
premier état des arbres & des arbrisseaux sauvages, en cueillant le gland, l'arboux, les mûres &
tous les fruits sauvages. On est assez fondé à croire
que les brebis sont les premiers animaux qui furent pris ainsi, tant à cause de l'utilité qu'elles
présentoient à l'homme, qu'à cause de leur extrême douceur. En effet, ces animaux sont naturellement très-doux, outre qu'ils sont les plus utiles
à la vie de l'homme, puisqu'ils lui fournissent
non-seulement du lait & du fromage pour le nourrir, mais encore des vêtemens & des peaux pour
le couvrir. Enfin les hommes sont descendus par
un troisième degré de la vie Pastorale à l'Agriculture, & ils ont retenu d'abord dans ce nouveau
genre de vie bien des usages puisés dans les deux
premiers, jusqu'à ce qu'enfin ils l'aient porté au
point où nous le voyons aujourd'hui. On trouve
encore aujourd'hui, dans beaucoup d'endroits,
quelques espèces de bestiaux sauvages ; il y a, par

exemple, un grand nombre de troupeaux de brebis sauvages dans la Phrygie, ainsi que de chevres
sauvages dans l'Isle de Samothrace. On leur a
donné le nom de *Rota* en Latin; car il s'en est
aussi trouvé beaucoup en Italie, aux environs des
montagnes de Fiscellum & de Tetrica. Pour les
porcs, tout le monde sçait qu'il y en a de sauvages, à moins qu'on ne veuille refuser le nom de
porcs aux sangliers. Il y a aussi aujourd'hui beaucoup de bœufs sauvages dans la Dardanie, dans la
Medie & dans la Thrace, des ânes sauvages dans
la Phrygie & la Licaonie, & des chevaux sauvages dans quelques contrées de l'Espagne Citérieure. Voilà pour ce qui regarde l'origine des bestiaux, voici en quoi consiste leur excellence. Parmi
les Anciens, les personnages les plus illustres
étoient tous Pâtres, comme on le voit tant par
les expressions des Langues Grecque & Latine, que
par la lecture des anciens Poëtes, qui donnent à
leurs Héros tantôt le nom de πολυάρνας (7), tantôt
celui de πολυμήλους (8), ou enfin celui de πολυβούτας (9).
Ces mêmes Poëtes ont aussi raconté qu'il y avoit
des bestiaux dont les peaux étoient d'or, & cela
pour faire entendre qu'ils étoient d'un prix immense : tels étoient les bestiaux d'Argos, qu'A-

---

(7) C'est-à-dire, propriétaires de beaucoup d'agneaux.

(8) C'est-à-dire, propriétaires de beaucoup de brebis.

(9) C'est-à-dire, propriétaires de beaucoup de bœufs.

trée (10) se plaint que Thyeste lui a volés (11);
tel étoit le belier qu'avoit Aeta (12) dans la Colchide, lorsque les Princes de race Royale, connus
sous le nom d'Argonautes (13), partirent pour
aller en enlever la Toison; tels étoient enfin les
bestiaux de la Libie près des Hespérides, ce pays
de l'Afrique d'où Hercule (14) transporta en Grece les *mala* d'or, qui ne sont autre chose, suivant
l'usage ancien de s'énoncer, que les chevres & les
brebis. Car les Grecs appelloient ces animaux
μῆλα à cause de leur cri, à peu près comme les La-

---

(10) Tout le monde connoît la Fable de ces deux freres,
fils de Pelops & d'Hippodamie, leurs inimitiés, & la fin tragique & abominable qu'elles eurent, puisqu'Atrée, pour
punir son frere d'avoir corrompu sa femme, lui fit servir
son propre fils à manger.

(11) Notre Auteur a ici en vue des vers de Pacuvius, qui
contiennent ces plaintes. On les trouve dans Cicéron, sur
la nature des Dieux, Liv. 3.

(12) Ce Roi de la Colchide étoit fils du Soleil & de la
Nymphe Perseis, selon la Fable.

(13) On les appelle ainsi du nom du vaisseau qu'ils mon-
terent dans cette expédition, & qui se nommoit *Argos*, peut-
être du nom de son constructeur; ils étoient au nombre de
cinquante-quatre Princes, qui avoient Jason à leur tête. Peut-
être par le nom d'Argos que portoit ce vaisseau, n'a-t-on
voulu que désigner sa légéreté, du mot ἀργός, qui veut dire,
vîte.

(14) Il étoit fils de Jupiter & d'Alcmene. Il fut mis au rang
des Dieux, à cause de sa force extraordinaire & de la gloire
qu'il s'acquit par ses douze travaux.

tins se sont servi d'un mot approchant de ce cri, lorsqu'ils l'ont exprimé par le mot *beelare*, en changeant la lettre *m* en *b*, parce que ce cri ne paroissoit pas effectivement former la syllabe *me*, mais plutôt la syllabe *bee*; on a fait ensuite de ce mot *beelare* celui de *belare*, en retranchant une seule lettre, comme on fait dans beaucoup d'étymologies. Si le bétail n'eût pas été très-considéré parmi les Anciens, les Astronomes n'auroient sûrement pas emprunté de lui dans la description du Ciel qu'ils ont donnée, des noms pour désigner les Signes : cependant non-seulement ils n'ont pas hésité à le faire, mais même il s'en trouve beaucoup qui, dans l'énumération des douze Signes, mettent à la tête ceux précisément qui portent ces sortes de noms, en donnant, par exemple, au Belier & au Taureau la préférence sur Apollon même & sur Hercule, qui, tout Dieux qu'ils sont, ne viennent qu'au second rang sous le nom des Gémeaux (15) : Les Astronomes n'ont pas même crû qu'il fût suffisant de donner par-là des noms empruntés du bétail à la sixieme partie des douze Signes, puisqu'ils ont encore ajouté le Capricorne, pour qu'il y en eût jusqu'au quart qui fût dans ce cas. C'est encore dans le bétail qu'ils ont pris les noms de

---

(15) L'opinion la plus générale est que le Signe des Gémeaux a été ainsi nommé à l'honneur de Castor & de Pollux, cependant il se trouve des Auteurs qui, d'accord avec Varron, en font honneur à Apollon & à Hercule.

Chevre, de Bouc & de Chien qu'ils ont donnés à
différentes Constellations. N'est-ce pas aussi de lui
qu'ont été empruntés les noms qui servent à distinguer plusieurs contrées, tant sur mer que sur
terre : comme la mer Egée, qui tire son nom des
chevres (16); comme le Mont-Taurus (17) vers la
Syrie; le Mont-Canterius (18) dans le pays des
Sabins; & les deux Bosphores (19), tant celui de
Thrace, que le Cimmérien. N'y a-t-il pas aussi
beaucoup de villes sur terre qui sont dans le même cas, comme en Grece celle que l'on appelle
ἵππιον (20) ἄργος. Enfin l'Italie ne tire-t-elle pas
elle-même son nom des veaux (21), ainsi que Pison (22) l'a écrit. Y a-t-il un seul homme qui dis-
convienne que le peuple Romain ne tire son origine de Pâtres? Y en a-t-il un seul qui ignore
que Faustulus (23), qui a élevé Romulus & Re-

---

(16) Du mot Grec αἴγες, qui signifie *chevres*.

(17) Du mot *taurus*, qui signifie *taureau*.

(18) Du mot *canterius*, qui signifie *un cheval hongre*.

(19) Du mot *bos*, qui veut dire *bœuf*, & Φορά, *porter*, parce que ces détroits sont si peu larges, qu'un bœuf les peut
passer à la nâge.

(20) Du mot ἵππος, qui signifie *un cheval*.

(21) Un veau en Grec s'appelle ἴταλος, d'où s'est formé le
mot Latin *vitulus*.

(22) L. Calpurnius Piso Frugi fut Consul l'an de la fondation de Rome 621, & Censeur l'an 634. Il a composé des
Annales, d'où vraisemblablement ceci est tiré.

(23) Il trouva ces deux enfans exposés, & les fit allaiter

mus, étoit un Pâtre? N'y a-t-il pas lieu de croire que ces Fondateurs de la ville étoient eux-mêmes des Pâtres (24), puisqu'ils ont choisi pour la fonder le jour même des *Parilia* (25)? Ne peut-on pas encore le conclure de ce que, même aujourd'hui, l'amende à laquelle on condamne les coupables se prononce, suivant l'ancien usage, en bœufs & en brebis (26); de ce que la plus ancien-

---

par sa femme Acca Laurentia, qui avoit été femme de mauvaise vie, d'où est venue la Fable qu'ils avoient été élevés par une louve, parce que *lupa* ne signifie pas moins en Latin une femme débauchée, qu'une louve.

(24) Varron ne paroit pas ajouter beaucoup de foi à la Fable, qui les faisoit fils de Mars & d'Ilia. Cette Fable en effet ne paroît avoir été imaginée que pour supposer une illustre origine aux Romains. Au surplus, la voici telle que Servius la raconte. Amulius avoit détrôné son frere Numitor, tué son fils, & fait sa fille Prêtresse de Vesta, pour la mettre hors d'état de faire des enfans, qui auroient pû venger un jour leur grand-pere. Mais Mars ayant eu commerce avec elle, elle avoit mis au monde Remus & Romulus. Amulius donna des ordres pour les faire précipiter eux & leur mere dans le Tybre, mais on se contenta de les exposer sur ses bords, où ils furent trouvés par Faustulus, & élevés par sa femme.

(25) Fêtes que les Pâtres célébroient à l'honneur de la Déesse & du Dieu Palès, le onze des Calendes de Mai.

(26) La plus grande amende chez les Romains ne pouvoit jamais aller qu'à 3020 *As*, parce que dans l'origine il n'étoit pas permis de condamner un particulier à payer plus de trente bœufs & deux brebis, & qu'une Loi avoit fixé la valeur des bœufs à cent *As*, & celle des brebis à dix. Ainsi, quand le

ne monnoie qui ait été frappée, portoit emprein-
te une effigie de bestiaux (27); de ce que, lorfqu'on a bâti la ville, on s'est fervi d'un Taureau
& d'une Vache pour décrire la place des murs &
des portes (28); de ce que, lorfque l'on veut purifier le peuple Romain (29), les victimes folemnelles, appellées *Suovetaurilia* (30), que l'on conduit autour de lui, font un Verrat, un Bélier &
un Taureau; de ce qu'enfin nous avons beaucoup

---

crime ne méritoit que trois cent *As*, par exemple, d'amende,
on condamnoit le coupable à payer trois bœufs. La rareté des
brebis & la multiplicité des bœufs, étoit la différence de ce
nombre de trente bœufs, contre deux brebis, & prouve en
même-temps combien l'Agriculture fut plus en vigueur chez
les Romains dans les premiers temps, que la nouriture des
bestiaux.

(27) Ce fut le Roi Servius qui fit graver le premier fur la
monnoie des brebis & des bœufs.

(28) Quand les Anciens vouloient bâtir une Ville, ils at-
teloient un taureau & une vache à une charrue, en prenant
le foin de mettre la vache du côté de l'emplacement de la
Ville, après quoi retrouffant leur robbe d'un côté & s'en cou-
vrant la tête (ce qu'on appelloit fe ceindre à la maniere des
Sabins) ils conduifoient cette charrue le manche courbé
du côté de l'emplacement de la Ville, pour faire tomber les
mottes de terre de ce côté, & traçoient un fillon de toute la
longueur des murs qu'ils devoient donner à la Ville, en rele-
vant le foc aux endroits destinés à l'emplacement des portes.

(29) Cette cérémonie fe faifoit tous les cinq ans par les
Cenfeurs.

(30) Voy. le Chap. CXLI. de l'Économie rurale de Caton.

L iv

de noms parmi nous, qui font tous empruntés de l'une & de l'autre espece de bétail, tant du gros que du petit; du petit, comme ceux de *Porcius* (31), d'*Ovinius* (32), de *Caprilius* (33); du gros, comme ceux de *Taurus* (34) & d'*Equitius* (35): c'est en effet de-là que les Annius *Capra*, les Statilius *Taurus*, les Pomponius *Vitulus* (36) tirent leurs noms, ainsi que plusieurs autres particuliers. Il ne reste plus qu'à traiter de la science des Pâtres; mais c'est à vous, notre ami Scrofa, à vous en tirer le mieux que vous pourrez, vous à qui notre siecle accorde la palme dans tous les genres de matiere rurale. Comme tout le monde avoit les yeux tournés sur Scrofa, il prit en conséquence la parole, & dit : Cette science consiste à acquérir des bestiaux & à les nourrir, à l'effet de retirer le plus de fruits possibles de cet objet, qui a donné son nom à l'argent monnoyé (37), & qui est la source de tout celui que l'on peut gagner. Cette science renferme neuf parties distinctes, ou au moins trois, qui se subdivisent chacune en trois autres. Ainsi la premiere de ces trois

---

(31) Du mot *porcus*, qui veut dire *porc*.

(32) Du mot *ovis*, qui veut dire *brebis*.

(33) Du mot *capra*, qui veut dire *chevre*.

(34) Voy. la Note 17.

(35) Du mot *equus*, qui veut dire *cheval*.

(36) Voy. la Note 21.

(37) *Pecunia* l'argent monnoyé vient de *pecus*, qui veut dire *bétail*.

parties comprend le petit bétail, dont l'on compte trois especes; sçavoir, les brebis, les chevres & les porcs; la seconde comprend le gros bétail, dont l'on compte également trois especes distinguées par la nature, qui sont les bœufs, les ânes & les chevaux; & la troisieme comprend cette espece de bétail, que l'on ne se procure point dans la vue d'en retirer des fruits, mais parce qu'elle est nécessaire aux autres bestiaux, ou parce qu'elle en est une production : j'entens parler des mulets, des chiens & des Bergers. Chacune de ces neuf parties en renferme ensuite neuf autres; sçavoir, quatre qui concernent l'acquisition du bétail, quatre qui concernent son entretien, & une qui est commune à ces deux objets : ce qui forme par conséquent un total de quatre-vingt-une parties au moins, dont il n'y en a pas une dont la connoissance ne soit très-nécessaire & très-étendue. Quant à l'acquisition, pour être en état de se procurer de bon bétail, la premiere chose qu'il faut connoître, c'est l'âge auquel il est avantageux d'en acquérir les différentes especes. Ainsi, s'il est question de bœufs, l'on doit acheter moins cher ceux qui n'ont qu'un an, de même que ceux qui en ont dix passés, parce que ces animaux ne commencent à rapporter des fruits que la seconde ou la troisieme année, & qu'ils n'en rapportent plus passé la dixieme, attendu que tout bétail qui a commencé par être stérile dans son premier âge, finit par l'être de même dans son dernier. La se-

conde des quatre parties qui concernent l'acquisition , consiste à connoître la forme de chaque
espece de bétail : car il est fort intéressant d'y
faire attention, eu égard aux fruits qu'on en veut
retirer ; c'est pour cela qu'on achete plus volontiers un bœuf dont les cornes sont noires , que
celui qui les auroit blanches , une chevre de
grande taille plutôt qu'une petite , & les porcs
dont le corps est haut & la tête petite. La troisieme partie consiste à examiner de quelle race est
le bétail : car c'est en vertu de leur race que les
ânes d'Arcadie en Grece , sont les plus estimés ,
ainsi que ceux de Réate en Italie ; ce point est si
considéré qu'il me souvient d'avoir vû vendre un
âne soixante mil sesterces , & qu'un attelage de
chevaux en a couté à Rome quatre cent mille. La
quatrieme partie traite des regles de droit qu'il
faut suivre dans l'acquisition, & des formes pres-
crites par le droit civil , pour acheter chaque es-
pére de bétail : car afin que ce qui appartenoit
à un autre, soit à moi en toute propriété, il faut
qu'il intervienne certaines solemnités , & en gé-
ral, pour transférer le domaine , il ne suffit pas
d'une stipulation, ni même d'un payement fait
en espéces. Quand on achete des bêtes , il faut
dans le moment de la vente , demander , suivant
les circonstances, tantôt si elles proviennent d'un
troupeau mal-sain , tantôt si elles proviennent
d'un troupeau sain, & que le vendeur garantisse
ce dont il aura répondu dans l'un ou l'autre cas ;

quelquefois auſſi on n'exige du vendeur aucun
de ces éclairciſſemens (18). Les quatre autres parties que l'on doit examiner après l'achat du bétail, ſont relatives à ſa pâture, à ſa portée, à
l'éducation des petits qu'il donnera & à ſa ſanté.
Quant au premier objet, qui eſt la pâture du bétail, il y a trois choſes à conſidérer, le pays dans
lequel on doit faire paître de préférence chaque
eſpece de bétail, le temps de ſa pâture & le genre de pâturage qu'on doit lui donner : de façon

---

(18) Les Commentateurs n'ont pas pû digérer qu'un vendeur fût forcé de déclarer que les bêtes qu'il vendoit, pro-
venoient d'un troupeau mal-ſain, comme ſi on ne pouvoit
pas acheter des bêtes qui paruſſent ſaines, en courant le
riſque des maladies dont elles ſont menacées, parce qu'elles
proviennent d'un troupeau mal-ſain. C'eſt ce qui a occaſion-
né ici beaucoup de variantes. Mais il paroît conſtant que ces
paroles *alias è neutro*, ne laiſſent point de milieu entre un
troupeau maladif & un troupeau ſain. Voici donc ce qu'il
faut entendre par ce paſſage, c'eſt que, ſi le vendeur a déclaré que les bêtes étoient d'un troupeau mal-ſain, il ne ré-
pondra pas des accidens qui pourront leur ſurvenir par la
ſuite, parce que dans ce cas l'acheteur eſt préſumé les avoir
achetées moins cher, toutes ſaines qu'elles fuſſent dans le
moment de la vente, au lieu qu'il en ſeroit tenu, s'il avoit
déclaré fauſſement qu'elles étoient d'un troupeau ſain. Pour
le troiſieme cas, où l'on ne demande au vendeur aucun de
ces éclairciſſemens, il paroît s'appliquer particuliérement à
la vente des chevres, puiſque, ſelon notre Auteur, on ne
peut jamais répondre qu'elles proviennent d'un troupeau
ſain. Voy. le Chap. III.

qu'on doit faire paître, par exemple, les chevres dans des lieux montagneux & couverts d'arbrisseaux, plutôt que dans des terres fertiles en herbes, au lieu que c'est tout le contraire pour les jumens. En second lieu, les mêmes lieux ne sont pas également bons en Eté & en Hiver pour la pâture de toute sorte de bétail : c'est pour cela que l'on chasse les troupeaux de brebis de l'Apulia pendant l'Eté, & qu'on les envoie passer cette saison dans le Samnium, en les déclarant préalablement aux Fermiers de la République, pour ne pas encourir la peine prononcée par les Loix des Censeurs, comme il arriveroit, si on les y faisoit paître sans les avoir inscrits sur leurs registres. On chasse aussi de même pendant l'Eté les mulets des plaines de Rosea, pour les faire aller sur les hautes montagnes de Gurgur. Enfin, il faut avoir égard à l'espece de pâturage qui convient le mieux à chaque sorte de bétail : en effet, non-seulement on doit sçavoir qu'on nourrit les jumens ou les bœufs avec du foin, au lieu que les porcs n'en veulent point, & qu'ils préferent le gland à cette nourriture, mais encore qu'il y a des bestiaux auxquels il faut donner de temps en temps de l'orge & des fèves, & que l'on doit donner des lupins aux bœufs, ainsi que de la luzerne & du cytise aux bêtes qui allaitent leurs petits. Il faut encore observer qu'on doit donner une plus ample nourriture aux béliers & aux taureaux un mois avant de les mettre à la femelle, afin qu'ils pren-

nent des forces; au lieu qu'on doit, au contraire,
diminuer dans le même-temps la nourriture des
vaches, parce qu'on prétend qu'elles sont plus en
état de concevoir lorsqu'elles sont maigres. Le second objet à considérer est la portée du bétail :
or, j'appelle portée tout le temps compris entre
le moment où la bête a conçu, & celui auquel
elle met bas ; car ces deux momens sont le premier & le dernier terme de la portée. C'est pourquoi, le premier point à examiner, qui regarde
l'accouplement, est le temps auquel il faut dans
chaque espece donner le mâle à la femelle : car
de même qu'on croit que le temps le plus favorable aux porcs pour cette opération, est depuis que le Soleil se couche au point d'où soufle
le vent *Favonius* (39) jusqu'à l'Equinoxe du Printemps, on croit aussi que pour les béliers, c'est
depuis le coucher de l'Arcture jusqu'à celui de
l'Aigle. Outre cela, il faut examiner combien de
temps on doit tenir les mâles séparés des femelles, avant de les leur donner pour la premiere
fois. Ce temps est ordinairement de deux mois,
pour presque toutes les especes de bestiaux, suivant l'usage pratiqué par ceux qui les gardent, &
par les Berges. Le second point à examiner dans
la portée, c'est qu'il y a des bêtes qui mettent plutôt bas les unes que les autres : car la jument por-

---

(39) Voy. la Note 7 du Chap. VI. de l'Economie rurale
de Caton.

re un an, la vache dix mois, la brebis & la chevre cinq, & la truie quatre. Relativement à la
portée, je vous dirai un fait très-véritable, tout
incroyable qu'il est, c'est que dans l'Espagne Lusitanique, il se trouve, dans la contrée où est située
la ville d'Olysippo, sur la montagne Tager, des jumens que le vent fait concevoir dans certains
temps (40), de même qu'il féconde ordinairement ici les poules, dont les œufs, provenus de
cette façon, s'appellent ὑπηνέμια (41); mais les
poulains qui viennent des jumens dans ce cas là,
ne vivent pas plus de trois ans. Pour les petits
qui viennent soit à terme, soit plus tard, il faut
avoir soin de les tenir proprement & mollement,
& éviter qu'il ne leur arrive d'être écrasés par les
meres. On appelle *chordi* les agneaux qui naissent
après terme, & qui sont restés plus long-temps
que les autres dans les membranes intérieures qui
les enveloppent, d'où leur est venu le nom de
chordi, parce que ces membranes s'appellent χόριον.
Le troisieme objet concerne l'éducation des petits : les observations à faire sur cet objet se ré-

---

(40) Pline 4, 11, & d'autres Auteurs confirment ce fait,
mais il n'en doit pas moins être regardé comme une Fable,
qui doit vraisemblablement son origine tant à la fécondité
des jumens de ce pays, qu'à leur extrême vitesse, qui aura
sans doute donné lieu à l'habitude de dire d'abord méta-
phoriquement, qu'elles étoient conçues par le vent : ensuite
cette expression figurée aura été prise dans le sens propre.

(41) C'est-à-dire, conçus sous le vent,

duisent à examiner combien de jours ils doivent
tetter la mere, dans quel temps & dans quel lieu
on les fera tetter, & quand il faudra les donner
à allaiter à une autre mere, si la leur manque de
lait : les petits que l'on donne ainsi à d'autres meres s'appellent *subrumi*, c'est-à-dire, qui sont sous
la mammelle : car *rumis* est un vieux mot, à ce que
j'imagine, qui signifioit *mammelle*. On ne sèvre
gueres les agneaux qu'au bout de quatre mois, les
boucs au bout de trois, & les porcs au bout de deux :
comme ces derniers sont assez purs alors pour
pouvoir être offerts en sacrifice, on les appelloit
autrefois, à cause de cela, *sacres* ; Plaute (42) fait
allusion à ce mot, lorsqu'il dit : De quel prix sont
les porcs *sacres* (43)? On appelle, dans le même
sens, *opimi* les bœufs que l'on a bien nourris &
bien engraissés pour les Sacrifices publics. Le quatrieme objet est la santé du bétail : c'est un point
qui a bien des branches, & qu'il est nécessaire
d'examiner avec beaucoup d'attention, parce que
quand le bétail est malade, ou qu'il a quelque défaut, il se trouve souvent exposé à de grands accidens, faute de pouvoir faire connoître lui-mê-

---

(42) Poëte comique, dont Varron a dit que si les Muses
parloient Latin, elles emprunteroient son langage. Il étoit
si pauvre qu'il gagnoit sa vie à tourner la meule, & à faire
ses pieces dans les momens où il n'étoit pas occupé à ce
pénible travail.

(43) Ce passage de Plaute se retrouve au Chap. IV. avec
plus de détail.

me son mal. Cette science s'applique à deux objets, aux maladies pour lesquelles il faut des Médecins, comme pour l'homme, & à celles que
les seuls soins du Pâtre peuvent guérir ; & elle
renferme trois parties : car il faut observer les
causes de chaque maladie, les signes qui les dé-
notent, & la maniere de traiter chaque espece de
maladie. Presque toutes les maladies des bestiaux
viennent ou de ce qu'ils travaillent par le grand
chaud, ou par le grand froid, ou d'un excès de travail, ou, au contraire, du défaut d'exercice, ou enfin, de ce que sitôt après le travail, & sans laisser
d'intervalle, on leur aura donné à boire & à manger. Les signes auxquels on connoît leurs maladies,
sont (par exemple, dans le cas d'une fiévre occasionnée par la chaleur ou par le travail), d'avoir
la bouche ouverte, la respiration entrecoupée &
le corps brûlant. Voici comme on guérit cette maladie : on baigne l'animal, on le frotte avec de
l'huile & du vin tiede, on le met à la diette,
on le couvre de quelque chose, de peur que le
froid ne le saisisse, & on lui donne de l'eau tiede
pour étancher sa soif. Si on ne gagne rien par ce
traitement, on lui tire du sang, principalement
de la tête. Les autres maladies ont aussi chacune
leurs causes & leurs signes différens dans chaque
espece de bétail ; & il faut que celui qui a l'intendance du troupeau, en ait un détail par écrit.
Reste la neuvieme partie, que j'ai annoncée comme étant commune aux deux premieres divisions ;

cette

cette partie concerne le nombre des bêtes qu'il faut acheter ou nourrir. Car, lorsqu'on veut se donner des bestiaux, il faut en fixer le nombre, & examiner combien de troupeaux on pourra faire paître, & de combien de têtes chacun sera formé, de peur qu'on ne soit dans le cas de manquer de terrein pour les nourrir, si on en a un trop grand nombre, ou qu'on ne se trouve du terrein superflu, & dont les fruits seroient par conséquent dissipés, si l'on en a trop peu : il faut sçavoir en outre combien on doit avoir dans un troupeau de femelles en état de porter, de béliers, de petits de l'un & de l'autre sexe, & combien on doit en engraisser pour les vendre au Boucher. Quand une mere a trop de petits, il faut, lorsqu'il est question de les nourrir, suivre la méthode de plusieurs personnes qui lui en soustraient quelques-uns; c'est ordinairement le moyen que les autres profitent mieux. Prenez garde, dit Atticus, de vous être trompé, & que ces neuf parties que vous avez assignées, n'excedent les bornes de ce que l'on comprend communément sous les noms de petit & de gros bétail. Comment en effet toutes ces neuf parties peuvent-elles s'appliquer aux mulets & aux Pâtres, chez qui l'accouplement & la portée ne sont pas matiere à examen? car pour les chiens, je vois bien qu'absolument parlant on peut les leur appliquer toutes. Je consens même encore qu'on les applique toutes

neuf aux hommes, parce qu'ils ont des femmes
dans les Métairies où ils paſſent l'Hiver, & quelquefois même dans les endroits où ils paſſent
l'Eté, & que l'on croit que c'eſt la vraie méthode,
pour venir plus facilement à bout d'attacher les
Pâtres à leurs troupeaux, comme de multiplier le
nombre de ſes Eſclaves par les accouchemens qui
en réſultent, & de tirer par conſéquent plus de
fruits des beſtiaux. Si vous ne trouvez pas, lui
dis-je, ce nombre de neuf de la derniere exacti-
tude, de même qu'il n'eſt pas abſolument exact
de dire que mille vaiſſeaux ont été à Troyes (44),
ou qu'il y a à Rome un Tribunal de cent Juges (45),
retranchez-en, ſi vous voulez, deux parties par
rapport aux mulets, ſçavoir l'accouplement & la
portée. En retrancher la portée, dit VACCIUS!

------

(44) Effectivement, ſuivant le calcul de Dictys de Crete,
qui a donné en Langue Phénicienne l'Hiſtoire de la Guerre
de Troyes, où il s'étoit trouvé, il y en avoit 1193 ; & ſuivant celui de Darés de Phrygie, qui a donné la même hiſtoire en Grec, il y en avoit 1202.

(45) Il y avoit à Rome 35 Tribus, dans chacune deſquel-
les on prenoit trois Juges, pour compoſer ce Tribunal. Ainſi
il étoit effectivement compoſé de 105 Juges, mais on ſe ſervoit d'un compte rond pour les déſigner, en les appellant
Centumviri. Il y a même des Auteurs qui prétendent que depuis Auguſte ce Tribunal étoit monté juſqu'au nombre de
180 Juges, qui conſerverent cependant leur ancien titre de
Centumviri.

comme s'il étoit inoui qu'il se fût trouvé à Rome des mules qui eussent fait des petits (46). J'a-
joutai pour appuyer ce qu'il venoit de dire, qu'on
lit dans Magon (47) & Dionysius (48), que les
mules & les jumens mettent bas un an après avoir
conçu, & que par conséquent quoiqu'on regarde
comme un prodige en Italie une mule qui a mis
bas, cela n'est cependant pas plus extraodinaire
dans tous les autres pays, qu'il n'est extraordinaire
que les hirondelles & les cicognes qui font des petits en Italie, n'en fassent pas également dans tous
les pays. Ignorez-vous, ajoutai-je, que les palmiers & les dattiers rapportent des fruits dans la
Syrie en Judée, & qu'ils ne peuvent pas en rapporter en Italie? Mais si vous aimez mieux, dit
SCROFA, vous en tenir au nombre de quatre-vingt-
une divisions, nous trouverons toujours de quoi le
compléter, quand même nous en rettancherions la
portée & l'éducation des petits par rapport aux
mules, parce qu'on peut y substituer deux especes
considérables de fruits extraordinaires, qui seront
deux nouvelles parties, dont l'une est la tonte que
l'on fait aux brebis & aux chevres, soit en leur
coupant le poil, soit en l'arrachant, & l'autre qui
est plus étendue, comprend le lait & le fromage;

---

(46) Plusieurs Auteurs anciens racontent de ces sortes de
aits, mais en les mettant au nombre des prodiges, qui pro-
ostiquoient quelque grand événement. Voy. Pline 8, 69.

(47) Voy. la Note 37 du Chap. I. du Liv. I.

(48) Voy. la Note 2 du Chap. XVII. du Liv. I.

c'est cette derniere partie que les Auteurs Grecs ont spécialement nommée τυροποιίαν (49), & sur laquelle ils ont beaucoup écrit.

***

CHAPITRE II.

MAIS puisque nous avons fini notre tâche, en limitant les bornes de toute la question relative aux bestiaux, c'est à vous présentement, Messieurs les Epiriens, à traiter à votre tour de chaque espece de bétail en particulier, suivant l'ordre que nous avons proposé, & à nous mettre par-là à portée de connoître la capacité des Pâtres de Pergame & de Malede. Je crois, dit ATTICUS (que l'on connoissoit autrefois sous le nom de T. Pomponius (1), qu'il a changé depuis contre celui de Q. Cæcilius, en gardant toujours son surnom d'Atticus), que ce sera à moi à commencer; car je m'apperçois que c'est sur moi que vous avez jetté les yeux : je vais donc traiter des bestiaux primitifs. J'appelle de ce nom les brebis, d'après ce que vous avez dit qu'elles étoient les premieres des bêtes sauvages, qui eussent été prises & appri-

---

(49) C'est-à-dire, façon de faire le fromage.

(1) Ce T. Pomponius Atticus avoit été adopté par Q. Cæcilius son oncle maternel, & avoit en conséquence pris son nom, en passant dans sa famille, conformément aux Loix de l'adoption dans ces temps-là.

voiſées par l'homme. Il faut d'abord les choiſir
bonnes avant de les acheter : or elles ſeront telles
du côté de l'âge, ſi elles ne ſont ni trop vieilles,
ni trop jeunes, attendu que celles-ci ne peuvent
pas encore rapporter de profit, & que les autres
ne le peuvent plus ; cependant, entre ces deux
âges, on préférera celui auquel on peut attendre des
fruits, à celui dont la mort eſt la ſeule attente qui
reſte. Quant à leur forme, il faut qu'une brebis
ait la taille grande, que ſa laine ſoit abondante,
ſoyeuſe, longue & touffue par-tout le corps, mais
ſur-tout autour de la tête & du col : il faut auſſi
qu'elles en ſoient chargées ſous le ventre ; delà
vient que nos Ancêtres donnoient le nom d'*api-
ce* (1) à celles qui en manquoient, & qu'ils les
réformoient quand elles étoient dans ce cas. Il
faut qu'elles aient les jambes baſſes ; pour leur
queue, il faut faire attention qu'elles doivent l'a-
voir longue, ſi elles ſont d'Italie, & courte, ſi elles
ſont de la Syrie. Il faut s'attacher ſur-tout à avoir
du bétail de bonne race. On ſera communément
à même de s'en aſſurer par l'examen de ſa forme
& par celui de ſa lignée. On aura lieu de le pré-
ſumer de ſa forme, lorſque les béliers auront le
front bien couvert de laine, les cornes torſes &
recourbées ſur le muſeau, les yeux roux, les oreilles garnies de laine, la poitrine, les épaules ainſi

____

(1) C'eſt-à-dire, ſans laine, d'*a* privatif, & de *πόκος*, qui
veut dire *laine*.

que la croupe larges, la queue large & longue. Il faut aussi examiner s'ils ont la langue noire ou tachée, parce qu'ils font presque toujours des agneaux noirs ou tachés, selon qu'ils l'ont de l'une ou de l'autre couleur. On peut encore préfumer de leur lignée qu'ils font de bonne race, lorfqu'ils donnent de beaux agneaux. Quant à l'achat, on fe conformera aux conditions dictées par le Propriétaire, en vertu de fon droit de propriété, attendu qu'il y a des perfonnes qui inferent plus de claufes dans le contrat, que d'autres : il y en a qui, en fixant un certain prix pour chaque tête d'animal, conviennent que deux agneaux venus après terme ne feront comptés que pour une brebis, ou que deux brebis même ne feront comptées que pour une, lorfque l'âge leur aura fait perdre toutes leurs dents. Pour le furplus de ce qui concerne la vente, on fe fert à peu près de l'ancienne formule, c'eft-à-dire, que lorfque l'acheteur a dit au vendeur : Me les vendez-vous pour tant ? & qu'après la réponfe affirmative de celui-ci, il a promis folemnellement d'en payer le prix, il interpofe cette ftipulation prife de l'ancienne formule : Me répondez-vous que ces brebis, dont il eft queftion entre nous, font bien faines, & telles que doit être ce genre de bétail, quand il eft bien fain ; où autrement : qu'il n'y en a pas de borgne, de fourde, ni de *mina*, c'eft-à-dire, qui foit pelée fous le ventre, qu'elles ne proviennent point d'un troupeau maladif, & qu'il me fera libre de les

posséder en tout droit? Après toutes ces solemnités, le troupeau n'est cependant pas encore censé
avoir changé de maître, jusqu'à ce qu'il ait été
compté, mais néanmoins l'Acheteur pourra faire
condamner le Vendeur par le jugement de l'achat
& vente, s'il n'en fait pas la livraison, & cela
sans en avoir même encore payé le prix; de même que le Vendeur pourra aussi, même avant la
livraison, faire condamner l'Acheteur par le même
jugement, s'il ne paie pas le prix convenu. Je
vais traiter à présent des quatre autres articles,
qui sont la pâture, la propagation, l'éducation des
petits & la santé. Il faut d'abord pourvoir à ce
que les brebis soient bien nourries toute l'année,
tant à la maison qu'au-dehors; leurs étables doivent être placées dans un lieu convenable, sans
être exposées au vent, & tournées du côté du Levant plutôt que de celui du Midi. Le sol doit en
être lisse & pentif, afin qu'il puisse être balayé
facilement & tenu proprement, sans quoi l'humidité gâteroit non-seulement la laine des brebis,
mais encore les cornes de leurs pieds, & leur don-
neroit infailliblement la galle. Lorsque les brof-
sailles que l'on aura étendues sous elles, y seront
restées quelques jours, il en faudra remettre de
nouvelles, afin que ces animaux y reposent plus
commodément, & qu'ils soient tenus plus proprement; c'est le moyen qu'ils vivent avec plus d'aisance. Il faut aussi faire des enceintes séparées, où
l'on puisse mettre à part les brebis qui seront prê-

tes à mettre bas, ainsi que les malades ; c'est une attention qu'exigent principalement les troupeaux qui séjournent dans les Métairies, car pour ceux que l'on mene paître dans des garennes, & qui restent éloignés des Métairies, on a soin de porter avec soi des claies, ou des toiles & d'autres ustensiles, pour leur construire des parcs dans les lieux écartés. Effectivement on est dans l'usage de mener paître les brebis au loin, & même dans des lieux si écartés les uns des autres, qu'il arrive souvent que les pâturages d'Hiver sont à une distance de plusieurs milles de ceux d'Eté. Je le sçais fort bien, dis-je, puisque j'ai eu des troupeaux qui passoient l'Hiver dans l'Apulia, & l'Eté sur les montagnes de Réate. Aussi y a-t-il entre ces pâturages d'Eté & d'Hiver éloignés les uns des autres, des chemins publics ou elles peuvent paître, & qui servent à unir entr'eux ces pâturages, de même qu'un jong sert à unir deux paniers, que l'on veut porter ensemble. Dans les pays même où les brebis ne changent point de contrées pour aller pâturer, elles changent cependant de pâturages suivant la différence des saisons ; puisque pendant l'Eté on les mene paître au point du jour, par la raison que l'herbe, qui pour lors est couverte de rosée, l'emporte par sa saveur sur celle du Midi qui est plus séche, ensuite on les mene boire au lever du Soleil pour les refaire, & renouveller par là leur ardeur pour la pâture. Vers le Midi, en attendant que les chaleurs se pas-

sent, on les tient à l'ombre sous des rochers &
sous des arbres épais, pour les faire paître ensuite
de nouveau dès que l'air sera rafraîchi sur le
soir, & cela jusqu'au coucher du Soleil. Il faut que
le bétail en paissant tourne toujours le derriere au
Soleil à mesure qu'il avance, parce que la tête
des bestiaux, & sur-tout celle des brebis, est très-
délicate. Peu de temps après que le Soleil sera
couché, on les menera boire, & on les fera paître
de nouveau jusqu'à la nuit, parce qu'alors la saveur de l'herbe se trouvera renouvellée. Voilà la
méthode que l'on observe principalement depuis
le lever des Pleïades jusqu'à l'Equinoxe d'Automn-
ne. Il sera bon de les mener dans les endroits où
les moissons auront été faites, & cela pour deux
raisons; la premiere, parce qu'elles se rassasieront
des épis qui seront tombés à terre; la seconde,
parce qu'en broyant la paille avec leurs pieds, &
en amendant les terres par le fumier qu'elles y
déposeront, elles les amelioreront dès-là pour l'année suivante. Les autres pâturages, c'est-à-dire,
ceux d'Hiver & de Printemps different de ceux-ci,
en ce qu'on ne les mene paître qu'après que la gelée blanche est entiérement dissipée, qu'on les fait
paître pendant toute la journée, & qu'on se contente de les mener boire une seule fois à midi.
Voilà à peu près tout ce qui concerne la pâture;
voici ce que j'ai à dire sur la propagation. Il faut
séparer les béliers, dont on veut se servir pour cet
objet, deux mois avant de les y employer, & leur

donner une nourriture plus abondante. Si on veut les rendre plus robustes & plus en état de soutenir la fatigue de cette opération, il n'y a qu'à leur donner de l'orge, lorsqu'ils rentreront à l'étable, au retour de la pâture. Le meilleur temps pour donner le bélier à la brebis, c'est depuis le coucher de l'Arcture jusqu'à celui de l'Aigle (3), parce que celles à qui il arrive de concevoir passé ce temps, deviennent élancées & foibles (4). La brebis porte pendant cent cinquante jours ; par conséquent elle met bas à la fin de l'Automne, & dans un temps où l'air est tempéré, & où l'herbe excitée par les premieres pluies commence à lever. Tout le temps que les mâles approchent des femelles, il faut toujours leur donner la même eau à boire, parce que le changement d'eau tache leur laine & nuit à leur fruit. Lorsque tou-

---

(3) C'est-à-dire, depuis le sixieme jour avant les Ides de Mai, selon Pline 18, 27, jusqu'au treizieme avant les Calendes d'Août, suivant le même Auteur, 14, 29. Cependant il faut remarquer que Pline 8, 47, en fixant, ainsi que Varron, ce temps entre le coucher de l'Arcture & celui de l'Aigle, s'explique moins vaguement que notre Auteur, & qu'il le fait commencer deux jours & finir trois jours plus tard.

(4) Pline 8, 47, où il semble suivre Varron, dit qu'en ce cas là ce seront les petits qui seront foibles, & non pas les meres. Faut-il corriger Pline d'après Varron, ou celui-ci d'après Pline, ou plutôt ne peut-on pas dire que les deux effets en résulteront, mais que ces Auteurs n'ont parlé chacun que d'un seul.

res les brebis font pleines, il faut les féparer une
feconde fois des béliers, parce que ceux-ci leur
deviennent à charge par leur importunité, quand
elles font dans cet état. Il ne faut pas non plus
laiſſer couvrir celles qui font au-deſſous de deux
ans, tant parce que le produit n'en feroit pas
bon, que parce que les meres elles mêmes en ſouf-
friroient. Celles qui font les plus propres à être
couvertes, font celles qui ont trois ans : on les ga-
rentit de l'approche des béliers, en leur attachant
aux parties naturelles de petits paniers ſoit de
jonc, ſoit de quelqu'autre matiere, mais le moyen
le plus facile pour les en garantir, c'eſt de les faire paître féparément d'avec eux. Pour ce qui eſt
de l'éducation des petits, lorſque les brebis font
prêtes à mettre bas, on les fait paſſer dans des
étables deſtinées à cette opération, où l'on a foin
de préparer du feu, auprès duquel on met les petits à meſure qu'ils naiſſent. On les retient deux
ou trois jours auprès de leurs meres, en attendant
qu'elles ſoient rétablies, juſqu'à ce qu'ils ſoient
en état de manger. Enfuite, lorſqu'on laiſſe aller
paître les meres avec le reſte du troupeau, on retient
les petits à l'étable, & quand les meres font de retour le ſoir, on les fait tetter, après quoi on les
fépare encore de leurs meres, de peur qu'elles
ne viennent à les fouler aux pieds pendant la
nuit. On les fait encore tetter le matin avant que
les meres ſortent pour aller paître, afin qu'ils ſe
rempliſſent bien de lait. Environ dix jours après

on enfonce des pieux en terre, auxquels on les attache à une certaine diſtance avec des écorces d'arbres ou quelqu'autre eſpece de lien léger, pour éviter que, foibles comme ils ſont, ils ne ſe caſſent quelques membres, en courant çà & là toute la journée. S'ils ne cherchent pas d'eux-mêmes le pis de la mere, il faut les en approcher, leur frotter les levres avec du beurre ou de la graiſſe de cochon, & leur faire flairer le lait en y faiſant toucher leurs levres. Quelques jours après il faut leur preſenter de la farine de veſce ou de l'herbe bien tendre, tant avant de les mener paître, que lorſqu'ils en ſeront revenus; on continuera de ce moment de les nourrir ainſi, juſqu'à ce qu'ils aient atteint l'âge de quatre mois, en les empêchant dès-lors de retter leurs meres, quoique quelques perſonnes, qui ſont pour le mieux, continuent de les faire retter pendant tout le temps qu'ils ſont à ce genre de nourriture; & c'eſt en effet le moyen de leur faire avoir plus de laine, & de les rendre plus féconds. Lorſque les agneaux ſont ſevrés, il faut prendre des précautions pour empêcher qu'ils ne languiſſent de chagrin : c'eſt pourquoi, pour charmer l'ennui qui les tient alors, on aura ſoin de les nourrir de bons pâturages, & de les préſerver de toute incommodité provenant du froid & de la chaleur. Ce n'eſt que lorſqu'ils ne penſeront plus à retter, & qu'ils ne regretteront plus leurs meres, qu'il faudra les laiſſer aller dans le troupeau pêle mêle avec les autres brebis. Il ne faut pas châtrer les agneaux avant l'âge de cinq mois, & l'on doit choisir pour faire cette opération un temps où la chaleur & le froid soient modérés. Quand il s'agit de garnir le troupeau, on donne la préférence aux béliers, dont les meres sont dans l'habitude de produire deux agneaux à la fois; il faut à peu près se comporter de même à l'égard des brebis, que l'on appelle *pellita*. C'est le nom qu'on donne à celles que l'on a soin de couvrir de peaux, vû la perfection de leur laine (5); telles sont celles de Tarente & de l'Attique qu'on couvre ainsi, pour empêcher que leur laine ne se gâte, & qu'elle ne soit dans le cas de ne pouvoir pas être bien teinte, bien lavée, ni bien nettoyée. Il faut tenir propres leurs mangeoires & leurs étables avec encore plus de soin, que celles des brebis dont la laine est grossiere; aussi les pave-t-on de pierre, afin que l'urine ne puisse pas y séjourner en aucun endroit. Elles ne refusent rien de ce qu'on leur sert, soit des feuilles de figuier, soit de la paille ou du marc de raisin; on peut aussi leur donner du son, mais modérément, de crainte qu'elles n'en prennent en trop grande

---

(5) Tout le monde connoît le bon mot de Diogéne à l'occasion de ces brebis. Ce Philosophe ayant remarqué auprès de Mégare, que toutes les brebis étoient couvertes de peaux, & que les enfans, à cause de leur extrême misere, alloient tout nuds, dit plaisamment, qu'il valoit mieux être le bélier d'un habitant de cette Ville, que d'en être le fils.

ou en trop petite quantité; car l'excès, comme le défaut de nourriture, leur est également pernicieux. Le cytise, au contraire, & la luzerne leur sont toujours très-bons, en telle quantité qu'elles en prennent, tant parce que cette nourriture les engraisse aisément, que parce qu'elle leur fait avoir du lait en abondance. Il y a bien des remarques à faire sur leur santé, mais (comme vous l'avez déja dit) celui qui a l'intendance du troupeau les doit avoir toutes par écrit dans son Livre, & porter par-tout avec lui les remedes nécessaires pour les guérir en cas de maladie. Reste à parler du nombre que l'on doit en avoir : les uns le veulent plus grand, les autres plus petit, & les sentimens sont d'autant plus libres sur cet article, que la nature ne montre point de regle sûre pour le fixer. Nous observons presque tous en Epire, de n'avoir pas moins d'un homme pour cent brebis dont la laine est grossiere, ni moins de deux pour le même nombre de brebis *pellita*.

CHAPITRE III.

Cossinius lui dit : Notre cher Faustulus (1), comme vous avez assez long-temps bélé avec les

---

(1) Il fait allusion au nom du Berger qui avoit nourri Romulus & Remus dans leur enfance. Voy. la Note 25 du Chap. I.

brebis, il est temps que je vous apprenne, comme à cet Intendant nommé Mélanthius (2), dont il est parlé dans Homere (3), ce qui concerne les chevres, & que je vous montre comment il faut s'y prendre pour traiter un sujet briévement. Quand on veut former un troupeau de chevres, il faut d'abord, dans le choix de ces animaux, faire attention à leur âge, & ne prendre que celles qui sont déja en état de rapporter des fruits, en donnant même la préférence à celles qui pourront en rapporter le plus long-temps; ainsi les jeunes seront meilleures à acquérir que les vieilles. Quant à la forme, il faut examiner si elles ont la taille assurée & grande, le corps délié & le poil touffu, à moins que ce ne soient de celles dont la nature est d'être pelées; car il y en a de l'une & de l'autre espece : il faut encore qu'elles aient deux mammellons de chair qui leur pendent sous le museau, parce que c'est une preuve de fécondité, & les mammelles grosses, parce qu'elles auront à proportion de cette grosseur du lait en grande quantité, & qui sera bien gras. Pour les boucs, ils doivent avoir le poil plus doux que les chevres, & blanc plutôt que de toute autre couleur, la tête & le col courts, & la luëtte longue. Le troupeau sera meilleur s'il est formé de chevres qui soient déja

---

(2) C'étoit celui qui gardoit les chevres d'Ulysse dans l'Isle d'Itaque.

(3) Voy. la Note 5 du Chap. I. du Liv. I.

habituées à être ensemble, que s'il l'étoit de chevres réunies pour la premiere fois. Quant à la race, je me reporte à ce qu'a dit Atticus sur celle des brebis, en ajoutant qu'il y a cette différence entre les unes & les autres, que la race des brebis est plus tranquille, parce que ces animaux sont naturellement plus paisibles, au lieu que celles des chevres est plus légere. Voici ce que Caton (4) dit de la légéreté de ces animaux dans son Livre des origines : Il y a des chevres sauvages sur les montagnes de Sauracte & de Fiscello, qui sautent de dessus un rocher à plus de soixante pieds. Mais, à cela près, ces animaux ont de commun entr'eux que de même que les brebis que nous élevons tirent leur origine de brebis sauvages, les chevres que nous nourrissons tirent aussi la leur de chevres sauvages : ce sont de ces chevres sauvages que l'Isle de Caprasia, proche l'Italie, a tiré son nom (5). Comme les chevres qui donnent deux petits à la fois sont les meilleures races, les mâles qui en proviennent sont aussi ceux que l'on emploie ordinairement à la propagation. Il y a des personnes qui se donnent des soins pour se procurer, dans cette vue, des chevres de l'Isle de Melos, parce que l'on est dans l'opinion, que c'est dans cette Isle que viennent les plus grands boucs & les plus beaux. Pour l'achat de ces ani-

---

(4) C'est l'Auteur même de l'Economie rurale.
(5) Du mot *capra* qui veut dire, *chevre*.

maux, mon avis seroit qu'on s'y prît autrement
qu'on n'est dans l'usage de faire : parce qu'en effet
il n'y a pas d'homme de bon sens qui puisse répondre que des chevres sont saines, puisqu'elles
ne sont jamais sans fievre (6); c'est pourquoi, il
faut retrancher quelques paroles de la formule
de la stipulation, & voici la forme à laquelle on
la réduira, telle que l'a donnée Manilius (7) : Me
répondez-vous que ces chevres sont en état de
bien manger & de bien boire aujourd'hui, &

___

(6) Voici un fait remarquable, qui a rapport à ceci. Un
certain Cotelerius étoit né à Nîmes pendant la peste de
1626, sa nourrice étant morte de cette maladie, on l'avoit
fait nourrir par une chevre : on remarqua que pendant tout
le cours de sa vie il fut mélancholique & valétudinaire, &
qu'il ne fut presque jamais sans fievre. Ce trait est assez important pour être connu de ceux qui donnent dans de nouveaux systêmes, sur la nourriture des enfans.

(7) Fameux Jurisconsulte, contemporain de Marius & de
Sylla, que Cicéron fait marcher de pair avec P. Mucius Scæ-
vola, le premier des Jurisconsultes de son temps. Il étoit de
famille Sénatorienne, mais, puisque Cicéron lui donne le
prénom de Marcus, il ne devoit pas être de la maison Ma-
nilia, si l'on doit ajoûter foi à ce que dit Festus, que cette
maison avoit arrêté qu'aucun de ses membres ne porteroit jamais le nom de Marcus, parce que Marcus Manlius, le défenseur du Capitole contre les Gaulois, qui en étoit, avoit
été condamné à mort pour avoir aspiré à la Royauté. Peut-
être est-ce la raison pour laquelle plusieurs Commentateurs
veulent que l'on lise ici, ainsi que dans Cicéron, *Mamilius*
au lieu de *Manilius* ; mais cette raison ne doit pas l'emporter
sur l'autorité des Pandectes Florentines, où on lit *Manilius.*

Tome II. N

qu'il me sera libre de les avoir en toute propriété? Quelques Pâtres qui ont examiné ces animaux
d'un œil curieux, en racontent une singularité
bien surprenante, que l'on trouve aussi rapportée
dans les écrits d'Archelaüs (8) : c'est qu'elles ont
coutume de respirer par les oreilles, au lieu de le
faire par les narines comme les autres animaux
(9). Quant aux quatre autres points, voici à quoi
je borne ce que j'ai à dire d'abord de leur nourriture. Leur étable, pour être bien placée, doit être
tournée du côté de l'Orient d'Hiver, parce qu'elles sont très-sensibles au froid. Il faut la paver,
comme la plupart des autres Étables, avec de la
pierre ou de la brique cuite, afin qu'elle ne soit
point humide ni bourbeuse. Quand on sera dans
le cas de leur faire passer la nuit au-dehors, il
faudra tourner également du même côté du Ciel,
les enceintes dans lesquelles on les enfermera, &

---

(8) C'est un Auteur Egyptien qui a fait plusieurs recherches
curieuses sur la nature dês animaux. Il a aussi dédié au Roi
Ptolomée un Receuil d'Epigrammes sur le même sujet.

(9) Aristote, en citant cette observation d'après quelques
Auteurs, la traite de fable ; & de fait, il est constant que ces
animaux éternuent comme les autres ; & par conséquent
qu'ils respirent par les narines ; quelques Auteurs, pour concilier ces différentes opinions, ont prétendu qu'elles respi-
roient par ces deux sens, & Varron semble se ranger de leur
côté, puisqu'en disant qu'*elles ont coutume* de respirer par
les oreilles, il n'exclud pas la faculté de le faire par les narines.

y étendre des broſſailles pour les garantir de la
ſaleté. On doit auſſi avoir, par rapport à la pâture, à peu près les mêmes attentions pour cette
eſpece de bétail que pour les brebis, quoiqu'il y
ait des choſes qui lui ſont particulieres, telle que
de ſe plaire davantage dans des lieux ſauvages
& eſcarpés, que dans les prairies. En effet, elles
ont la plus grande avidité pour brouter les arbriſſeaux ſauvages, comme pour cueillir des branches
d'arbres dans les plans cultivés, c'eſt pour cela
qu'on les a appellées *capræ*, du mot *carpere* (10).
Auſſi quand on donne à bail un fond de terre, on
eſt dans l'uſage d'inſérer dans le Contrat la clau-
ſe, que le Fermier n'y fera pas paître d'animaux
de cette race, parce que leurs dents ſont mortel-
les aux plantations; c'eſt par la même raiſon d'a-
verſion pour ces animaux, que les Aſtronomes,
en les admettant dans le Ciel, les ont exclus du
Cercle des douze Signes : (les deux Boucs & la
Chevre ne ſont pas loin du Taureau). Pour ce qui
regarde leur propagation, lorſque l'on a fait revenir le troupeau des montagnes dans les champs
à la fin de l'Automne, on en ſépare les boucs, &
on les renferme dans les Etables, ſuivant la pratique qui a été donnée pour les béliers. Celles
qui ſont pleines mettent bas au bout de quatre
mois, pendant le Printemps. Quant à leur édu-

---

(10) Qui veut dire, *cueillir*.

cation, dès que les boucs ont trois mois, on les laisse aller avec les autres pour completer le troupeau. Que dirai-je de leur santé, puisqu'elles ne sont jamais saines? si ce n'est que les Intendans du troupeau ont par écrit des recettes, dont ils se servent pour guérir quelques-unes de leurs maladies, ainsi que les blessures qu'elles sont souvent exposées à se faire, parce qu'elles se battent entr'elles avec leurs cornes, & qu'elles paissent dans des endroits remplis d'épines. Reste à parler du nombre qu'il faut en avoir : il doit être moindre pour un troupeau de chevres, que pour un troupeau de brebis, parce que les premieres sont lascives & vagabondes, au lieu que les brebis aiment à se réunir & à se rassembler dans un seul & même endroit. C'est pour cela que les habitans des terres de la Gaule préferent d'avoir un plus grand nombre de troupeaux, à en avoir de plus nombreux, parce que les maladies ne tardent pas à se mettre dans les troupeaux nombreux, & à les emporter. Ils regardent un troupeau composé d'environ cinquante chevres, comme assez considérable, & l'on croit que ce qui est arrivé au Chevalier Romain Gaberius, peut servir à confirmer leur opinion : Ce particulier avoit environ mille *Jugera* de terre, près des fauxbourgs de la Ville, il avoit entendu dire à un Berger, qui amenoit dix chevres à la Ville, qu'elles lui rendoient par jour un *denarius* cha-

cune (11), il en forma en conséquence un troupeau composé de mille têtes, dans l'espérance de
retirer de son fond mille *denarii* par jour : mais
il fut bien loin de son compte, puisqu'en peu
de temps, les maladies qui se mirent dans ce
troupeau, le lui firent perdre en entier. Les Sa-
lentins font au contraire leurs troupeaux de cent
têtes, ainsi que les habitans de la contrée de Casinum. On voit à peu près la même diversité d'o-
pinions, par rapport au nombre des mâles que
l'on destine à couvrir les femelles ; car il y a des
personnes qui ne donnent un bouc qu'à dix chevres, & je suis dans le cas ; d'autres le donnent
à quinze, comme fait Menas (12) ; il y en a même qui n'en donnent pas davantage à vingt chevres : c'est la méthode de Murrius.

---

(11) Cet immense profit provenoit vraisemblablement de
l'usage que l'on faisoit de leur lait en Médecine. On voit
effectivement dans Pline 28, 9, qu'il étoit déja fort employé
pour la guérison de plusieurs maladies. La mode de le prendre comme remede n'est point encore passée.

(12) Seroit-ce cet affranchi de Sext. Pompée qui étoit
puissamment riche, & qui obtint d'Auguste la permission
de porter l'anneau d'or, que les seuls Ingenus avoient droit
de porter.

CHAPITRE IV.

MAIS quel est l'engraisseur de porcs Italien qui va paroître sur la scene pour traiter de ce bétail ? C'est sans doute Scrofa (1), dont le surnom annonce que c'est à lui plutôt qu'à tout autre à le faire (2). Tremellius lui répartit : Vous paroissez ignorer la raison pour laquelle je m'appelle Scrofa ; c'est pourquoi, comme je suis bien aise que ceux qui sont ici présens, l'apprennent aussi à votre occasion, sçachez que ma famille n'a point acquis ce surnom parmi les porcs, & que je

----

(1) *Scrofa*, veut dire *une truie*.

(2) L'origine que va donner Tremellius de son surnom de *Scrofa*, est bien différente de celle-ci qu'on lit dans Macrobe. Les Esclaves d'un certain Tremellius avoient volé une truie à un de ses voisins, & l'avoient tuée. Ce voisin fit investir la maison de Tremellius, & le somma de lui rendre sa truie. Celui-ci qui étoit instruit du vol, & qui avoit fait cacher la truie sous des hardes, sur lesquelles étoit couchée sa femme, permit au voisin de faire telle perquisition qu'il voudroit. Arrivé à la chambre à coucher, il assura avec serment qu'il n'avoit pas d'autre truie dans toute sa maison que celle qui étoit couchée-là, en montrant l'endroit où étoit couchée sa femme : & ce fut ce serment bouffon, & qui arrêta les perquisitions du voisin, qui fit donner, selon l'Auteur que nous citons, le surnom de Scrofa à ce Tremellius & à ses descendans.

ne defcens point d'un Eumœus (3). C'eſt mon grand-pere qui le premier a porté le nom de Scro-fa; comme il étoit Queſteur (4) de Licinius Nerva (5) Préteur (6) de la Province Macédonia, ce Préteur l'avoit laiſſé dans cette Province, pour y commander l'Armée en ſon abſence juſqu'à ſon retour : les ennemis s'imaginant que l'abſence du Préteur étoit une occaſion favorable pour eux de remporter une victoire, entreprirent de forcer

---

(3) Eumœus étoit le porcher d'Ulyſſe : il eſt célébré par Homere dans le quatorzieme Livre de l'Odiſſée.

(4) Le Queſteur étoit un Officier pris dans l'Ordre des Sénateurs, que l'on envoyoit pour accompagner les Généraux d'Armée, c'eſt-à-dire, les Conſuls & les Préteurs ; il avoit le maniement de l'argent deſtiné au paiement des troupes, & faiſoit la répartition du butin pris ſur l'ennemi. Il y eut par la ſuite d'autres genres de Queſture, mais elles n'ont point de rapport à ceci.

(5) Tite-Live nous apprend que cet A. Licinius Nerva fut d'abord envoyé pour faire la revue des Armées de Macédoine, l'an de la fondation de Rome 585, & créé Préteur de cette Province deux ans après.

(6) On appelloit Préteur tout Magiſtrat qui avoit autorité ſur les Troupes. Dans l'origine il n'y en avoit eu qu'un ſeul de créé à Rome pour y rendre la juſtice, en l'abſence des Conſuls, on l'appelloit *Urbanus* ; mais par la ſuite le concours des Etrangers dans cette Ville donna lieu à la création d'un ſecond Préteur, que l'on appella *Peregrinus*. Enfin, lorſqu'on eut fait la conquête d'un grand nombre de Provinces, on créa un Préteur pour chaque Province, à meſure qu'on en prenoit, & ce Préteur étoit à la tête de l'adminiſtration, tant civile que militaire, de la Province.

son camp. Mon grand-pere, en exhortant les Soldats à prendre les armes, & à tomber sur l'ennemi, leur dit qu'il viendroit à bout de les dissiper
en un instant, de la même maniere qu'une truie
dissipe des porcs, ce qu'il exécuta effectivement,
puisqu'il défit l'armée, & la mit si bien en dé-
route dans ce combat, que le Préteur Nerva eut
en conséquence de la victoire, le titre d'*Imperator* (7), & mon grand-pere le surnom de Scrofa;
ainsi ni mon bisayeul, ni les autres Trémellius
mes ancêtres, n'ont jamais porté le nom de Scrofa, & cependant il y en a un bon nombre de
connus, puisque je ne suis pas moins que le septieme de ma famille, qui ait été Préteur de pere
en fils. Quoiqu'il en soit, je ne refuse pas de
vous faire part des connoissances que j'ai acquises sur l'article des porcs : car je ne me suis
pas moins appliqué que vous autrefois à l'Agriculture, or ce qui regarde les porcs nous touche
également tous tant que nous sommes, qui fai-
sons beaucoup de nourritures de bestiaux. Quel est
en effet celui qui cultive ses terres, sans avoir de
porcs à lui, & qui n'ait pas ouï dire à ses peres,
que c'est être négligent, & s'exposer à des dépen-

---

(7) Le mot d'*Imperator* qui, à proprement parler, signifie
celui qui commande, devint chez les Romains un titre d'honneur que les Soldats donnoient à leurs Généraux, lorsqu'ils
avoient remporté, soit par eux-mêmes, soit par leurs Lieu-
tenants, une victoire considérable.

fes confidérables, que de garnir fa ferre à provi-
fions de lard pris à la Boucherie, au lieu d'en tirer de fon propre fond ? C'eft pourquoi, quand on
veut avoir un troupeau de truies comme il faut,
on doit les choifir d'abord d'un bon âge, enfuite
d'une belle forme ; la forme requife dans les
truies eft d'avoir les membres amples, outre la
tête & les pieds, & d'être d'une feule couleur,
plutôt que bigarrées. Il faut avoir attention que
les verrats aient auffi les mêmes qualités, & tout
au moins la tête groffe. On diftingue fi les porcs
font de bonne race, à leur figure, à leur progéniture & à leur pays. A leur figure, lorfque le
verrat & la truie font beaux ; à leur progéniture, lorfque les truies donnent beaucoup de petits
à la fois ; à leur pays, lorfqu'ils font d'un pays,
où les porcs font plutôt gros que petits. Voici la
formule de la ftipulation ufitée dans l'achat : Me
répondez-vous que ces truies font faines, qu'il
me fera libre de les poff](der en tout droit, qu'en
les acquérant je ferai à l'abri de toute pourfuite,
à raifon des dommages qu'elles pourroient avoir
caufés, & qu'elles ne proviennent point d'un troupeau maladif. Quelques-uns ajoutent : & qu'elles
font exemptes de la fiévre & de la foire. Pour la
pâture, ce font les lieux marécageux qui conviennent à ce bétail, parce qu'il fe plaît non-feulement
dans l'eau, mais même dans la fange, à caufe de
la chaleur de fa chair, qui a fait dire que lorfque
les loups trouvent des truies, ils les entraînent

dans l'eau avant de les manger, parce que leurs dents ne pourroient pas en supporter la chaleur. Ce bétail se nourrit principalement de gland, ensuite de fèves, d'orge, & de tout autre espece de grain. Ce genre de nourriture non-seulement l'engraisse, mais contribue encore a donner à sa chair un goût très-agréable. On mene paître les porcs en Été le matin, & on les retire avant que la chaleur commence, dans des endroits ombragés, & sur-tout qui soient pourvus d'eau. Lorsque la chaleur est appaisée, on les mene encore paître l'après-midi. En Hiver on ne les y mene qu'après que la gelée blanche est disparue, & que la glace est fondue. Pour la propagation, il faut séparer les verrats des truies deux mois avant de les leur donner. Le meilleur temps pour les faire couvrir, c'est depuis l'instant où le Soleil se couche au point d'où soufle le vent *Favonius* (8) jusqu'à l'Equinoxe du Printemps : comme elles portent pendant quatre mois, si l'on a pris ce moment pour les faire couvrir, elles mettront bas en Été, & par conséquent dans un temps où la terre abondera en pâturages. Il ne faut pas les laisser couvrir avant l'âge d'un an, & il vaut même mieux attendre qu'elles aient vingt mois, afin qu'elles ne mettent bas qu'à deux ans. On prétend qu'elles sont en état de bien porter, depuis qu'elles

---

(8) Voy. la Note 7 du Chap. VI. de l'Economie rurale de Caton.

ont commencé à souffrir les approches du mâle,
jusqu'à sept ans par-delà. Lorsqu'on veut les faire couvrir , on les mene dans des sentiers bour-
beux & dans des endroits sales , afin qu'elles
soient à même de s'y veautrer dans la boue , qui
est un lieu de repos pour elles , comme le bain
en est un pour l'homme. Quand toutes les truies
sont pleines, on sépare une seconde fois les verrats d'avec elles. Un verrat de huit mois commence à être en état de couvrir des truies : il
continue de pouvoir le bien faire jusqu'à l'âge
de trois ans , mais ensuite ses facultés ne vont
plus qu'en rétrogradant, jusqu'à ce qu'il soit tombé entre les mains du Boucher , qui est le canal
par lequel la viande de porc passe au peuple.
Les Grecs appellent le porc ὖς : ils l'appelloient
autrefois θῦς de leur mot θύειν , qui signifie *immo-*
ler , parce que c'est par les porcs que paroît avoir
commencé l'usage d'immoler des bestiaux. On reconnoît les traces de cet ancien usage dans les
mysteres (9) de Cerès (10), où l'on immole des
porcs , dans le Sacrifice d'un porc que l'on fait en
concluant un traité de paix , & dans les mariages

---

(9) Nous traduisons ainsi le mot d'*initia*, parce qu'il n'é-
toit pas permis d'assister à ces Sacrifices, sans être *initié* à
ces mysteres. Cicéron, dans le second Livre des Loix, prétend que tous les Sacrifices portoient en général le nom
d'*initia*, qui veut dire *commencemens*, parce que c'est par
eux que les hommes ont commencé à se polir.

(10) Voy. la Note 10 du Chap. I.

des anciens Rois, & des personnages distingués de l'Hétruria, où les Futurs commencent la cérémonie par immoler un porc. Les anciens Latins paroissent avoir aussi suivi cet usage, ainsi que les Grecs d'Italie, puisque nos femmes, & surtout les nourrices, appellent dans les filles *porcum* la partie qui distingue leur sexe (11), & que les femmes Grecques l'appellent χοῖρον, comme pour faire entendre que cette partie mérite de recevoir les marques d'honneur du mariage. On prétend que la nature a fait présent du porc à l'homme, dans l'intention de lui faire faire bonne chere, & qu'elle n'a donné d'ame à cet animal, que ce qu'il lui en faut pour lui tenir lieu de sel, & pour conserver sa chair (12). Les Gaulois sont dans l'usage d'en faire une quantité immense de pieces de lard, qui sont excellentes ; une preuve de leur bonté, c'est qu'encore aujourd'hui on transporte toutes les années à Rome des saucisses, des longes & des jambons de la Gaule. Par rapport à la quantité immense de pieces de lard que fournit la Gaule, voici ce que dit Caton (13) : Il se trou-

---

(11) Parce que les levres en sont repliées, dit sérieusement un Commentateur, à l'instar d'un grouin de cochon.

(12) Sans cette ame, la chair du porc se corromproit, tant cet animal est brute, nous dit Cicéron dans le second Livre de la nature des Dieux, où il attribue ce bon mot répété par Pline 8, 15, au Philosophe Chrysippus.

(13) C'est l'Auteur de l'Economie rurale.

ve en Gaule jusqu'à des trois à quatre mille livres pesant de pieces de lard salées, & conservées dans une seule fosse. Le cochon prend ordinairement tant de graisse, qu'il en vient à ne pouvoir plus se tenir sur ses jambes, ni faire un seul pas; de sorte que lorsqu'on veut le transporter quelque part, on est obligé de le charger sur des charettes. L'Espagnol Attilius, qui n'est point un hableur, & qui a la tête bien meublée, racontoit que l'on avoit envoyé au Sénateur (14) L. Volumnius, un morceau d'un cochon tué dans l'Espagne Ultérieure en Lusitanie, qui pesoit vingt-trois livres, quoiqu'il ne fût composé que de deux côtes, & que le grouin de ce cochon avoit un pied & trois doigts de longueur, depuis la partie où la tête commence à aller en diminuant, jusqu'au boutoir. Je sçais un fait, lui répliquai-je, aussi surprenant que celui-là : J'ai vû en Arcadie une truie qui étoit si grasse, que non-seulement elle ne pouvoit pas se lever, mais qu'elle avoit même laissé se loger sur son corps une souris, qui, après avoir rongé sa chair, y avoit fait ses petits : & j'ai encore oui dire que pareille chose est arrivée chez les Venetes. On peut sçavoir presque dès la

---

(14) *Senatores*, ainsi appellés du mot *Senes*, qui veut dire *vieux*, parce que Romulus choisit cent personnes des plus expérimentées, pour l'aider de ses conseils dans l'administration de la République, d'où on les appella encore *Patres*, *Peres*. C'étoit le premier ordre de la République Romaine.

premiere portée si une truie sera féconde, parce qu'il n'y a jamais beaucoup de variation dans ses autres portées. Pour ce qui est du soin d'élever les pourceaux, qu'on appelle *porculatio*, on les laisse deux mois avec leurs meres; après quoi on les en sépare, lorsqu'ils sont en état d'aller paître. Les pourceaux qui naissent l'Hiver sont toujours chétifs, tant à cause du froid, que parce qu'ils ne s'attachent pas à leurs meres, attendu qu'elles ont peu de lait, & qu'au contraire, ils leur mordent le téton pour en trouver, & finissent par les blesser. Il faut donner à chaque truie son toît à part pour élever ses pourceaux, & en éloigner ceux qui ne sont point à elle, parce que ce mélange de pourceaux de différentes meres, ne produit rien de bon. L'année se trouve naturellement divisée en deux parties pour les truies, puisqu'elles mettent bas deux fois l'an, & qu'elles emploient chaque fois quatre mois à porter, & deux à nourrir. Le toît où on les renfermera pour faire leurs petits, doit avoir environ trois pieds de hauteur, & un peu plus de largeur; il faut qu'il ne soit pas trop élevé au-dessus de terre, de peur que la truie ne soit exposée à avorter, lorsqu'elle en veut sortir quand elle est pleine. Il faut cependant qu'il soit à une certaine élévation, afin que le Porcher soit à même d'examiner en-dedans, s'il n'y a pas de pourceaux en danger d'être écrasés par leurs meres, & qu'il ait la facilité de le nettoyer. On doit y pratiquer deux portes, l'une plus exhaussée,

& l'autre plus baſſe qui n'aura qu'un pied & un palme de hauteur : cette derniere ſera à l'uſage des petits, afin qu'ils ne puiſſent pas ſortir avec la mere. Toutes les fois que le Porcher nettoyera les toîts, il aura ſoin d'y étendre du ſable, ou quelque autre choſe propre à en ſécher l'humidité. Lorſque les truies ont mis bas, il faut les fortifier par une nourriture plus abondante, afin qu'elles puiſſent fournir du lait plus aiſément. A cet effet, on leur donne ordinairement la valeur de deux livres d'orge trempé dans de l'eau, on double même cette pitance, en la leur donnant une fois le matin & une fois le ſoir, lorſqu'on n'a pas autre choſe à leur donner. Dès que les pourceaux ſont ſevrés, ils ceſſent d'être appellés cochons de lait, & quelques perſonnes leur donnent alors le nom de *delici*. Ceux que l'on regarde comme purs le dixieme (15) jour d'après leur

---

(15) Pline dit poſitivement 8, 51, qu'ils ſont purs dès le cinquieme jour. Il y a donc indubitablement faute dans l'un ou l'autre de ces Auteurs, mais dans lequel ? Le Pere Hardoin veut que ce ſoit dans Varron ; & il ſe fonde ſur ce que Pline, en citant à cet endroit trois exemples d'animaux qui ſont purs à certains jours, obſerve une gradation dans les nombres, qui ne s'y trouveroit plus, ſi dix étoit au premier exemple au lieu de cinq. Mais, qui nous aſſurera que Pline ait penſé à obſerver cette gradation ? Ne paroît-il pas plus probable que le nombre dix étoit originairement dans Pline, ainſi que dans Varron, exprimé par la lettre X, & que la partie inférieure de cette lettre ayant été mangée dans les

naiſſance étoient autrefois appellés *Sacres*, par la raiſon qu'ils commencent dès ce moment à pouvoir être employés aux Sacrifices. C'eſt pourquoi Plaute (16), dans ſes Ménechmes, fait dire à un de ſes perſonnages, qui veut faire purifier dans la ville d'Epidamnum un homme qu'il regarde comme inſenſé : *De quel prix ſont ici les pourceaux* Sacres? On donne ordinairement aux pourceaux du marc & des raſles de raiſin , lorſque l'on eſt à même d'en trouver ſur ſon fond. Quand ils ont perdu le nom de cochons de lait, on les appelle *nefrendes*, parce qu'ils ne peuvent pas encore *frendere*, c'eſt-à-dire , caſſer les fèves. Le mot de *porcus* eſt un vieux mot Grec, mais qui a ceſſé d'être en uſage, depuis qu'on lui a ſubſtitué celui de χοῖϱον, dont on ſe ſert aujourd'hui. Quand les truies nourriſſent, on a ſoin de les faire boire deux fois par jour, afin de leur procurer du lait. Il faut qu'une truie faſſe autant de petits qu'elle a de mammelles; ſi elle en fait moins, elle n'eſt pas de bon rapport; ſi elle en fait plus, c'eſt un prodige. On trouve dans les Livres un exemple d'un prodige de cette nature fort ancien, c'eſt celui de la truie d'Enée (17), qui mit

---

Manuſcrits de Pline, il ne ſera reſté que la lettre V, qui eſt le caractere par lequel on exprime *cinq*.

(16) Voy. la Note 41 du Chap. I.

(17) C'eſt le Héros de l'Enéide de Virgile, qui après la ruine de Troyes ſa patrie, parvint enfin , non ſans difficulté , à

bas

bas à Lavinium trente pourceaux blancs : aussi l'é-
vénement que ce prodige avoit prognostiqué, ne
manqua-t-il pas d'arriver, puisque les habitans de Lavinium bâtirent la ville d'Albe trente ans après. On peut voir aujourd'hui même
des vestiges de cette truie & de ses pourceaux à
Lavinium, où leurs statues en bronze sont encore exposées en public, & où les Prêtres montrent le corps de la mere qu'ils ont conservé
dans de la salure. Les truies peuvent nourrir dans les premiers jours jusqu'à huit pourceaux, mais quand ils commencent à grandir, les
gens expérimentés ont coutume de leur en sous-
traire la moitié, parce que les meres n'étant plus
en état de fournir assez de lait pour toute la portée, elle ne pourroit pas se fortifier faute de nourriture. Les dix premiers jours après que les truies
ont mis bas, on les empêche de sortir de leurs
toits, si ce n'est pour aller boire : ces dix jours
passés, on leur permet d'aller paître, mais seulement dans le voisinage de la Métairie, afin
qu'elles aient la facilité de revenir souvent pour

---

s'établir en Italie. Il étoit fils d'Anchises & de Venus : il
est regardé comme la Tige du peuple Romain. Si l'on en
croit les Auteurs Contemporains, qui ont écrit la guerre de
Troyes (Dictys de Crete & Darès de Phrygie, Voy. la Note 43 du Chap. I.) ce ne fut qu'un traître, qui, de concert
avec quelques autres Troyens, livra sa Patrie aux Grecs.
Mais en ce cas, comment les Romains, ce peuple si dévoué
à sa Patrie, ont-ils pû se glorifier d'être descendus de lui ?

allaiter leurs petits. Lorsque ceux-ci commencent à être grands, l'instinct les porte à suivre leur mere à la pâture, mais on les en sépare soit en les retenant à la maison, soit en les faisant paître à part, afin qu'ils puissent s'accoutumer à cette privation, ce dont ils acquerent l'habitude en dix jours. Le Porcher doit les accoutumer à tout faire au son du cornet, & s'y prendre dès les commencemens en ne leur ouvrant, lorsqu'ils sont renfermés, qu'après avoir donné du cornet, lorsqu'il est question de les faire aller vers l'endroit où il aura mis une trainasse d'orge ; car lorsque l'orge est par terre sur une ligne droite, il s'en éparpille moins que s'il étoit rassemblé en un seul tas, & l'accès en est plus facile à un plus grand nombre d'animaux. On leur apprend ainsi à se rassembler au son du cornet, de peur que, lorsqu'ils sont dispersés dans les bois, ils ne viennent à s'égarer & se perdre. Le temps le plus favorable pour châtrer les verrats, c'est lorsqu'ils ont un an, & il ne faut jamais le faire qu'ils n'aient au moins six mois : après cette opération ils changent de nom, & prennent celui de *maiales*, au lieu de celui de verrats qu'ils portoient auparavant. Quant à leur santé, je n'ai qu'un mot à dire qui servira d'exemple ; si le lait d'une truie ne peut pas suffire à ses petits, il faut leur donner du froment roti (car s'il étoit crud, il leur relâcheroit le ventre) ou de l'orge détrempés dans de l'eau, jusqu'à ce qu'ils aient trois mois.

Quant au nombre, on croit que dix verrats font suffisans pour cent truies : quelques perfonnes même s'en tiennent à moins. Il n'y a rien de fixe sur le nombre de têtes dont doit être formé un troupeau de cochons châtrés ; pour moi je crois que cent eft un nombre compétent, d'autres en veulent jufqu'à cent cinquante. Pour les troupeaux de verrats, les uns les font doubles des premiers, d'autres les font même encore plus nombreux. En général un petit troupeau eft de moindre dépenfe qu'un plus grand, parce que, dans le premier cas, le Porcher n'a pas befoin de fe faire accompagner d'autant de monde que dans le fecond ; ainfi c'eft fon utilité que le Pâtre doit confulter, quand il s'agit de décider du nombre de têtes dont il compofera fon troupeau, & non pas la quantité de verrats qui lui font nés, puifque cette quantité eft un effet purement fortuit de la nature. Voilà ce que dit SCROFA.

CHAPITRE V.

MAIS le Sénateur (1) Q. LUCIENUS, l'homme du monde le plus honnête & le plus enjoué, & notre ami commun à tous, venant à entrer, nous dit : Mes camarades d'Epire, je vous donne le

---

(1) Voy. la Note 14 du Chap. précédent.

bon jour; je le donne aussi, ajouta-t-il, au Pasteur des Peuples, à notre ami Varron s'entend : car pour Scrofa, je le lui ai déja donné ce matin. Quelques-uns répondirent à sa politesse, mais d'autres lui ayant fait des reproches de ce qu'il étoit venu si tard au rendez-vous : Je vois bien, reprit-il, Messieurs les Belîtres, que je suis arrivé ici fort à propos, pour vous présenter mon dos & des fouets, & recevoir la correction, mais cependant Murrus, veuillez être mon défenseur, & venez me voir acquitter ma quotte-part aux *Palilia* (2), afin que vous puissiez rendre témoignage en ma faveur, au cas que ces Messieurs-ci viennent par la suite à me la redemander. Atticus, dit à Murrius : Rendez-lui compte de nos entretiens, & mettez-le au fait des sujets que nous avons déja traités, ainsi que de ceux qui nous restent à traiter, afin qu'il se tienne prêt pour son rôle; pour nous, pendant ce temps, nous passerons au second Acte, qui concerne les grands bestiaux. C'est ici mon Rôle, dit Vaccius, puisque c'est l'acte où sont les bœufs (3).

---

(2) Varron fait tenir ces entretiens sur les bestiaux le jour des *Palilia*, qui étoit une Fête des Pâtres (Voy. la Note 24 du Chap. I.) par une raison d'Analogie semblable à celle pour laquelle il a fait tenir les entretiens sur l'Agriculture, le jour de la Fête des Semailles. V. le Chap. II. du Liv. I.

(3) Cette plaisanterie tombe sur le nom de Vaccius, qui vient de *vacca*, qui veut dire *vache*.

Je vais donc vous faire part des connoissances que j'ai acquises sur cette espece de bétail, afin que, s'il est quelque chose que quelqu'un d'entre vous ignore en cette partie, je l'en instruise, & que ceux qui sont suffisamment instruits remarquent si je ne me tromperai pas dans quelque circonstance. Vaccius, lui dis-je, prenez garde à ce que vous direz, car, en fait de bétail, le bœuf est l'animal qui mérite le plus de considération, surtout en Italie, puisque ce pays passe pour en avoir tiré son nom. En effet, comme on appelloit dans l'ancienne Gréce les taureaux, ἰταλός, ainsi qu'on le lit dans Timæus (4), on donna le nom d'Italie à un pays où il y en avoit un grand nombre, de l'espece la plus belle & la moins sujette à dégénérer. D'autres Auteurs ont écrit que ce nom lui vient de ce qu'Hercule (5) poursuivit, depuis la Sicile jusqu'en ce pays, un célebre taureau connu sous le nom d'*Italus*. Le bœuf est le compagnon de l'homme dans les travaux rustiques, & le ministre de Cerès (6). Les anciens

---

(4) Cet Auteur étoit de Tauromanie en Sicile. Plutarque le peint comme un homme arrogant, qui se vantoit d'être meilleur Historien que Thucydide, quoiqu'il donnât souvent dans des digressions indignes de la gravité de l'histoire. Diodore de Sicile l'accuse aussi entr'autres défauts de s'être trop appesanti sur des minuties. Ne pourroit-on pas citer ceci comme un exemple qui confirme ces jugemens?

(5) Voy. la Note 14 du Chap. I.

(6) Voy. la Note 10 du Chap. I. du Liv. I.

ont eu si fort à cœur qu'il fût respecté, qu'ils
avoient établi la peine de mort contre quiconque
en auroit tué un : témoins les Loix de l'Attique
& du Péloponnese (7). C'est aussi cette espece de
bétail qui rendit fameux Buzugès (8) à Athênes
& ἀρότριος à Argos. Je connois, dit VACETUS,
toute la dignité des bœufs ; je sçais que c'est d'eux
dont les grandes choses empruntent communément leur nom, d'où vient que l'on dit βούσυκον (9),

---

(7) Quoi qu'on ne voie point que les Loix Romaines eussent établi la même peine, Pline cite cependant 8, 45,
l'exemple d'un Citoyen qui fut condamné à l'exil par le
peuple Romain, parce qu'il avoit tué à sa campagne un
bœuf, pour complaire à un de ses Esclaves qu'il aimoit, &
qui vouloit en manger ; & la raison que cet Auteur donne
de ce jugement, c'est qu'on regarda ce crime comme celui d'un homme qui avoit tué son Laboureur. L'Agriculture
ayant cessé d'être en honneur parmi les Romains, depuis
que le luxe s'étoit introduit chez eux, ce Citoyen eût été
innocent, s'il eût vécu dans des temps postérieurs.

(8) Pline 7, 56, prétend qu'il y eut un Athénien de ce
nom, qui fut l'inventeur de la maniere d'atteler des bœufs à
la charrue ; d'autres Auteurs veulent que ce nom ne soit
pas un nom propre, mais un épithete formée des deux mots
βοῦς, bœuf, & ζυγός, joug, & donnée à l'inventeur de la
charrue, que les uns croient être Hercule, les autres Epi-
menides, d'autres Triptolême. Quoiqu'il en soit, le Sa-
cerdoce résidoit à Athênes dans une famille qui s'appelloit
Bufygia, ce qui sembleroit confirmer l'opinion de Pline.

(9) Qui veut dire, une grosse figue, de βοῦς, bœuf, &
σῦκον, figue.

βούπαιδα (10), βούλιμον (11), βοῶπις (12), & *Bumam-mam* (13) en parlant du raisin. Je sçais en outre que c'est le bœuf que Jupiter (14) choisit préférablement à tout autre animal pour sa métamorphose, lorsqu'amoureux d'Europe (15), il l'enleva de la Phénicie, & lui fit traverser la mer; que c'est un bœuf qui préserva dans leur bas âge les enfans que Neptune (16) avoit eus de Menalippe, d'être écrasés dans un étable par un troupeau de bœufs (17); enfin que c'est d'un bœuf corrompu, que naissent les abeilles, qui nous donnent ce miel si renommé par sa douceur (18), ce qui

---

(10) Qui veut dire, un grand enfant, de βοῦς, *bœuf*, & παῖς, *enfant*.

(11) Qui veut dire, une grande famine, de βοῦς, *bœuf*, & λιμός, *famine*.

(12) Qui veut dire, une personne qui a de grands yeux, de βοῦς, *bœuf*, & ὄψ, *œil*. C'est l'épithete que donne souvent Homere à la Reine des Dieux.

(13) Qui veut dire, à gros mammelons, de βοῦς Latinisé, qui veut dire *bœuf*, & de *mamma*, qui veut dire *mammelle*.

(14) Voy. la Note 8 du Chap. I. du Liv. I.

(15) C'étoit la fille d'Agenor, Roi de Phénicie, que Jupiter enleva sous la figure d'un bœuf, & transporta en Crete.

(16) C'étoit, selon la Fable, le fils de Saturne & d'Ops: ce Dieu avoit l'empire de la mer en partage.

(17) Cette Fable est perdue, il n'en reste plus que quelques vestiges dans Denys d'Halicarnasse.

(18) Voyez, entr'autres Auteurs qui parlent de ce phénomene, Virgile Liv. 4. des Géorgiques.

fait que les Grecs les appellent βουγενεῖς (19), ex-
preſſion que Plautius a latiniſée, lorſqu'il dit au
Préteur (20) Hirrius, qu'on avoit dénoncé comme
ayant compoſé un écrit contre le Sénat : Soyez
tranquille, je ne vous traiterai pas avec moins
d'équité, que ſi vous aviez compoſé une *Bugo-
nia* (21). D'abord on compte quatre âges dans

---

(19) C'eſt-à-dire, engendrées par des bœuſs, de βῦς, *bœuf*,
& γενα, *race*.

(20) Voy. la Note 6 du Chap. IV.

(21) C'eſt-à-dire, l'ouvrage le plus mielleux. Cet endroit
de Varron eſt preſque inintelligible ; nous lui avons donné
le ſens que nous avons cru le meilleur. Mais pour le comprendre, il faut ſçavoir que M. Plautius Silvanus, Tribun
du Peuple, porta une loi avec l'aſſiſtance des nobles l'an
de Rome 664, par laquelle, pour diminuer l'empire que
l'ordre des Chevaliers Romains s'étoit arrogé dans les jugemens, il fut ordonné qu'il ſeroit créé quinze Juges, tirés de chaque Tribu pour cette année-là, de ſorte que les
jugemens furent communiqués par cette loi aux Sénateurs
& aux Plébeiens. Le Préteur Hirrius attaqua apparemment
cette Loi, & ce fut à cette occaſion que Plautius lui tint
le propos cité ici, en lui diſant de produire ſon écrit. Tur-
nebe, moyennant un très-grand nombre de corrections faites dans le Texte, explique ce paſſage tout autrement : il
dit que Varron ſouhaitoit qu'Hirrius fût inſcrit au nombre
des Sénateurs (en liſant : *In ſenatu ſcriptum averes*, au lieu
de *in ſenatum ſcriptum habere*) & que Plautius, ayant appris qu'il étoit Préteur, en porta la nouvelle à Varron, &
lui dit : Tranquilliſez-vous, je vous apporte une bonne nouvelle, & je vous ferai autant de plaiſir, que ſi je vous don-
nois un ouvrage ſur les Abeilles ; ce qui étoit une eſpece

cette espece de bestiaux : le premier donne des veaux ; le second des bouvillons ; le troisieme des jeunes bœufs ; le quatrieme des vieux. On distingue dans le premier âge le veau & la genisse, dans le second le bouvillon & la jeune vache, dans le troisieme & le quatrieme le taureau & la vache. Quand une vache est stérile, on l'appelle *taura* (22) : quand elle est pleine, on l'appelle *horda*, & c'est de ce mot qu'est venu celui de *Hordicalia* connu dans le Calendrier, pour désigner la Fête où l'on immole des vaches qui sont en cet état (23). Quand on veut acheter un troupeau de bétail de cette espece, on doit d'abord examiner si les bêtes, dont il est composé, sont dans l'âge propre à rapporter des fruits, plutôt qu'épuisées, si elles sont d'une belle forme, si elles ont les membres sains & entiers, si elles

---

de proverbe pour désigner les choses les plus agréables. Scaliger, en comparant cette explication avec le Texte, en porte le jugement que Socrate portoit de Dieu, lorsqu'il disoit : Je ne sçais pas ce qu'il est, mais je sçais bien ce qu'il n'est pas.

(22) Festus rapporte que l'on donnoit pour étymologie de ce mot, celui de *taurus*, comme pour dire qu'elle n'accouchoit pas plus qu'un taureau, mais ce qu'il ajoute, que ce mot vient de Ταῦρα, qui signifioit *vache* en Grec, est plus vraisemblable.

(23) Cette Fête se célébroit le 17 des Calendes de Mai : elle s'appelloit aussi *Fordicalia* & *Fordicidia*. L'H aspirée a souvent été substituée à l'F.

sont grandes & grosses, si elles ont les cornes noires, le front large, les yeux grands & noirs, les oreilles velues, les joues applaties, le nez camus & nullement saillant, les narines ouvertes, & la cloison qui les sépare retirée insensiblement vers le haut de la tête, les babines un peu noires, le col charnu, long & garni de peaux qui pendent par-dessous, la poitrine ample, les côtes bien marquées, les épaules larges, la croupe ferme, la queue pendante jusqu'aux talons, & bien fournie par le bas de poils un peu frisés, les jambes droites & plutôt petites que grosses, les genoux un peu élevés & écartés l'un de l'autre, les pieds étroits, & dont l'on n'entende pas le bruit dans leur marche; il faut encore que les ongles n'en soient point écartées, & qu'elles soient unies & égales : ces animaux ne doivent point avoir la peau rude, ni dure au toucher; leur couleur la plus recherchée est d'abord la noire, ensuite la rouge, en troisieme lieu celle entre rouge & blanc, enfin la blanche. Ceux de cette derniere couleur sont les plus foibles, comme ceux de la premiere sont les plus forts ; entre les deux couleurs mitoyennes, celle qui tient le premier rang est préférable à l'autre ; mais l'une & l'autre valent encore mieux qu'une bigarrure de noir & de blanc. En outre il est intéressant que les mâles soient de bonne race : pour s'en assurer, il faudra examiner leur forme, & voir si les veaux qui proviennent d'eux leur ressemblent. Le pays de

leur naissance est encore un point essentiel à examiner. Car ceux de la Gaule en Italie sont pour la
plupart d'une excellente race pour le travail, au lieu
que ceux de la Ligurie sont paresseux. Par delà la
mer, ceux de l'Epire non-seulement sont les meilleurs de toute la Grece, mais ils sont même préférables à ceux d'Italie, quoique quelques personnes
préferent ceux d'Italie, quand il s'agit de les engraiffer pour servir de victimes, parce qu'elles prétendent qu'ils l'emportent sur les autres par la groffeur, ce qui fait qu'après les avoir engraissés, elles
les gardent pour les occasions des prieres publiques
qui pourront être ordonnées : & sans contredir la
préférence leur est due, quand il est question de
Sacrifices, à cause de la supériorité qu'ils ont sur
les autres du côté de la groffeur & de la couleur,
d'autant plus que les blancs ne sont pas si com-
muns en Italie que dans la Thrace, vers le Golfe
Mélas, où il s'en trouve très-peu qui soient d'une
autre couleur. Lorsqu'on les achete tout domptés,
voici la forme de la stipulation usitée en cette
occasion : Me répondez-vous que ces bœufs sont
sains, & qu'en les acquérant je serai à l'abri de
toute poursuite, à raison des dommages qu'ils
pourroient avoir causés ? Lorsqu'au contraire on
les achete indomptés, la stipulation se fait de
cette façon : Me répondez-vous que ces bouvillons sont bien sains, qu'ils proviennent d'un troupeau sain, & qu'en les acquérant je serai à l'abri
de toute poursuite, à raison des dommages qu'ils

auroient pû caufer ? Ceux qui veulent s'attacher ſtrictement aux formules de Manilius (24), donnent un peu plus d'étendue aux paroles folemnelles de ces ſtipulations. Les Bouchers qui achetent un bœuf pour l'égorger, de même que ceux qui l'achetent pour le conduire aux Autels comme victime, ne font pas dans l'ufage de ſtipuler qu'il eſt fain (25). L'endroit où les bœufs paiſſent le mieux, c'eſt dans les forêts où il y a beaucoup d'arbriſſeaux & de feuillages : on les mene paître l'hiver auprès de la mer, & pendant les chaleurs fur les montagnes couvertes d'arbres. Voici ce que je fuis dans l'ufage de pratiquer par rapport à la propagation : j'empêche les vaches de fe gorger de nourriture & de boiſſon un mois avant l'approche du mâle, parce que l'on penfe communément que quand elles font maigres, elles conçoivent plus facilement ; au lieu que j'engraiſſe les taureaux le plus que je peux, en leur donnant

---

(24) Voy. la Note 5 du Chap. III.

(25) Comment cela, puifqu'il eſt conſtant qu'on ne pouvoit immoler que des victimes bien conditionnées & fans défauts ? le voici : autre choſe eſt qu'un animal foit bien conditionné & fans défaut, autre choſe qu'il foit fain. La premiere qualité, la feule requife dans ces victimes faute aux yeux, mais non la feconde, puifque la fanté peut dépendre d'un vice interne & caché. On n'auroit donc pas pû, par exemple, immoler un animal borgne ou boiteux, mais on pouvoit en immoler un fievreux. Ainfi il étoit inutile de ſtipuler qu'il étoit fain.

force herbes, paille & foin, après les avoir séparés des femelles, deux mois avant l'accouplement.
J'ai autant de taureaux pour soixante & dix vaches qu'Atticus, c'est-à-dire, deux; sçavoir un
d'un an, & un de deux ans. Je les fais accoupler
après le lever de la Constellation que les Grecs
appellent λύρα, & les Latins *Fides* (26). Ce n'est
qu'alors que je laisse aller les taureaux dans le
troupeau. Il est aisé de connoître si c'est un mâle
que la vache a conçu, ou une femelle, à la maniere dont le taureau l'a quittée après le coït :
car lorsque c'est un mâle, le taureau se retire par
le côté droit, & lorsque c'est une femelle, il se
retire par le côté gauche. C'est à vous autres, qui
lisez Aristote (27), ajouta-t-il en m'adressant la
parole, à chercher la cause de ce phénomene. Il
ne faut pas que les vaches aient moins de deux
ans lorsqu'on leur donne le mâle, afin qu'elles
ne vèlent point avant trois ans, & le mieux sera
qu'elles ne le fassent qu'à quatre : la plupart peuvent porter jusqu'à dix ans, il y en a même qui
sont en état de le faire plus long-temps. Le temps
qui leur convient le mieux pour concevoir, c'est
depuis le lever du Dauphin (28), jusqu'à quarante

---

(26) C'est la Lire. Elle se leve le jour des Nones de Janvier, selon Pline 18, 26.

(27) Voy. la Note 25 du Chap. I. du Liv. I.

(28) Le Dauphin se levé l'avant veille des Nones de Janvier, selon Pline 8, 45, & 18, 26. Comment donc concilier

jours par-delà, ou un peu plus : parce qu'en devenant pleines dans ce temps-là, elles mettent bas
dans une saison de l'année très-tempérée, attendu qu'elles portent pendant dix mois. J'ai lû un
fait bien singulier qui concerne les vaches, c'est
qu'elles conçoivent lorsqu'on les fait couvrir par un
taureau châtré, pourvu que ce soit peu de temps
après l'opération. Il faut mener paître les vaches
dans des lieux garnis de verdure & aqueux, &
prendre garde qu'elles ne soient trop à l'étroit,

Varron & Pline qui est de son avis, avec Columelle qui dit
positivement qu'il faut donner le Taureau à la Vache au mois
de Juillet, afin qu'elle vêle au Printemps suivant. Des Commentateurs ont prétendu qu'il falloit corriger Pline, & lire
Junias, au lieu de *Januarias*, dans les endroits cités ci-des-
sus. Cette correction rapprocheroit à la vérité Pline de Columelle sur ce point-ci ; mais ils se trouveroient encore opposés sur d'autres points, puisque selon Pline, à moins
d'une nouvelle correction, le Dauphin se leveroit l'avant-
veille des Nones de Juin, & le matin, au lieu que selon
Columelle 11 , 2 , le lever du Dauphin au mois de Juin se
fait le soir, & le quatre des Ides de ce mois. Cette correction
n'est donc pas admissible, outre qu'on ne peut tabler sur rien
de certain dans les Observations Astronomiques des Anciens,
comme nous l'avons fait voir dans la Note 7 du Ch. XXVIII.
du Liv. I. Il vaut donc bien mieux, pour concilier ces Auteurs en cette occasion, avoir recours à Pline lui-même,
qui en convenant 8 , 45 , que l'on donne le Taureau à la
Vache au mois de Janvier, ajoute que quelques personnes
le donnent en Automne, & que même les Peuples qui ne vivent que de lait, le donnent dans tel temps de l'année que
ce soit, afin d'avoir du lait en tout temps.

qu'elles ne se battent ensemble, ou qu'elles ne courent les unes après les autres. C'est pourquoi, comme ordinairement pendant l'Eté les taons les tourmentent, & qu'elles sont sujettes à être piquées sous la queue par de petits insectes, il y a des personnes qui sont dans l'usage de les renfermer dans des clos, pour éviter les accidens, au cas qu'elles viennent à s'irriter. Il faut étendre dans leurs étables des feuillages ou d'autres choses équivalentes, afin qu'elles soient plus mollement couchées sur cette litiere. On les menera boire deux fois par jour en Eté, & une seule fois en Hiver. Lorsqu'elles sont prêtes à vêler, il faut mettre en réserve auprès de leurs étables du fourage frais, dont elles puissent tâter au sortir de l'étable : je dis tâter, car elles sont alors très-dégoûtées. Il faut aussi prendre garde que l'endroit où elles se retirent ne soit froid : car le froid ainsi que le besoin les fait infailliblement maigrir. Lorsqu'elles nourrissent, on aura soin d'empêcher que les petits ne couchent avec les meres, qui les écraseroient, mais on les approchera d'elles le matin, & toutes les fois qu'elles reviendront de la pâture. Lorsque les veaux commencent à grandir, il faut soulager les meres en leur mettant du fourage vert dans leurs crêches. Leurs étables doivent être, ainsi que presque toutes celles des autres animaux, pavées de pierre ou d'autre matiere pareille, de peur que les cornes de leurs pieds ne pourrissent. A commencer de l'Equinoxe d'Automne, on mene paître les veaux avec leurs meres. Il ne faut pas les châtrer avant l'âge de deux ans : parce qu'ils ont de la peine à se remettre de cette opération, lorsqu'elle est faite plutôt, comme au contraire lorsqu'elle est faite plus tard, ils deviennent indociles & inutiles au travail. Il faut aussi faire un choix toutes les années dans ce bétail, ainsi qu'on le pratique par rapport à toutes les autres especes de bestiaux, & réformer les animaux défectueux, parce qu'ils tiennent une place dans le troupeau qui seroit mieux occupée par d'autres, qui pourroient rapporter du profit. S'il se trouve des vaches qui viennent à perdre leur veau, il faut leur en substituer d'autres, que l'on attachera aux meres qui n'ont pas assez de lait pour les nourrir. On donne aux veaux lorsqu'ils ont six mois, du son de froment, de la farine d'orge, & de l'herbe bien tendre, & on les fait boire soir & matin. Il y a un grand nombre d'observations relatives à leur santé, que j'ai transcrites des livres de Magon (29), & dont je fais souvent lire quelques articles à mon bouvier. Le nombre de taureaux qu'on destine aux vaches qu'on fait couvrir, est de deux pour soixante, l'un d'un an, & l'autre de deux. Il y en a qui en ont plus ou moins : car celui-ci (30) n'a que deux taureaux pour

____

(29) Voy. la Note 37 du Chap. I. du Liv. I.

(30) Ceci doit s'entendre de quelqu'un des Interlocuteurs que Vaccius montre au doigt, & probablement c'est Atticus, dont il a dit la même chose un peu plus haut.

soixante

soixante & dix meres. Pour le nombre dont doit être composé ce troupeau, les uns le veulent d'une façon, les autres d'une autre : il y en a qui croient que cent têtes sont suffisantes pour former un troupeau, & je suis de cet avis, mais ATTICUS & LUCIENUS font les leurs de cent vingt têtes : voilà ce que dit VACCIUS.

CHAPITRE VI.

APRÈS quoi MURRIUS, qui étoit revenu avec LUCIENUS, pendant que VACCIUS parloit encore, prit la parole & dit : Pour moi je vais traiter par choix des ânes, attendu que je suis de Réate, d'où viennent les meilleurs & les plus grands : j'ai eu dans ce pays-ci des petits de cette race, que j'ai quelquefois vendus même à des Arcadiens. Ainsi, pour entrer en matiere, quand on veut avoir un bon troupeau d'ânes, il faut d'abord s'attacher à prendre les mâles & les femelles dans le bon âge, afin que l'on puisse en tirer du profit le plus long-temps que faire se pourra : il faut qu'ils aient la démarche ferme & assurée, l'encolure distinguée, le corps étoffé, & qu'ils soient de bonne race, c'est-à-dire, qu'ils soient originaires des pays où ils passent pour être les meilleurs : c'est à quoi sont attentifs les habitans du Peloponnese, puisqu'ils achetent préférablement ceux d'Arcadie, & en Italie, ceux qui viennent du Canton de Réate : car de ce que l'on trouve en Sicile de très-bonnes murennes flottantes (1), & de l'Ellops à Rhodes, il ne s'enfuit pas que ces poissons soient également estimés dans toutes les mers. On compte deux especes d'ânes ; l'âne sauvage, que l'on appelle *Onager*, & dont on voit un grand nombre de troupeaux dans la Phrygie & la Licaonie, & l'âne privé, tels qu'ils font tous en Italie. L'âne sauvage est bon pour être employé à faire race, parce qu'il en vient facilement des ânes privés, au lieu qu'un âne privé n'en fait jamais de sauvages. Comme les petits ressemblent à leurs peres & meres, il faut choisir des mâles & des femelles qui soient distingués. Quant au commerce de ces animaux on les fait changer de maître, comme toutes les autres especes de bestiaux, par des achats & des livraisons, & l'on est dans l'usage de répondre de leur santé, & de garantir l'acheteur de toute poursuite, à raison des dommages qu'ils pourroient avoir causés. On les nourrit très-aisément avec de la farine & du son d'orge. On fait saillir les ânesses avant le Solstice, afin qu'elles mettent

---

(1) Macrobe nous apprend qu'on les appelloit *fluta*, que nous traduisons par *flottantes*, parce qu'à force de nâger sur la superficie de l'eau, le Soleil les desséchoit au point qu'elles ne pouvoient plus se courber pour se plonger dans l'eau, de façon qu'il étoit très-aisé de les prendre, même à la main.

bas l'année suivante au même temps, parce qu'elles portent un an. Quand elles sont pleines, on les dispense du travail qui détérioreroit leur fruit, au lieu qu'on n'en dispense pas le mâle, parce que le repos ne serviroit qu'à le rendre plus mauvais. Pour l'éducation des petits, on se conforme à peu près à la méthode que l'on observe pour les chevaux. On les laisse un an à leur mere, l'année d'ensuite on ne les laisse plus avec elles que pendant la nuit, & on a l'attention de les attacher doucement avec des licous, ou d'autres especes de liens. La troisieme année on commence à les dompter pour les objets auxquels on veut les employer. Reste à parler du nombre qu'il en faut avoir. On ne les met point en troupeaux, si ce ne sont ceux que l'on destine à porter de compagnie des marchandises, parce qu'on les occupe pour la plupart soit à tourner les meules, soit à l'Agriculture dans les occasions où il s'agit de porter quelque chose, soit même à labourer la terre, comme dans les pays où elle est légere, telle que celle de la Campanie. Il y a cependant des especes de troupeaux d'ânes, qui sont ceux qui appartiennent à des marchands, par exemple, à ces gens, qui, du canton de Brundusium ou de l'Apulia, font transporter jusqu'à la mer sur des ânes de charge, de l'huile ou du vin, ainsi que du bled, ou toute autre marchandise.

CHAPITRE. VII.

JE vais aussi, dit LUCIENUS, ouvrir à mon arrivée les barrieres, & commencer à lâcher les chevaux en liberté, non-seulement les mâles, parmi lesquels je n'ai, comme ATTICUS, qu'un seul étalon pour dix jumens, mais encore les cavales, dont le brave Q. Modius Equiculus tiroit autant de service même à l'armée, que des mâles. Ceux qui sont dans l'intention de former des troupeaux de chevaux & de cavales, tels qu'en ont quelques personnes dans le Péloponnese & dans l'Apulia, doivent d'abord examiner si ces animaux ont l'âge que ces personnes requerrent dans ce cas : car il faut prendre garde qu'ils n'aient ni moins de trois ans, ni plus de dix. On connoît l'âge des chevaux par les dents, de même que celui de presque tous les bestiaux qui n'ont point la corne du pied séparée, & même de ceux qui l'ont séparée (1) : on prétend en effet qu'un cheval de

______

(1) *Cornu* pouvant s'entendre dans la Latinité, tant des cornes que certains animaux portent à la tête, que des ongles des bestiaux, nous avons crû devoir donner ce sens au mot *cornutarum*. En effet, si ce mot s'entendoit des animaux qui ont la tête armée de cornes, comme les bœufs, les cerfs, &c, ils ne seroient pas compris dans la premiere

deux ans & demi, commence à perdre les quatre dents du milieu, sçavoir, deux par en haut, & autant par en bas; que lorsqu'il entre dans sa quatrieme année, il lui en tombe encore quatre autres à côté de celles qu'il a déja perdues, & que celles que l'on appelle *columellares* (1) commencent à lui pousser; qu'enfin au commencement de la cinquieme année, il perd encore de même ses deux dents œilleres, après quoi celles-ci reviennent & prennent leur entier accroisse-

---

classe, puisqu'ils ont la corne du pied séparée, & par conséquent Varron n'auroit pas pû dire en parlant des animaux qui n'ont point la corne du pied séparée, & *même* quand ils auroient le front armé de cornes. D'ailleurs, si ce mot devoit s'entendre des animaux qui ont le front armé de cornes, Varron auroit donc exclu du nombre des animaux dont les dents annoncent l'âge, les brebis, les chiens, les cochons, puisque ces animaux ne sont ni du nombre de ceux qui n'ont pas la corne du pied séparée, ni du nombre de ceux qui portent des cornes à la tête. Au lieu que dans notre sens, Varron comprend tous les animaux dont on connoît l'âge par les dents; sçavoir, tous ceux qui n'ont point la corne du pied séparée, & dont il n'étoit point permis aux Hébreux de manger, comme les chevaux, les ânes, les mulets, & même une partie de ceux qui l'ont séparée, & qu'il appelle *cornuta*, pour désigner qu'ils ont le pied garni de plusieurs cornes séparées, sans avoir égard aux cornes qu'ils peuvent avoir, ou ne pas avoir au front, puisqu'il comprend sous ce mot non-seulement les bœufs qui ont des cornes au front, mais encore les brebis, les cochons, &c. qui n'en ont point.

(2) C'est ce qu'on appelle les crochets.

ment pendant la sixieme année, de sorte que toutes ses dents sont ordinairement repoussées, & que le nombre en est complet dans la septieme année de son âge. On prétend aussi que passé ce temps, on n'a plus de signe certain auquel on puisse connoître leur âge, si ce n'est qu'on estime qu'ils ont seize ans lorsque les dents leur sortent de la bouche, que leurs sourcils sont blanchis, & qu'il s'est creusé des salieres au-dessous. A l'égard de leur forme, il faut qu'ils soient d'une taille moyenne, parce qu'ils n'ont point de grace, lorsqu'ils sont trop grands ou trop petits. Les cavales doivent avoir la croupe & le ventre larges. Si ce sont des chevaux que l'on destine à servir d'étalons, il faut les choisir d'une grande taille, d'une belle forme, & bien proportionnés dans toutes les parties de leur corps. On peut entrevoir ce que deviendra un cheval par la suite, en examinant, lorsqu'il est jeune, s'il a la tête petite & bien développée dans tous ses détails, les yeux noirs, les nazeaux ouverts, les oreilles bien plantées, la crinière longue, touffue, brune, un peu frisée & garnie de crins bien fins, qui retombent sur le côté droit du chignon, la poitrine large & étoffée, les épaules fortes, peu de ventre, les reins serrés par le bas, le dos large, l'épine du dos enfoncée, ou tout au moins non saillante, la queue longue & un peu frisée, les jambes droites & bien égales, les genoux ronds & courts, & qui ne soient pas tournés en-dedans, la corne du fabot dure , & le corps parfemé de vaiffeaux qui foient faciles à appercevoir , parce que pour lors il fera plus aifé de le traiter au cas de maladie : il faut qu'un cheval ait beaucoup de corps. Il eft fort important de connoître de quelle race font ces animaux, parce qu'il y en a de beaucoup d'efpeces; c'eft pour cela que les plus eftimés prennent le nom des pays dont ils font originaires, comme les *Theffalici* qui tirent leur nom de cette partie de la Grece, les *Appuli* qui le tirent de l'Apulia , & les *Rofeani* de la campagne Rofea. Lorfqu'un cheval en paiffant avec fes camarades, s'efforce à l'emporter fur eux foit à la courfe, foit autrement, ou qu'en traverfant un fleuve, il marche des premiers à la tête du troupeau, fans regarder les autres, c'eft une preuve qu'il deviendra bon. L'achat des chevaux fe fait à peu près de la même maniere que celui des bœufs & des ânes, c'eft-à-dire, que, pour leur faire changer de maître par la vente , il faut employer pour les uns comme pour les autres les mêmes formalités , telles qu'on les trouve dans le recueil d'actions de Manilius (3). La meilleure méthode pour nourrir les chevaux, eft de leur faire paître l'herbe des prairies, & de leur mettre du foin fec dans leurs mangeoires , quand ils font à l'écurie. Lorfque les cavales auront pouliné, on y ajoutera de l'orge & on leur

---

(3) Voy. la Note 5 du Chap. III.

donnera à boire deux fois le jour. Pour ce qui est de la propagation de ces animaux, il faut commencer à faire saillir les jumens depuis l'Equinoxe du Printemps, & continuer jusqu'au Solstice, afin qu'elles poulinent dans un temps favorable : car on prétend que le poulain vient au monde le dixieme jour du douzieme mois qui suit l'accouplement ; ceux qui naissent plus tard sont presque tous défectueux & inutiles. *L'origa* doit, dès que le Printemps sera venu, donner l'étalon à la jument deux fois par jour, une fois le matin & une fois le soir : on entend par *origa* celui qui fait cette fonction, & par le ministere duquel les cavalles sont tenues à l'attache pendant l'opération, afin qu'elles soient saillies plus promptement, & que l'étalon ne perde point sa semence en vain par trop d'ardeur. Les cavalles avertissent elles-mêmes du moment où elles sont suffisamment saillies, parce qu'alors elles se défendent contre le mâle qui veut les approcher. Si l'étalon manque d'ardeur, on pile de la moëlle de scille dans de l'eau, jusqu'à ce qu'elle soit réduite à l'épaisseur du miel, & l'on s'en sert pour frotter les parties de la cavalle, lorsqu'elle est en chaleur, & d'un autre côté on frotte les narines de l'étalon aux parties même de la cavalle. Il est bon d'éterniser la mémoire d'un événement très-certain, tout incroyable qu'il est. Un étalon refusoit opiniâtrément de saillir sa mere, l'*Origa* l'ayant conduit auprès d'elle,

après lui avoir enveloppé la tête , & l'ayant forcé
de la faillir , lorsqu'il eut fini l'opération & qu'il
eut les yeux découverts , il se jetta sur l'*Origa*,
& le tua en le déchirant à belles dents (4). Lorfque les cavalles font pleines , il faut éviter de
les faire travailler un peu plus que de raifon ,
comme aufli de les tenir dans des lieux froids ,
parce que le grand froid leur eft très-contraire
dans cet état : c'eft pourquoi il faut garantir le
fol des écuries de toute humidité , & en tenir
les portes fermées ainfi que les fenêtres; il faut
aufli attacher aux mangeoires de longues barres ,
qui fépareront les cavalles les unes d'avec les autres , & les mettront dans l'impuiffance de fe
battre enfemble. Les cavalles pleines ne doivent
ni manger trop , ni fouffrir de la faim. Ceux qui
ne les font faillir que de deux années l'une , prétendent que c'eft le moyen qu'elles fe confervent
plus longtemps & qu'elles faffent de meilleurs
poulains , parce qu'il en eft des cavalles qui poulinent toutes les années , comme des terres qui
rapportent toutes les années fans fe repofer , &
qui font toujours plus épuifées que d'autres. Dix

---

(4) Plufieurs Auteurs racontent différens exemples de cette efpece de pudeur naturelle dans les animaux , mais le
plus fingulier c'eft que, fi l'on ajoute foi à leurs récits ,
ces exemples fe font quelquefois rencontrés chez des peuples , qui ne fe faifoient point un fcrupule de conjonc-
tions pareilles.

jours après que les poulains sont venus au monde, on les méne paître avec leurs meres, afin que le fumier de l'étable n'ait pas le temps de s'amasser autour de leur sabot. Lorsqu'ils ont cinq mois, il faut, quand ils sont rentrés à l'étable, leur donner de la farine d'orge détrempée avec du son, ou telle autre production de la terre qu'ils pourront manger avec plaisir. Dès qu'ils auront un an, on leur donnera de l'orge en nature & du son, jusqu'à ce qu'ils ne tetent plus, car il ne faut pas les sevrer avant qu'ils aient deux ans accomplis. Il faut aussi les toucher de temps en temps pendant qu'ils sont avec leurs meres, de peur de les effrayer, si on ne le faisoit pour la premiere fois, que lorsqu'ils en seront séparés; on suspendra aussi, par la même raison, des mords dans l'endroit où ils seront avec leurs meres, afin qu'ils s'accoutument dès leur jeunesse, tant à en souffrir la vue, qu'à en entendre le cliquetis, lorsqu'on les remuera. Dès qu'ils auront commencé à prendre l'habitude de s'approcher de la main, il faudra de temps en temps mettre sur leur dos un enfant, qui s'y couchera sur le ventre les deux ou trois premieres fois, & qui s'y tiendra ensuite assis. Il ne faut faire ces essais que quand le cheval à trois ans, parce que c'est alors sur-tout qu'il prend sa croissance & qu'il devient vigoureux. Il y a des personnes qui prétendent qu'on peut dompter un cheval dès qu'il a un an & demi, mais il vaut mieux ne le faire

que lorsqu'il en a trois paffés ; à datter de cet
âge, on lui donne ordinairement du fourage compofé de toutes fortes de légumes coupés en herbes, parce que ce fourage eft un purgatif très-
néceffaire à ce bétail. On lui en donnera dix
jours de fuite, fans lui laiffer prendre d'autre
nourriture. Le onziéme jour on lui donnera de
l'orge, dont on augmentera tous les jours la
dofe par degrés jufqu'au quatorziéme, & on continuera de lui en donner les dix jours fuivans la
même quantité qu'il en aura prife le quatorziéme jour, après quoi il faudra lui faire prendre
un exercice modéré, & le frotter d'huile lorfqu'il
fera en fueur; s'il fait froid, on fera du feu dans
l'étable. On ne fait pas le même cas de tous les
chevaux, & le traitement n'eft pas le même pour
tous, parce que les uns font propres à la guerre,
les autres à la voiture, d'autres à la monte &
d'autres à la courfe. C'eft pour cela qu'un homme expérimenté dans l'Art militaire choifit fes
chevaux, & les éleve tout autrement, que ne feroit celui dont le métier eft de conduire dans le
cirque des Chars attelés de quatre chevaux, ou
bien celui dont le talent eft de conduire deux
chevaux à la fois dans le combat, & de fauter de
l'un fur l'autre; par la même raifon, fi l'on deftine des chevaux à conduire dans les voyages,
on les éleve autrement lorfqu'ils doivent être
montés par un cavalier, que lorfqu'ils doivent
être attelés à un Char; parce que, comme on

veut qu'ils soient vifs dans les camps, on aime
mieux au contraire qu'ils soient paisibles dans les
chemins. C'est sur-tout à cause de ces différences
de goût, qu'on a imaginé de les châtrer, parce
qu'ils sont plus tranquilles lorsqu'on leur a ôté
les testicules; & comme ils n'ont plus pour lors
de liqueur séminale, on les appelle *Canterii* (5),
comme on appelle *Maiales* (6) les porcs, & *Capi*
(7) les cocqs qui sont dans le même cas. Quant
à l'art de les guérir, c'est dans les chevaux qu'on
remarque le plus grand nombre de signes qui in-
diquent leurs maladies, & ce sont aussi les animaux pour la guérison desquels on a trouvé le
plus grand nombre de méthodes : c'est pour cela
qu'en Grece les Médecins qui traitent même les
autres bestiaux, sont appellés particuliérement
ἱππίατροι (8). Il faut que le Pâtre ait un livre où
seront détaillés ces signes des maladies, & les façons de les guérir.

---

(5) Des chevaux hongres. *Canterius* veut aussi dire une
perche, seroit-ce par raison d'Analogie?

(6) Des cochons châtrés.

(7) Des chapons.

(8) Quoique les Médecins des bestiaux ne traitassent
pas seulement les chevaux, mais les autres bêtes de Somme, les Grecs les appelloient ainsi du mot ἵππος, qui veut
dire *cheval*, & ἰατρός, qui veut dire *médecin*; mais les Latins ne firent pas tant d'honneur au cheval en donnant à ces Médecins le nom de *veterinarii*, qui s'applique à toutes les bêtes de Somme; puisqu'il vient du mot

CHAPITRE VIII.

Nous en étions là, lorsqu'il survint un Affranchi de la part de Ménatès, pour avertir la compagnie que les offrandes des *liba* (1) étoient achevées, & que tout étoit prêt pour le Sacrifice ; que par conséquent, ceux qui voudroient sacrifier en personne pour eux, n'avoient qu'à venir. Pour moi, lui dis-je, je ne vous laisserai point aller que vous ne m'ayez donné le troisiéme acte qui concerne les mulets, les chiens & les Pâtres. Il y a peu de choses à dire sur les premiers, dit Murrius, car les mulets, soit ceux qui sont engendrés d'un âne & d'une cavalle, soit ceux qui le sont d'un cheval & d'une ânesse, sont des animaux produits par différentes especes, & entés, pour ainsi dire, sur une souche heterogêne, puisque le premier vient d'une cavalle & d'un âne, & qu'au contraire le second (2) vient d'un

---

vehere, qui veut dire *porter*. Je suis étonné que ce dernier mot soit celui qui a été adopté par un peuple plus militaire qu'Agriculteur, & chez lequel presque tous les titres de noblesse sont empruntés du cheval. Le mot d'*Hippiâtre* me sembleroit aussi noble que celui de *Vétérinaire*.

(1) Voy. le Chap. LXXV. de l'Economie rurale de Caton, & la Note 1 de ce Chap.

(2) Les Latins l'appelloient *hinnus* du mot *hinnitus*, qui exprimoit le hennissement du cheval.

cheval & d'une âneffe. On tire du fervice de l'un & de l'autre, mais ni l'un, ni l'autre ne font propres à fe perpétuer. On donne à nourrir un ânon nouveau né à une cavalle, dont le lait donne à cet animal plus de corpulence, parce qu'on prétend que ce lait eft meilleur que celui d'âneffe ou de tout autre animal : outre cela on le nourrit de paille, de foin & d'orge, pour ménager en même-temps la mere qu'on lui a fubftituée, afin qu'elle ne foit point hors d'état de fournir à fon poulain ce qu'il lui faut de lait pour fa nourriture. Lorfqu'un âne a été ainfi élevé, on peut l'employer depuis l'âge de trois ans à couvrir les cavalles, qu'il ne dédaigne pas à caufe de l'habitude qu'il a contractée de vivre avec elles. Si on l'emploie plus jeune, il vieillit plutôt, & le réfultat de cet accouplement n'eft jamais fi bon. Ceux qui n'ont point d'âne qu'ils aient fait élever de cette façon, & qui veulent néanmoins en avoir pour employer à la monte des cavalles, choififfent à cet effet le plus grand & le plus beau qu'ils peuvent trouver, pourvu qu'il foit de bonne race ; comme, par exemple, de celle d'Arcadie, fuivant l'opinion des Anciens, ou de celle de Réate, fi l'on s'en rapporte à notre expérience, puifqu'il s'eft vendu des ânes de cette contrée propres à faillir des cavalles, qui n'ont pas couté moins de trente & quarante mil *fefterti*. Nous achetons ces ânes comme les chevaux, en employant les mêmes formules de ftipulations, & en obfervant, par rapport à la tradition, ce que nous avons dit que l'on obſervoit dans l'achat des chevaux. Nous les nourriſſons principalement de foin & d'orge, & nous le faiſons plus largement pendant le temps qui précede l'accouplement, afin de leur procurer par une bonne nourriture les forces néceſſaires pour cette opération. Nous avons ſoin que l'*Origa* (3) mene ces ânes aux jumens dans le même temps qu'il y mene les étalons. Lorſque la cavalle a fait un mulet ou une mule, nous les élevons & nous les nourriſſons. Quand ils ſont nés dans des lieux marécageux & humides, ils ſont ſujets à avoir la corne du pied molle, mais ſi on les conduit pendant l'Eté ſur les montagnes, comme on le pratique dans le territoire de Réate, elle s'endurcit très-fort. Pour former un troupeau de mulets, il faut examiner leur âge & leur forme ; l'un afin qu'ils puiſſent ſupporter le travail, qu'exige le tirage des voitures, l'autre afin qu'ils puiſſent plaire à la vue : car il n'y a point de ſortes de voitures que deux de ces animaux attelés enſemble ne puiſſent traîner ſur les chemins. Tout ce que je viens de dire, ajouta-t-il en m'adreſſant la parole, mériteroit votre créance, par cela ſeul que je ſuis de Reate, quand vous n'auriez pas vous-même des troupeaux de cavalles chez vous, & que vous n'en auriez pas

---

(3) Voy. l'explication de ce mot dans le Chapitre précédent.

vendu de mulets. Le mulet appellé *hinnus* vient d'un cheval & d'une ânesse; il n'est pas si grand que l'autre espece de mulet, & communément il est plus rouge, il a les oreilles semblables à celles du cheval, mais sa criniere ainsi que sa queue ressemblent à celles de l'âne. Il reste ainsi que le cheval un an dans le ventre de sa mere. On éleve & on nourrit ces mulets comme les poulains, & on connoît aussi leur âge par leurs dents.

CHAPITRE IX.

DE tous les quadrupedes, dit ATTICUS, il ne nous reste plus que les chiens dont nous ayons a traiter : au reste cet article n'est pas le moins intéressant, sur-tout pour nous qui nourrissons des bêtes à laine, puisque le chien est d'une si grande nécessité pour la garde du bétail, qu'il y a tel bétail qui ne pourroit pas se défendre s'il n'avoit pas de chien avec lui, comme les brebis en premier lieu & les chevres après elles. En effet, comme le loup est toujours à épier ces animaux, nous lui opposons des chiens pour leur sureté. Il n'en est pas de même des porcs, parmi lesquels il s'en trouve qui sçavent se défendre seuls, comme les verrats, les cochons châtrés & les truies : car ces derniers animaux tiennent beaucoup du sanglier,

fanglier, dont la dent a fouvent été meurtriere
pour les chiens dans les Forêts. Que vous dirai-je du
gros bétail ? Ne fçais-je pas bien qu'un loup étant
furvenu dans un endroit où un troupeau de mulets étoit à paître, ces animaux fe réunirent par
un inftinct naturel autour de lui, & le tuerent à
coups de pied : Ne fçais-je pas auffi que les taureaux fçavent lui réfifter en face, en fe joignant
les uns auprès des autres par le derriere, & qu'ils
viennent facilement à bout par ce manege, de le
repouffer avec leurs cornes. Or, comme il y a de
deux efpeces de chiens, celui de chaffe qui n'eft
que pour les bêtes fauves, & celles qui habitent
les forêts, & celui que l'on a pour fervir de garde, & qui eft de la dépendance du Berger ; je
vais traiter de ce dernier, fuivant la méthode
que vous avez propofée en neuf parties. D'abord
il faut prendre des chiens qui foient d'un bon
âge, parce que les jeunes ainfi que ceux qui font
trop vieux, ne peuvent ni fe défendre eux-mêmes, ni fervir de défenfe aux brebis, & qu'ils
font fouvent la pâture des bêtes féroces. Ils doivent être d'une belle figure, avoir le corps étoffé,
les yeux tirant fur le noir, ou roux, le nés qui
réponde à cette couleur, les levres tant foit peu
noires ou rouges, ni camufes par en haut, ni
pendantes par en bas, le menton ravalé, garni
par le bas de deux dents qui fortent un peu en
dehors de la gueule, l'une à droite & l'autre à
gauche, & par le haut de pareilles dents, mais

Tome II.   Q

qui foient plutôt droites que fortant de la gueule, pour les autres dents aiguës, dont ils ont la
gueule meublée, elles doivent être recouvertes
par les levres; il faut qu'ils aient la tête grande,
les oreilles de même & pendantes, le chignon &
le cou gros, la féparation des jointures des ergots
larges, les cuiffes droites & plus tournées en dedans qu'en-dehors, les pattes grandes & hautes,
& dont l'on entende le bruit lorfqu'ils marchent,
les ergots féparés, les ongles durs & recourbés,
la plante du pied non comme de la corne, ni
trop dure, mais molle, & pour ainfi dire dilata-
ble; il faut que le corps foit effacé par le haut
des cuiffes, que l'épine du dos ne foit ni fail-
lante, ni courbée; que la queue foit épaiffe, l'a-
boiement fort, l'ouverture de la gueule grande;
il faut qu'ils foient blancs plutôt que de toute
autre couleur, afin qu'on ne les confonde pas dans
l'obfcurité de la nuit avec les bêtes fauves. On
veut en outre que les femelles aient de groffes
tettes, & que les boutons en foient d'égale groffeur. Il faut auffi examiner s'ils font de bonne
race. C'eft eu égard à leur race qu'on les appelle
Lacones, *Epirotici* ou *Sallentini*, fuivant les divers
pays dont ils font originaires. On fe gardera bien
d'acheter des chiens à des chaffeurs ou à des bouchers, ceux-ci, parce qu'ils ne font pas dreffés à
fuivre le bétail, ceux-là parce que, s'il paffe un
lievre ou un cerf devant eux, ils quittent les brebis pour courir après. Les meilleurs font donc,

ou ceux que l'on achete des Bergers, & qui
sont déja accoutumés à suivre les brebis, ou ceux
qui ne sont encore dressés à rien, parce que le
chien est l'animal qui s'accoutume le plus aisément à tout ce qu'on veut. Le fait suivant montre que son attachement est même encore plus
fort pour les Bergers que pour le bétail. P. Aufidius Pontianus d'Amiternum étoit convenu,
en achetant des troupeaux de brebis au fond de
l'Ombrie, que les chiens seroient compris dans
la vente, & non les Bergers, mais que ceux-ci
ne quitteroient point les troupeaux qu'ils ne les
eussent conduits aux bois de Métaponte, d'où ensuite ils se déroberoient furtivement pour rega-
gner leurs pays. Les Bergers s'en retournerent en
conséquence chez eux, après les avoir conduits
au lieu convenu; mais peu de jours après, les
chiens regrettant leurs premiers Maîtres, allerent
d'eux-mêmes les rejoindre en Ombrie, sans prendre d'autre nourriture que celle qu'ils trouverent
dans les champs, quoique la distance entre l'un
& l'autre endroit fût de plusieurs journées de
chemin, & qu'aucun de ces Bergers n'eût usé de
la recette, que Saserna (1) donne dans son Agriculture pour se faire suivre d'un chien, qui consiste à lui présenter une grenouille cuire (2). Il

---

(1) Voy. la Note 18. du Chap. II. du Liv. I.

(2) Cette habitude des chiens de retourner à leurs anciens
maîtres, rappelle un trait piquant de Diogènes contre

est important que tous les chiens qu'on a soient d'une même race, parce que, lorsqu'ils sont parens entr'eux, ils se défendent beaucoup mieux les uns les autres : mais il est encore plus essentiel d'examiner de quelle race ils sont, & de quelle espece de chiennes ils proviennent. Quant à la vente, un chien ne passe à un nouveau Maître, qu'après la tradition qui en a été faite par son premier Maître. On insere dans les stipulations, que l'on interpose en cette occasion, les clauses relatives à leur santé, & aux dommages qu'ils ont pu causer, ainsi qu'on le pratique pour les bestiaux, à moins que l'on n'y veuille ajouter quelque clause particuliere, dont l'exécution se poursuivra par une action utile (5). Il y a des

---

Platon. Celui-ci dissertant sur quelque matiere grave en présence de Diogénes qui ne l'écoutoit pas, fut choqué de cette inattention, & lui dit : Ecoutes-moi, chien. A quoi Diogénes répondit, sans s'émouvoir : Je ne suis pas cependant retourné dans le pays où j'ai été vendu, comme font ordinairement les chiens; par ce bon mot il tiroit à bout portant sur Platon, qui, en retournant en Sicile, s'étoit remis au pouvoir de Denys le Tyran, dont il avoit souvent éprouvé la mauvaise foi, comme on le voit dans Cicéron *pro Rabirio*. Aussi le Philosophe Cynique mit-il en cette occasion les rieurs de son côté, puisque tout le monde désapprouvoit cette inconséquence dans la conduite de Platon, & que l'on disoit hautement qu'il n'étoit point étonnant que Denys fût à Corinthe, mais qu'il l'étoit que Platon fût à Syracuse.

(5) Les Jurisconsultes Romains appelloient une action

personnes qui fixent le prix pour chaque indivi-
du, d'autres conviennent que les petits suivront
le fort de la mere par droit d'accession, d'autres
enfin stipulent que deux petits ne seront comptés
que pour un chien, de même qu'on stipule ordinairement que deux agneaux ne seront comptés
que pour une brebis, mais la convention la plus
généralement adoptée, est que les chiens, qui ont
coutume d'être ensemble, seront tous compris
dans la même vente. La nourriture du chien a
plus de rapport avec celle de l'homme, qu'avec
celle de la brebis, puisqu'on le nourrit d'os &
de restes de table, & non pas d'herbes ou de
feuilles. Il faut pourvoir avec assiduité à ce que
la nourriture ne manque jamais aux chiens, autrement la faim les forcera d'en aller chercher
ailleurs, & leur fera déserter le troupeau, à moins
qu'ils ne fassent encore pis, comme quelques personnes croient qu'ils feroient, c'est-à-dire, qu'ils
n'en viennent jusqu'à rappeller l'ancien proverbe (4), ou même à découvrir le sens allégorique
de la Fable d'Actéon, en tournant les dents con-

---

utile, celle qui n'étoit pas donnée expressément par la loi,
mais que l'utilité ou l'esprit de la loi rendoient nécessaire,
dans les cas semblables à ceux qu'elle avoit prévus.

(4) Ce proverbe étoit apparemment si connu du temps de
Varron, qu'il regarde comme inutile de le répéter. Ne se-
roit-ce pas celui-ci, *tot servi, tot hostes*, c'est-à-dire, les
Esclaves sont autant d'ennemis qu'on a autour de soi.

tre leur maître (5). On peut auffi leur donner du pain d'orge, mais cependant après l'avoir préalablement émié dans du lait, parce que quand ils font accoutumés à trouver cette espece de nourriture, ils ne s'écartent pas de long-temps du troupeau. On ne leur laiffe pas manger la chair des brebis, qui périffent de leur mort naturelle, de peur que le goût qu'ils prendroient à ce genre de nourriture, ne leur donnât la tentation de tâter de celles qui font en vie. On leur donne auffi du bouillon fait avec des os, & les os eux mêmes, après les avoir brifés en petits morceaux ; ce qui contribue à leur rendre les dents plus fortes, & la gueule plus large, parce qu'ils ouvrent beau-

---

(5) Ovide, Liv. 3. Métam. dit que ce célebre chaffeur, fils d'Ariftée & d'Autonoë, fut changé en cerf & dévoré par fes propres chiens, pour avoir vû Diane aux bains, d'autres Auteurs veulent que ce foit pour avoir conçu des defirs impudiques fur cette Déeffe, en chaffant près de fon Temple, ou pour s'être regardé comme fupérieur à elle dans l'art de la chaffe. Quoiqu'il en foit, le fens allégorique que Varron donne à cette Fable, n'approche pas de celui-ci que l'on lit dans Fulgence. Actéon avoit été paffionné dans fa jeuneffe pour la chaffe. Parvenu à un âge mûr, & voyant fon art à nud, c'eft-à-dire, faifant réflexion aux dangers de cette paffion, il fut changé en cerf, c'eft à dire, qu'il devint très-timide, & qu'il abandonna ce genre de plaifir, fans cependant quitter fon attachement pour fes chiens, qu'il garda jufqu'à ce qu'il en eût été dévoré, c'eft-à-dire, jufqu'à ce qu'il eût confumé fon patrimoine à les nourrir inutilement.

coup la mâchoire pour les manger, & que le goût de moëlle qu'ils y trouvent les rend plus âpres. Ils sont dans l'usage de prendre leur nourriture pendant le jour par-tout où le troupeau paît, & le soir dans les étables où il est rentré. Quant à leur propagation, on ne commence à les faire accoupler qu'au renouvellement du Printemps, parce qu'on prétend que ce n'est qu'alors que les chiennes commencent à être en chaleur, c'est-à-dire, qu'elles montrent le desir qu'elles ont du mâle. Lorsqu'elles ont été couvertes dans ce temps là, elles mettent bas vers le Solstice, parce qu'elles portent ordinairement pendant trois mois. Il faut pendant qu'elles sont pleines leur donner du pain d'orge plutôt que de froment, parce que le premier les nourrit mieux, & qu'il leur fait avoir du lait en plus grande quantité. Quant à la nourriture de leurs petits, si elles en ont plusieurs, il faut dès le moment qu'elles ont mis bas, choisir ceux que l'on veut garder, & jetter les autres : moins on leur en laissera, mieux ils seront nourris, puisqu'ils trouveront du lait en plus grande abondance. On étend sous eux de la paille ou quelqu'autre chose d'équivalent, parce que plus ils sont couchés mollement, plus on a de facilité à les élever. Les petits commencent à voir clair au bout de vingt jours (6). Les deux premiers

---

(6) Comment concilier cela avec l'expérience qui nous apprend qu'ils voient communément clair dès le huitième

mois d'après leur naiſſance, on ne les ſépare pas de la mere, & ce n'eſt que petit à petit qu'on les déshabitue par la ſuite d'être avec elle. On les mene pluſieurs de compagnie dans un même endroit, où on les excite à ſe battre les uns contre les autres, pour les rendre plus ardens, en évitant cependant de les trop fatiguer par ces ſortes de combats, ce qui ne ſerviroit qu'à les rendre plus lâches. On les accoutume auſſi à ſe laiſſer attacher dans les commencemens avec des liens légers, & lorſqu'ils font des efforts pour les ronger, on les bat ordinairement pour les en empêcher, de peur qu'ils n'en contractent l'habitude. Il faut les jours de pluie garnir leur chenil de feuilles ou de fourage pour deux raiſons, pour qu'ils ne ſe ſaliſſent point & pour qu'ils n'aient pas trop froid. Il y a des perſonnes qui les châtrent, parce qu'elles croient que pour lors ils ſeront moins tentés d'abandonner le troupeau, d'autres évitent de le faire, parce qu'ils croient que cette opération leur ôte le courage. Quel-

---

jour. Changerons-nous, comme ont fait quelques Commentateurs, vingt en huit. Mais cette correction eſt contraire à tous les Exemplaires de Varron, tant Manuſcrits qu'imprimés : Ne ſeroit-il pas mieux d'expliquer notre Auteur par Pline qui dit 8, 40, que plus les petits chiens ſont nourris abondamment, plus tard la vue leur vient, de façon cependant qu'elle ne leur vient jamais plus tard que le vingt & unième jour, ni plutôt que le ſeptième.

ques-uns leur frottent les oreilles & l'entre-deux des ergots avec des amandes broyées dans de l'eau, parce que les mouches, les tiques & les puces forment ordinairement des ulceres dans ces parties, lorsqu'elles n'ont pas été frottées de cet onguent. Pour éviter que les bêtes féroces ne viennent à les blesser, on leur met des colliers, que l'on appelle *melia*, ce sont des ceintures qui leur enveloppent le col, & qui sont faites d'un cuir fort & garni de cloux à tête; on a soin de coudre un autre cuir plus mollet sous les têtes des cloux, pour empêcher que la trop grande dureté du fer ne les blesse. Pour peu qu'un loup ou quel-qu'autre bête ait été blessée par ces cloux, les au-tres chiens, même ceux qui n'ont pas de colliers semblables, sont à l'abri de toute attaque. On a coutume de se pourvoir d'un nombre de chiens proportionné à celui de ses bestiaux. On croit communément qu'il suffit qu'il y en ait un à la suite de chaque Berger, mais en général, quant à ce qui concerne ce nombre, chacun a sa mé-thode particuliere. Il faut en avoir un plus grand nombre, si l'on est dans un pays où il y ait beau-coup de bêtes féroces; c'est ce qu'observent ceux qui sont dans l'usage d'accompagner les trou-peaux, lorsque, pour les mener dans des quartiers d'Eté ou d'Hiver, ils sont obligés de traverser des chemins éloignés au milieu des forêts. Il suffit d'en avoir deux dans une terre pour le troupeau de la Métairie, sçavoir, un mâle & une femelle:

étant ainsi deux de compagnie, ils sont plus assidus, parce qu'ils deviennent mutuellement plus
vifs; d'ailleurs si l'un ou l'autre vient à tomber
malade, le troupeau ne se trouve jamais sans
chien. Comme ATTICUS regardoit de tout côté,
comme pour demander s'il n'avoit rien omis de
son sujet, & que personne ne parloit: Ce silence
dis-je alors, annonce que c'est à un autre à prendre le rôle.

CHAPITRE X.

CAR il nous reste, pour completter cet acte, à
examiner la quantité de Pâtres qu'il faut avoir,
& les qualités requises dans ces sortes de gens.
COSSINIUS. On se sert pour les grands bestiaux de
gens d'un certain âge, au lieu que des enfans
suffisent pour les petits. Mais, lorsque les Pâtres
sont dans le cas de conduire au loin le bétail, tel
qu'il soit, grand ou petit, & par conséquent d'être
toujours par les chemins, il faut les choisir plus
robustes que lorsqu'ils doivent rester sur le fond,
& retourner tous les jours à la Métairie. Voilà pourquoi on rencontre souvent dans les Forêts des
jeunes gens, qui sont le plus souvent armés, tandis que dans les champs ce sont non - seulement
des petits garçons, mais même de petites filles
qui menent paître les troupeaux. On comman-

dera à ceux qui menent paître les bestiaux, de
rester toute la journée auprès d'eux dans les paturages, & de se réunir ensemble pour les faire
paître, mais de se séparer le soir, pour passer la
nuit chacun auprès de son troupeau. Il faut qu'ils
soient tous soumis à un seul & unique intendant
du bétail, qui soit plus âgé & plus expérimenté
qu'eux, parce qu'ils se résoudront plus facilement
à obéir à quelqu'un, qui leur sera déja supérieur
par l'âge & par l'expérience. Il ne faut pas cependant qu'il soit si avancé en âge, qu'il ne puisse
plus soutenir le travail à cause de sa vieillesse,
car les vieillards, non plus que les enfans, ne peuvent pas supporter aisément la fatigue occasionnée par la difficulté des chemins, & par la roi-
deur des montagnes escarpées, fatigue qu'on ne
peut néanmoins éviter, quand on a des troupeaux
à conduire, sur-tout si ce sont des troupeaux de
gros bétail, & de chevres, qui se plaisent à paître
sur les rochers & dans les forêts. Pour ce qui regarde la forme de ces sortes de gens : il faut les
choisir robustes, alertes, légers ; il faut qu'ils aient
les membres dispos, & qu'ils soient en état non-
seulement de suivre le bétail, mais encore de le
défendre contre les attaques des bêtes féroces &
des brigands, comme de soulever les fardeaux
dont il faudra charger les bêtes de somme, de
courir dans l'occasion & de lancer des pierres. Les
hommes de toutes les Nations ne sont pas également propres à être auprès des bestiaux, puisque

ni les *Bastuli*, ni les *Turduli* ne conviendroient à cette fonction : les Gaulois sont les meilleurs que l'on puisse choisir sur tout pour mettre auprès des bêtes de somme. Quant à l'acquisition des Pâtres, on compte à peu près six manieres d'en acquérir légitimement le domaine : sçavoir d'avoir pris possession d'une succession déférée par la Loi, & dont ils faisoient partie ; de les avoir reçus suivant les formes requises dans la mancipation (1), d'une personne à qui le droit civil permettoit d'en transmettre la propriété, ou bien de les avoir reçus de celui qui pouvoit en faire la cession, & en présence de qui il appartenoit (2); d'en avoir acquis le domaine par suite de la possession (3); de les avoir achetés la couronne en tête (4), comme faisant partie d'un butin pris sur

---

(1) La mancipation étoit une façon d'acquérir les choses que les Anciens Romains appelloient *mancipi*, qui exigeoit plusieurs solemnités : Les choses *mancipi* étoient les choses de la plus grande valeur réelle, telles que les biens fonds situés en Italie, les Esclaves, &c.

(2) Ce que les Romains appelloient *cessio in jure*, étoit une façon d'acquérir telle chose que ce pût être, qui exigeoit moins de solemnités que la mancipation ; il suffisoit de trois personnes pour la faire, le Propriétaire, l'Acquéreur & le Préteur.

(3) C'est-à-dire, après les avoir possédés pendant un an de suite, avec bonne foi & en vertu d'un titre translatif de propriété, c'est ce que les Romains appelloient *usucapere*.

(4) Les Esclaves se commerçoient chez les Romains, com-

l'ennemi, ou de les avoir achetés à l'encan, comme faisant partie de biens délaissés à des créanciers, ou confisqués : Lorsqu'on vend ces gens-là, leur pécule (5) passe ordinairement par droit d'accession à l'Acheteur, comme aussi, si l'on en convient nommément, on stipulera du Vendeur qu'il garantisse que l'homme est sain, & qu'il n'est exposé à aucune poursuite, ni à raison de vols qu'il ait commis, ni à raison de dommages qu'il ait causés, ou bien encore qu'il s'engage au cas d'éviction, à rendre le double du prix qu'il aura reçu, ou le prix seulement, suivant la convention faite entre les parties. Les Pâtres doivent prendre séparément leurs repas pendant le jour, chacun auprès de leur troupeau, au lieu que le soir tous ceux qui sont soumis à un même Intendant soupent en commun. L'Intendant doit avoir l'œil à ce que tous les bagages nécessaires au bétail & aux Pâtres, soient à la suite de ceux-ci, sur-tout pour la partie qui concerne la nourriture

----

me les animaux chez nous. Varron met les Pâtres dans la classe des mulets & des chiens. On leur mettoit une couronne sur la tête, pour avertir qu'ils étoient à vendre, comme nous attachons de la paille à la queue des chevaux qui sont en vente.

(5) Le pécule d'un Esclave étoit ce dont son maître lui confioit la libre administration, & dont il n'étoit pas tenu de lui rendre compte à tout instant, ainsi que de la gestion des autres biens de son maître, qui n'étoient pas dans son pécule.

des gens & le traitement des animaux au cas de
maladie ; les Maîtres se précautionnent à cet effet
de bêtes de charge, ceux-ci de jumens, ceux-là
d'autres animaux pareils, qui puissent porter ces
bagages sur leur dos. Pour ce qui concerne la propagation des Pâtres, il est aisé à ceux qui restent
toujours sur le fond, d'avoir dans la Métairie
une compagne d'esclavage, qui leur servira à cette
fin, d'autant qu'un Pâtre n'est pas curieux de
porter plus loin ses amours : Quant à ceux qui
vont dans les bois, & qui font paître le bétail dans
les lieux sauvages, comme ils ne se mettent jamais à l'abri de la pluie que sous des cabannes
qu'ils élevent dans le moment, sans aller à la
Métairie, bien des personnes pensent qu'il est
bon de leur donner des femmes, pour les accompagner à la suite des troupeaux, pour leur préparer à manger, & pour les rendre plus assidus à
leur devoir. Mais il faut que ces femmes soient
robustes, sans être difformes, & qu'elles ne le
cedent point aux hommes par l'ardeur pour le
travail : on en trouve de telles dans beaucoup de
contrées, par exemple, en Illyrie où l'on en rencontre de tous côtés, qui sont en état de mener
paître elles-mêmes le bétail, ou d'aller chercher
le bois pour allumer le feu & faire cuire le manger, ou de garder les bagages dans les cabanes.
Pour l'éducation, je prétens qu'il vaut communément mieux que ce soit les meres elles mêmes qui
nourrissent leurs enfans. En ce moment il se tour-

na de mon côté, & dit : C'est précisément ce que je vous ai entendu dire, que lorsque vous arrivâtes en Liburnie, vous vîtes des femmes de Pâtres, qui portoient du bois sur leurs épaules, en même-temps qu'elles tenoient entre leurs bras un ou deux enfans qu'elles nourrissoient, montrant bien par leur exemple que nos accouchées, qui s'étendent pendant plusieurs jours sur des canapés, ne sont que des especes, foibles comme le jonc, & qui ne méritent aucune considération. Ce fait est très-certain, lui dis-je, & l'on voit même souvent quelque chose de plus fort dans l'Illyrie, c'est qu'une femme grosse, lorsque son temps d'accoucher est venu, quitte son ouvrage pour aller se délivrer à quelques pas, d'où elle rapporte ensuite son enfant sans façon, de sorte que l'on croiroit que c'est un enfant qu'elle a trouvé, plutôt qu'un enfant sorti de ses flancs. On y voit encore une autre singularité, c'est que des filles souvent âgées de vingt ans, qu'ils appellent dans ce pays là des vierges, peuvent, sans aller contre l'usage reçu, s'abandonner à qui bon leur semble avant le mariage, & ont la liberté de vagabonner, sans être accompagnées de qui que ce soit, & de faire des enfans si bon leur semble. Cossinius. Quant à la santé des hommes, il faut que l'Intendant du troupeau ait par écrit tout ce qui y est relatif, de sorte que l'on ne soit pas obligé d'avoir recours au Médecin pour les traiter. C'est pourquoi un homme qui ne sçauroit pas écrire, ne seroit pas propre à cet emploi, d'autant qu'il seroit aussi incapable dès-lors de rendre un bon compte à son Maître de l'administration du bétail. Quant au nombre des Pâtres que l'on doit avoir, les uns sont dans l'usage d'en avoir plus, les autres moins : Pour moi mon usage est de confier à un seul Berger quatre-vingt brebis à laine grossiere, au lieu qu'Atticus lui en confie jusqu'à cent. Si l'on a de nombreux troupeaux de brebis, tels que ceux que quelques personnes portent jusqu'à mil têtes, il sera plus facile de diminuer le nombre des hommes employés à leur suite, que si l'on n'en a que de petits, tels que ceux d'Atticus & les miens : car les miens ne sont que de sept cent têtes, au lieu que vous en avez eu, je crois, de huit cent, quoique vous n'y missiez ni plus ni moins de béliers que moi, qui suis dans l'usage d'en mettre un sur dix brebis. Il faut avoir deux hommes pour un troupeau de cinquante cavalles, & que chacun d'eux ait à sa disposition une jument domptée, qui lui servira de monture, pour se transporter dans les pays où l'on est dans l'usage de conduire les cavalles, pour les renfermer dans des étables, comme il arrive souvent dans l'Apulia & dans le pays des Lucaniens.

CHAPITRE

CHAPITRE XI.

Puisque nous avons rempli notre promesse, ajouta-t-il, nous pouvons nous séparer. Vous le pourrez, dis-je, quand vous aurez ajouté à ce qui vient d'être dit, ainsi que nous en sommes convenus, l'article qui concerne les fruits extraordinaires que l'on tire des bestiaux, je veux dire le lait & la tonte de la laine. Cossinius. Le lait de brebis, & après lui celui de chevre est de toutes les liqueurs que l'on peut boire, la plus nourrissante : pour celui qui purge le plus, c'est celui de cavalle, ensuite celui d'ânesse, puis celui de vache, & enfin celui de chevre. Mais les propriétés de ces différentes especes de lait varient elles-mêmes, suivant la différence des pâturages, de la nature des bestiaux & du temps où on les trait. En effet, suivant la différence des pâturages, il peut arriver, ou que le lait soit propre à servir de nourriture, comme, par exemple, s'il a été trait de bestiaux qui aient été nourris d'orge, de paille, & de toute autre fourage sec & solide; ou qu'il soit purgatif, comme celui que donnent les bestiaux que l'on a mis au verd, sur-tout lorsqu'ils y ont brouté des herbes que nous prenons ordinairement pour nous purger:

si l'on consulte de même la nature des bestiaux, on trouvera que le lait de ceux qui sont en bonne santé & dans un âge peu avancé, vaut mieux que celui des vieux ou des malades. Enfin, le temps où l'on trait le lait, & la datte de sa formation dans le corps de l'animal en change très-fort la qualité, puisque le meilleur est ou celui des bêtes que l'on ne trait pas avec autant de difficulté que celles qui, ayant été longtemps sans porter, n'ont qu'un lait qui n'a nulle douceur, ou celui des bêtes que l'on ne trait que quelque temps après qu'elles ont mis bas. Les plus nourrissans de tous les fromages que l'on fait avec le lait, sont ceux de lait de vaches; mais ils sont en même-temps les plus difficiles à digérer : ceux de lait de brebis tiennent le second rang, & ceux de lait de chevres sont les moins nourrissans des trois, mais ils passent le plus facilement. On met aussi de la différence entre les fromages mous & nouvellement faits, & les fromages secs & anciens; lorsqu'ils sont mous, ils sont plus nourrissans & restent moins sur l'esto-mac, c'est le contraire lorsqu'ils sont vieux & secs. On commence à faire le fromage depuis le lever des Pléiades au Printemps, & l'on continue d'en faire jusqu'aux Pléiades d'Eté. Pour le faire, on trait les animaux le matin au Printemps, & à midi dans les autres saisons, quoique cette méthode varie suivant la différence des lieux & des paturages. Sur deux *congii* de lait, on met gros

comme une olive de préfure (1), pour le faire
cailler. La préfure de lievre & de bouc, vaut
mieux que celle d'agneau. D'autres perſonnes ſe
ſervent, au lieu de préfure, de cette eſpece de
lait qui ſort des branches du figuier, & de vinaigre ou de toute autre choſe : les Grecs appellent ce lait du figuier, tantôt ὀπόν (2), tantôt
δάκρυον (3). Je ne ſerois pas éloigné de croire,
dis-je, que ce fut pour cette raiſon que les Bergers planterent ce figuier que l'on voit auprès de
la Chapelle de Rumia (4), puiſqu'on eſt dans l'u-
ſage d'y faire pour les enfans qui ſont à la mammelle des Sacrifices, dans leſquels on offre à cette
Déeſſe du lait au lieu de vin (5) ; car les mammelles s'appellent *rumis*, ou, comme l'on diſoit
autrefois, *ruma* : c'eſt même de ce mot que les
agneaux qui tettent encore s'appellent *ſubrumi* (6),

---

(1) C'eſt communément un certain acide qu'on trouve dans
l'eſtomac de quelques animaux, quand ils n'ont mangé que
du lait, ſi on les tue avant que la digeſtion en ſoit faite.

(2) Qui veut dire, *ſuc*, *humeur*.

(3) Qui veut dire, *larme*.

(4) C'étoit l'endroit où l'on avoit trouvé la louve allai-
tant Remus & Romulus, Pline 15, 18. On voit ici la raiſon du nom de cette Déeſſe, peu connue d'ailleurs, & l'objet
de ſon culte.

(5) C'étoit le vin qui ſervoit d'offrande dans tous les
Sacrifices faits aux autres Dieux.

(6) Comme pour ſignifier qu'ils ſont *ſous la mammelle*.

de même que c'est du mot *lac* (7) qu'ils s'appellent *lactentes*. COSSINIUS. On a coutume en outre de saupoudrer les fromages de sel. Celui qu'on tire de la terre vaut mieux pour cet emploi que le sel de mer. Quant à la tonte des brebis, j'examine d'abord, avant de commencer à la faire, si elles n'ont point la galle ou quelques ulceres, afin de les en guérir, si le cas y écheoit, avant de les tondre. Le temps propre à la tonte, c'est entre l'Equinoxe du Printemps & le Solstice, & lorsque les brebis ont commencé à suer. C'est à cause de cette sueur que l'on a donné à la laine nouvellement tondue le nom de *succida* (8). On frotte dès le jour même avec du vin & de l'huile les brebis nouvellement tondues : quelques uns ajoutent dans la composition de cet onguent de la cire blanche & de la graisse de cochon : & si ce sont des brebis que l'on ait coutume de couvrir de peaux, on frotte aussi l'intérieur de cette peau avec le même onguent, avant de les en recouvrir. S'il se trouve quelques brebis qui aient été blessées dans la tonte, on fait couler de la poix fondue sur leurs plaies. On tond les brebis, dont la laine est grossiere, vers le temps où l'on moissonne l'orge, sauf quelques pays où on le fait avant la coupe des foins. Il y des peuples qui les ton-

---

(7) Qui veut dire, *du lait*.

(8) Qui veut dire, *pleine d'humeurs*.

dent deux fois l'an, comme les habitans de l'Espagne Citérieure , auquel cas ces deux tontes se font à six mois l'une de l'autre : ceux qui prennent ainsi deux fois cette peine , ne le font que parce qu'ils prétendent que c'est le moyen que les brebis aient plus de laine ; de même que ceux qui fauchent deux fois les prés , prétendent leur faire rapporter par-là plus de foin. Les personnes qui se piquent d'une attention recherchée, font dans l'usage d'étendre à terre de petites nappes sous les brebis , quand ils les tondent , de peur de perdre quelques flocons de laine. On choisit pour faire cette opération un temps serein , & on la fait environ depuis la quatrieme heure du jour (9) jusqu'à la dixieme : parce qu'en tondant une brebis pendant l'ardeur du Soleil , la sueur, qui coule alors par tout le corps de cet animal, rend sa laine plus molle, plus pesante & d'une plus belle couleur. Les uns appellent les flocons de la laine qui a été rasée , *vellera* , les autres les appellent *velumina*. On peut voir

---

(9) On distingue les *jours* naturels & les *jours* civils. Les *jours* naturels sont compris entre deux couchers du Soleil : on les divise en vingt-quatre parties égales, que l'on appelle *heures*. Les *jours* civils sont compris entre le lever du Soleil & son coucher : on les divise en douze parties , également appellées *heures* ; mais ces *heures* sont plus ou moins longues à proportion de ce que le Soleil se leve & se couche plutôt ou plus tard. Ce passage-ci doit s'entendre du *jour* civil & des *heures* qui le composent.

par ces mots (10), que l'on s'est avisé d'arracher la laine des brebis, avant de s'aviser de la couper. Ceux qui font aujourd'hui dans l'usage de l'arracher (11), font faire diette aux brebis trois jours auparavant, parce que quand elles font foibles & languissantes, la laine leur tient moins au corps. On prétend, dis-je, que ce n'est que la quatre cent cinquante-quatrieme année de la fondation de Rome (12), que les premiers barbiers font venus de Sicile en Italie, ainsi qu'on le trouve consigné par écrit dans un monument public à Ardée, & que c'est P. Ticinius Mena qui les y avoit amenés ; & en effet les statues qui nous restent des anciens, font une preuve qu'il n'y en avoit point dans les temps antérieurs, puisque la plupart font en cheveux & avec une longue barbe. De même que la brebis, reprit COSSINIUS, nous donne dans sa laine un produit qui sert à notre habillement ; la chevre fournit aussi ses poils pour la marine, pour les machines de guerre qui servent à lancer quelque corps au loin, & pour les instrumens à l'usage des Artisans. Il y a aussi quelques Nations qui se couvrent le corps de la peau de ces animaux, comme la Gétulie & la Sardaigne. Cet usage paroît même avoir existé

---

(10) Parce qu'ils viennent l'un & l'autre de celui de *vellere*, qui veut dire, *arracher*.

(11) Pline atteste 8, 48, que cet usage subsistoit encore de son temps.

(12) Avant J. C. 298.

chez les anciens Grecs , puisque les vieillards prennent de ces peaux le nom de διφθέριαι (13) dans les Tragédies ; comme ceux qui sont occupés à demeure aux travaux rustiques le prennent aussi dans les Comédies , témoin le jeune homme de l'Hipobolimée de Cœcilius (14) , & le vieillard du *Heautontimorumenos* de Térence (15). On tond les chevres dans une grande partie de la Phrygie, parce qu'elles y ont le poil très-long, & l'on en apporte communément ici des tissus de poils & d'autres ouvrages de cette nature, qui portent le nom de *Cilicia* , parce que , dit-on, c'est dans la *Cilicie* que cette espece de tonte a été exécutée pour la premiere fois. Au moment que Cossinius finissoit de parler, sans que personne trouvât rien à reprendre à tout ce qu'il avoit dit, un Affranchi de Vitulus, qui arrivoit

---

(13) C'est-à-dire , *vêtus de peaux* , du mot διφθέρα , qui veut dire , *peau*. On voit par-là jusqu'où remonte l'ancienneté des rôles à manteaux.

(14) Cœcilius Statius, que les uns font Gaulois, les autres Milanois , étoit un Poëte comique , contemporain d'Ennius : il mourut un an après lui. Cicéron le traite de mauvais Auteur pour la Latinité , Horace lui fait plus d'honneur.

(15) Ce Poëte étoit de Carthage , il fut affranchi à Rome par Terentius Lucanus, qui le fit élever si bien , qu'il mérita de devenir l'ami des plus grands hommes de son siecle , notamment de Lœlius & de Scipion ; la pureté de son langage a fait croire que ces deux personnages l'avoient aidé

de ses jardins à la ville , se détourna de notre côté, & nous ayant joint, il me dit : J'allois précisément chez vous, de la part de mon Patron, pour vous prier de ne pas accourcir le jour de la Fête, & de venir en conséquence au plutôt chez lui. Cette invitation fut cause , mon cher Niger Turannius, que nous allames, SCROFA & moi, rejoindre Virulus dans ses jardins , & que les autres se retirerent, partie chez eux, partie chez MENAS.

---

dans la composition de ses Comédies ; & cette opinion étoit déja en vogue du vivant même de Térence , comme on le voit par le Prologue de ses Adelphes.

Fin du Livre deuxieme.

L'ÉCONOMIE
RURALE
DE M. TERENTIUS VARRON.

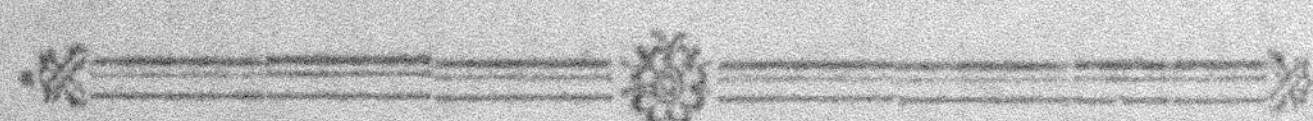

LIVRE TROISIEME.

DE L'ENGRAIS DES ANIMAUX QU'ON NOURRIT DANS L'INTÉRIEUR DES MÉTAIRIES.

CHAPITRE PREMIER (1).

COMME on compte deux genres de vie adoptés parmi les hommes, Q. PINNIUS, sçavoir, la vie de

---

(1) Ceci est plutôt une Introduction, telle que celle qui se trouve au commencement des deux autres Livres, mais nous nous sommes engagés à ne pas changer les divisions par Chapitres, reçues dans nos Auteurs.

la campagne & celle de la ville; il n'y a point de doute que l'un & l'autre ne soient distingués entr'eux, non-seulement par la différence des lieux, mais encore par celle du temps où remonte leur origine. En effet, la vie champêtre est beaucoup plus ancienne que celle que l'on mene à la ville, puisqu'il s'est trouvé des temps où les hommes cultivoient les champs, sans avoir encore de villes. Effectivement la plus ancienne ville de Gréce, suivant la tradition, est celle de Thebes en Béotie, qui a été bâtie par le Roi Ogygès (2), comme la plus ancienne du territoire Romain, est Rome, qui a été bâtie par le Roi Romulus (3) : (car ce n'est qu'à présent, & non pas au temps où Ennius (4) écrivoit (5), que l'on peut

---

(2) C'est un des plus anciens Rois dont il soit fait mention dans l'Histoire, aussi les Grecs, pour désigner une chose très-ancienne, se servoient-ils du mot ὠγύγιος.

(3) Voy. la Note 24 du Chap. I. du Liv. II.

(4) Voy. la Note 6 du Chap. I. du Liv. I.

(5) Le Poëte Ennius mourut vers l'an 584 de la fondation de Rome, ainsi ce passage qu'on trouve dans ses Annales, qu'il a composés vers l'an 558, étoit bien contraire de son vivant à la Chronologie, & quoiqu'il soit permis à un Poëte de s'en écarter, cet Anachronisme est si considérable, que Varron fait très-bien de le critiquer. Ce passage au contraire convient assez bien au temps où écrivoit Varron : puisque c'étoit vers l'an 717 de la fondation de Rome, attendu qu'il mourut l'an 726, suivant Eusebe, à l'âge de 90 ans, & qu'il n'en avoit encore que 80 passés, ainsi qu'il le dit lui-même dans le premier Livre, Chap. I.

dire avec vérité qu'*il y a environ sept cent ans, un peu plus ou moins, que la célebre ville de Rome a été bâtie sous les auspices les plus Augustes.*) Or, quoique l'on dise que Thébes a été bâtie avant le déluge d'Ogygès (6), on ne peut pas cependant faire remonter la fondation de cette ville à plus de deux mil cent ans environ; mais si l'on compare cette antiquité avec celle du temps où les campagnes ont commencé à être cultivées, & ou les hommes habitoient sous des cabanes & des chaumieres, sans sçavoir ce que c'étoit qu'un mur ou une porte, on trouvera que les Agriculteurs précedent les habitans des villes d'une quantité immense d'années; & cela n'est point étonnant, puisque les champs nous ont été donnés par l'Auteur même de la nature, au lieu que c'est l'industrie humaine qui a bâti les villes : cela est si vrai, que l'on assure qu'il n'y a pas plus de mil ans que tous les Arts ont été trouvés en Gréce,

---

(6) Saint Augustin, au Liv. 18 de la Cité de Dieu, dit que ce déluge n'est pas le même que celui qui arriva du temps de Noë, & que sans être aussi considérable que celui-ci, il le fut cependant plus que celui de Deucalion, qui lui fut postérieur. Quoiqu'il en soit, Eusebe & Orose placent le déluge d'Ogygès 1040 ans avant la fondation de Rome ; ainsi, puisque Varron écrivoit ceci (Voy. la Note précédente) vers l'an 717 de la fondation de cette Ville, Thebes, suivant notre Auteur, se trouveroit avoir été bâtie environ 343 ans avant ce déluge. Il est bien difficile de compter sur rien de certain dans une antiquité aussi reculée.

au lieu qu'on a beau remonter à la plus haute
antiquité, on ne peut jamais assigner un temps
où il n'y ait point eu sur terre de champs susceptibles de culture. Non-seulement la culture
des champs est le plus ancien genre de vie, mais
c'est encore le meilleur. Aussi n'est-ce pas sans
raison que nos ancêtres faisoient refluer leurs citoyens de la ville dans les campagnes, afin de
pouvoir être nourris en temps de guerre par des
Romains qui habitassent les campagnes (7). Ce
n'est pas non plus sans raison qu'ils donnoient à la
terre le nom de Mere & celui de Cérès (8) indistinctement, & qu'ils pensoient que ceux qui la
cultivoient, menoient la vie la plus innocente &
la plus utile, & que c'étoient les seuls hommes

---

(7) Effectivement dans l'origine, Rome ne fut remplie
que de gens qui, ne possédant rien dans les campagnes, s'y
refugierent pour y trouver un asyle; mais ensuite les Romains s'étant enrichis par les dépouilles des vaincus, & par
les terres qu'ils conquirent sur les ennemis, accorderent à
ces réfugiés une portion de ces terres plus ou moins consid-
dérable, selon l'importance des services qu'ils avoient ren-
dus à la République : & voilà une des raisons pour lesquelles les Tribus rustiques étoient plus considérées à Rome
que les Tribus de la ville, Pline 18, 3, comme étant les
premieres qui eussent possédé des fonds. Par tout la premiere
Noblesse a été celle des Propriétaires de fonds de terre, &
l'origine du Droit Féodal est plus ancienne que l'on ne pense
communément.

(8) Voy. la Note 9 & 10 du Chap. I. du Liv. I.

qui fuffent reftés de la race du Roi Saturne (9).
Une nouvelle preuve de l'ancienneté de la culture des champs, c'eft que les Sacrifices que l'on
fait à Cérès, font ceux que l'on appelle *Initia* (10),
préférablement à tous les autres. Le nom de
Thebæ, que porte la ville bâtie par Ogygès, ne
prouve pas moins que cela, combien les champs
font plus anciens que les villes, puifque ce nom
ne lui vient point de fon fondateur, mais d'une
certaine efpece de terre. En effet, dans l'ancien
langage, ainfi qu'en Gréce chez les Eoliens, qui
font fortis de la Béotie, on donne le nom de
Teba, fans afpiration, à des collines, & c'eft le
nom dont fe fervent encore aujourd'hui les Sabins, qui habitent un pays où les Pélafgiens fe font
tranfplantés de la Gréce, comme on le voit par
un veftige qui s'en eft confervé dans ce pays,
puifqu'une montagne qui fe trouve fur la voie
Salaria près de Réate, & qui a mille pas de
long, s'appelle *Teba*. Au lieu que dans l'origine,
on ne féparoit pas l'Agriculture de l'Engrais des
beftiaux, vu l'extrême pauvreté de ces temps re-

---

(9) Ce Roi, dont la Mythologie a fait un Dieu, étoit fils
du Ciel. Il détrôna fon pere, & fut détrôné lui-même par
fon fils Jupiter. La Fable raconte qu'il mangeoit tous fes
enfans. Rien de plus ingénieux que le fens allégorique de
toute cette Fable, tel qu'il eft expofé par Cicéron, Liv. II.
de la nature des Dieux.

(10) C'eft-à-dire, *commencemens*. Voy, la Note 9 du
Chap. IV. du Liv. II.

culés, & que les hommes, qui étoient tous descendus de Pâtres, faisoient paître leurs bestiaux
dans le champ même qu'ils ensemençoient ; il
arriva par la suite que ceux qui s'étoient enrichis,
diviserent leur patrimoine, & donnerent lieu par
là aux différentes dénominations d'Agriculteurs
& de Pâtres. Ces derniers furent eux-mêmes di-
visés en deux parties, quoiqu'aucun Auteur jusqu'à présent n'ait encore assez distingué ces deux
parties, dont l'une comprend les engrais qui se
font dans l'intérieur des Métairies , & l'autre
comprend ceux qui se font dans les campagnes.
Cette derniere espece d'engrais à laquelle on a
donné le nom de *pecuaria* (11), est très-connue,
& regardée comme très-noble : elle procure de
grandes richesses aux hommes, & c'est pour s'y
adonner que l'on a soin d'acheter ou de prendre à
loyer des bois : mais, comme l'autre espece d'engrais, qui se fait dans l'intérieur des Métairies, a
paru moins noble, quelques personnes en ont fait
une partie de l'Agriculture, quoi qu'elle fût réellement dans la classe des engrais, & personne que
je sçache n'en a traité *ex professo* d'une façon
complette. C'est pour cela que comme j'étois per-
suadé qu'il y avoit dans l'Economie rurale trois
voies pour se procurer des fruits, sçavoir, l'Agriculture, l'Engrais des bestiaux, & celui des animaux qu'on nourrit dans l'intérieur des Métai-

----

(11) De *pecus*, qui veut dire *bétail.*

ries, j'ai projetté de les traiter chacune dans trois
Livres séparés, dont il y en a déja deux de composés, sçavoir, un premier sur l'Agriculture, que
j'ai adressé à ma femme Fundania, & un second
sur l'Engrais des bestiaux, que j'ai adressé de même à Turannius Niger. Pour le troisieme qui me
restoit à composer sur les fruits, que l'on peut se
procurer par l'engrais des animaux que l'on nourrit dans l'intérieur des Métairies, c'est à vous
que je l'envoie, parce qu'il m'a paru que vous
étiez la personne à qui je devois l'adresser de préférence, à cause de notre voisinage & de votre bon
goût. En effet, quoique vous possédassiez une
Métairie qui se faisoit déja remarquer, tant par
l'élégance dont les murailles en sont crépies dans
l'intérieur, que par les pavés en mosaïque rare,
dont elle est enrichie, vous auriez cru qu'il y eût
manqué quelque chose, si les murailles n'en eussent pas été aussi tapissées de Livres : C'est donc
pour rendre hommage à votre bon goût, que je
vous ai envoyé cet ouvrage, afin de contribuer
autant qu'il seroit en moi, à rendre votre Métairie encore plus accomplie du côté des fruits
que vous en pourrez retirer, que du côté des bâtimens même. Pour le composer, je n'ai eu besoin que de me rappeller des entretiéns tenus sur
ce sujet, auxquels je m'étois trouvé, & qui rou-
loient sur ce qui peut concourir à rendre une Métairie parfaite; voici d'où je commencerai à reprendre ces entretiens.

CHAPITRE II.

COMME le Sénateur (1) Q. Axius qui est de ma Tribu (2), venoit ainsi que moi de donner son suffrage, pendant la plus grande chaleur du jour, dans les Comices (3) qui se tenoient pour l'élection des Ediles (4), & que nous ne voulions pas nous éloigner, afin d'être à portée d'accompagner le Candidat (5), pour lequel nous étions portés

---

(1) Voy. la Note 14 du Chap. IV. du Liv. II.

(2) Cicéron, dans le Liv. III. des Loix, dit positivement que le mot de *Tribu* vient du nombre de classes, dans lesquelles fut d'abord divisé le peuple Romain. Effectivement il n'y en avoit eu dans l'origine que trois, mais ensuite le nombre en monta jusqu'à trente-cinq, sans qu'elles perdissent pour cela leur ancienne dénomination de *Tribus*. Sur ce nombre de trente-cinq, il y en avoit quatre Urbaines, dans lesquelles on avoit fait entrer les affranchis, de sorte que les trente & une autres Rustiques, étant composées d'ingénus, étoient par conséquent les plus honorables. Ajoutez à ceci la Note 7 du Chap. précédent.

(3) On appelloit ainsi les assemblées du peuple Romain, qui se tenoient à Rome pour l'élection des Magistrats, & pour la législation.

(4) Voy. la Note 8 du Chap. VII. Liv. I.

(5) On donnoit ce nom à Rome aux Citoyens qui aspiroient à quelque Magistrature, parce qu'ils étoient habillés de blanc, pour pouvoir être distingués du reste du peu-

d'inclination,

d'inclination, lorsqu'il retourneroit chez lui, Axius me dit : Seriez-vous d'avis que, pendant qu'on fera la revue des suffrages, nous nous missions à l'ombre dans la Métairie publique, au lieu de chercher un mauvais abri sous la tente trop étroite de quelque Candidat (6). Je ne crois pas seulement, lui répondis-je, au proverbe

---

ple. Plutarque donne pour raison morale de cet habillement, que c'étoit pour montrer qu'ils recherchoient les Magistratures avec *candeur* pour le bien seul de la République, & que ne les attendant que de la bonté du peuple, sans se confier en leur mérite, ils paroissoient devant lui dépouillés de toutes marques de distinction extérieures. On a aussi prétendu qu'ils n'avoient que l'habillement de dessous, sans toge, tant afin qu'ils ne pussent pas cacher sous leur toge de l'argent destiné à corrompre les citoyens, que pour que l'on pût voir les cicatrices des blessures qu'ils avoient reçues, & qui étoient les meilleurs titres pour acquérir les honneurs, ou enfin pour montrer leur soumission au peuple, par cette espece d'abnégation d'eux-mêmes désignée par la nudité.

(6) Lorsque le peuple étoit assemblé dans le Champ de Mars pour donner son suffrage, une partie se retiroit dans cette Métairie publique, pendant qu'on faisoit la revue des suffrages ; & les autres se mettoient à l'ombre ou à l'abri sous des tentes, que les Candidats faisoient dresser dans le Champ de Mars pour eux & leurs partisans. Comme ces tentes étoient mal construites, mal couvertes, & le plus souvent trop étroites pour le nombre de personnes qui s'y retiroient, Varron les appelle *Dimidiata*. On voit par Ovide qu'elles n'étoient couvertes que de feuillages, de branches d'arbres & d'habits.

Tome II. S

qui dit , qu'un mauvais conseil est encore pire pour celui qui le donne , que pour celui qui le reçoit ; mais je tiens encore pour certain qu'un bon conseil n'est pas moins salutaire à l'un qu'à l'autre. Nous allâmes donc de concert nous rendre à la Métairie, où nous trouvâmes l'Augure (7) Appius Claudius assis sur un banc, & comme prêt à donner une consultation, si le cas l'eût requis. Il avoit à sa gauche Cornelius Merula de famille Consulaire , & Fircellius Pavo de Réate , & à sa droite Minutius Pica , & M. Petronius Passer. Dès que nous fûmes près de lui, Axius lui dit en souriant : Puisque vous voilà assis au milieu de vos oiseaux (8) , voulez-vous nous admettre dans votre voliere? A quoi il répondit : Certainement je ne ferai pas difficulté de vous y admettre , vous sur-tout qui m'avez servi il y a quelques jours dans votre Métairie de Réate , près du lac Velinus , lorsque j'allois régler les différens d'entre les habitans d'Intéramnia & ceux de Réate , des oiseaux étrangers dont j'ai encore le goût présent à la bouche. Au reste, ne conviendrez-vous pas , ajouta-t-il, que cette Métairie-ci, quoique bâtie par nos ancêtres, est en même-

---

(7) Voy. la Note 4 du Chap. V. de l'Économie rurale de Caton.

(8) Ce bon mot se trouve naturellement appliqué aux surnoms des assistans , *Merula* , *Pavo* , *Pica* , *Passer* , qui signifient *merle* , *paon* , *pie* , *moineau*.

temps & plus simple, & meilleure que celle que
vous avez dans le territoire de Réate, toute recherchée qu'elle est. En effet voit-on ici aucun ouvrage en bois de citronnier (9), ou en or? y voit-on
briller le vermillon ou l'azur? y voit-on enfin des
embellissemens en marqueterie, ou des pavés en
mosaïque? toutes magnificences que l'on trouve
au contraire répandues avec profusion dans la vôtre, quoique cependant celle-ci soit commune à
tout le peuple Romain, & que la vôtre n'appar-
tienne qu'à vous seul; quoique celle-ci serve de
retraite aux Citoyens à la sortie des Comices, &
à tout le monde en général, & que la vôtre ne
serve de retraite qu'à des jumens & à des ânes;
quoi qu'enfin celle-ci soit d'une utilité relative à
l'administration de la République même, puisque
c'est ici que l'on amene les Cohortes (10) devant les
Consuls (11), lorsqu'il est question entr'eux d'en

---

(9) On voit, par plusieurs Epigrammes de Martial, que
ce bois étoit plus précieux à Rome que l'or même. On peut
lire à ce sujet Pline 13, 15, qui fait la réflexion que si les
hommes reprochoient à leurs femmes leur luxe en pierres
précieuses, celles-ci reprochoient à leurs maris leur folle
passion pour les tables de citronnier.

(10) C'étoient les troupes d'Infanterie, composées de plusieurs Compagnies, à peu près comme nos Régimens.

(11) C'étoient les premiers Magistrats de la République.
Ils étoient au nombre de deux, & le premier choisissoit en-
tre les Cohortes celles qu'il vouloit commander pendant son
Ministere.

faire le partage, que c'est ici qu'elles font la
montre de leurs armes, & que les Censeurs (12)
font passer le peuple lorsqu'ils en font le dénombrement. Mais, repartit Axius, quelle est donc
la Métairie que vous regardez comme la plus
utile, ou de celle que vous avez vous même à l'extrémité du Champ de Mars, & qui réunit plus
de magnificence & de superfluités à elle seule,
que toutes celles de tous les habitans de Réate
ensemble, tant elle regorge de peintures & de
statues, ou de la mienne, dans laquelle on ne
trouve pas un seul vestige de Lisippe (13) ou d'An-
ciphile (14), mais où l'on ne rencontre par-tout

---

(12) C'étoient les Magistrats préposés au Cens, c'est-à-dire,
au dénombrement du peuple : chacun alloit tous les cinq
ans leur déclarer son nom, le nombre de ses Esclaves, & la
qualité & quantité de ses biens; cette Magistrature duroit
cinq ans, au lieu que les autres Magistratures étoient an-
nuelles à Rome.

(13) Ce fameux Sculpteur, qu'Alexandre regardoit comme
le seul qui fût digne de faire sa statue, étoit de Sicyone. Pline 37, 7, dit qu'il avoit fait 1500 statues, dont il n'y en
avoit pas une qui n'eût été capable de faire sa réputation;
on calcula ce nombre sur la quantité d'argent que l'on trouva après sa mort dans une cassette, où il avoit mis en réserve un *Denarius* d'or sur ce qu'il avoit reçu pour chaque statue, qu'il avoit faite.

(14) Pline 35, 10 fait mention des ouvrages de ce Peintre Egyptien : Varron le met ici à côté du plus fameux Sculpteur, non qu'il fût de la premiere classe, mais pour critiquer le faux goût de son temps, qui étoit d'avoir des ta-

que des traces de Semeurs & de Pâtres? S'il n'est
pas possible de concevoir une Métairie, sans un
fond considérable bien cultivé qui en dépende,
comment se peut-il que la vôtre soit sans terres,
sans bœufs & sans jumens? & par quel côté enfin
peut-elle ressembler à celle de votre aïeul & de
votre bisaïeul, puisqu'on n'y voit ni foin qui seche sur des planchers, ni vendange dans des celliers, ni moissons dans des greniers, ainsi qu'on
en voyoit dans la leur? car certainement, de ce
qu'un édifice est situé hors de la ville, on ne peut
pas en conclurre que ce soit une Métairie, plus
qu'on ne pourroit conclurre que les maisons de
ceux qui sont logés au-delà de la porte Flumentana, ou dans le fauxbourg Emilien, en sont une,
parce qu'elles sont hors de la ville. Apprus lui dit
en souriant: Comme je ne suis point au fait de
ce que c'est qu'une Métairie, je vous prierai de
me l'apprendre, afin de m'éviter de faire quelque fausse démarche, attendu que je suis en
marché d'une, dans le territoire d'Ostie, avec
M. Selus. En effet, si les édifices qui ne renferment pas d'ânes tel que celui que vous m'avez
montré chez vous, & qui vous a couté quarante
mil *sestertii*, ne sont point des Métairies, j'ai

---

bleaux qui représentassent des personnages dans le genre
bouffon, genre connu sous le nom de *Gryllus*, depuis An-
tiphile qui y avoit excellé dans un portrait au bas duquel il
avoit mis ce nom. Voy. Pline, *ibid.*

bien peut qu'au lieu d'une Métairie que je veux avoir, je ne me trouve faire l'acquisition que d'une simple maison de Seius, qui sera à la vérité bâtie sur le rivage d'Ostie. C'est cependant L. MÉRULA, que vous voyez, qui m'a fait naître le désir de l'avoir, pour m'avoir dit en revenant de chez Seius, où il avoit passé quelques jours, qu'il n'avoit jamais vû de Métairie qui lui eût fait plus de plaisir que celle-là, quoi qu'il n'y eût point trouvé, je ne dis pas seulement des tableaux, ou des statues de bronze ou de marbre, mais pas même d'instrumens de pressoir pour la vendange, de cruches à mettre l'huile, ni de Trapetes (15). AXIUS se retournant vers MÉRULA, lui dit : Dans quelle classe mettrez-vous donc une Métairie pareille, qui n'a ni les ornemens de la ville, ni l'appareil de la campagne? MÉRULA lui répondit : Quoique aucun Peintre n'ait jamais embelli la Métairie que vous avez à l'angle de Velinum, & que les murailles n'en soient pas crépies, croyez-vous que pour cela elle soit moins une Métairie, que celle que vous avez dans la campagne Rosea, dont les murailles sont élégamment crépies, & dont vous partagez la propriété avec votre âne? AXIUS étant tombé d'accord, par un signe de tête, qu'une Métairie, pour être simple

---

(15) Voy. les Chap. XVIII, XIX, XX, XXI & XXII, de l'Economie rurale de Caton, pour l'explication des Pressoirs & des Trapetes.

& ruſtique, n'en étoit pas moins une véritable
Métairie, que celle qui réuniſſoit les agrémens
de la ville & ceux de la campagne, & ayant demandé à MERULA quelle conſéquence il en tiroit : Quelle conſéquence j'en tire, repartit MÉ-
RULA ? c'eſt que ſi l'on doit approuver le fond
que vous poſſédez dans la campagne Roſea, à
cauſe des nourritures que vous y faites, & qu'on
puiſſe lui donner à juſte titre le nom de Métairie, parce que le bétail y paît, & qu'il s'y tient
dans des étables, on doit auſſi, par la même raiſon, appeller Métairie tout édifice dont on retire
des fruits conſidérables, par les nourritures qu'on
y fait, telles que ſoient ces nourritures. Qu'importe en effet que les fruits que l'on retire proviennent des brebis, ou qu'ils proviennent des
oiſeaux ? Trouvez-vous plus doux ceux que vous
rapportent vos bœufs, ces animaux qui engendrent les mouches à miel (16), que ceux que rapporteroient les mouches à miel elles-mêmes, en
travaillant dans des ruches auprès de la Métairie ? & vendez-vous aujourd'hui plus cher au Boucher les verrats qui ſont dans votre Métairie,
que Seius ne vend ſes ſangliers aux débitans qui
les étalent au marché ? Mais qui eſt-ce qui m'empêche, dit AXIUS, d'avoir de ces mouches à miel
dans ma Métairie de Réate ? Ne croiroit-on pas à
vous entendre que le miel ne ſe fait que chez

____

(16) Voy. la Note 16 du Chap. V. du LIV. II.

Seius, & que l'on ne peut faire que du miel de Corſe dans le canton de Réate, ou que le gland acheté à prix d'argent doive engraiſſer les ſangliers chez Seius, & que celui qui ne me coute rien doive les maigrir chez moi? Appius lui répartit : Mérula n'a point dit que vous ne puiſſiez pas faire chez vous les mêmes nourritures que Seius fait chez lui, mais ce qu'il y a de certain & que j'ai vu de mes propres yeux, c'eſt que vous ne les faites pas; au lieu que, comme Seius n'ignoroit point qu'il y a deux eſpeces de nourritures, les unes champêtres, qui comprennent les beſtiaux, les autres qui ſe font dans l'intérieur des Métairies, qui comprennent les poules, les pigeons, les mouches à miel, & les autres animaux qu'on a coutume d'y nourrir, il paroît s'être attaché à la lecture des Livres de Magon le Carthaginois (17), de Caſſius Dionyſius (18), & des autres Auteurs qui ont traité de ces dernieres, ſoit *ex profeſſo*, ſoit dans différens endroits de leurs ouvrages; & c'eſt pour cela qu'il retire plus de profit de ſa ſeule Métairie, par les nourritures de cette derniere eſpece qu'il y fait, que d'autres n'en retirent de l'univerſalité de leurs fonds. Cela eſt conſtant, dit Mérula, car j'ai vu chez lui des troupeaux immenſes d'oies, de poules, de pigeons, de grües, de paons, ainſi que de

---

(17) Voy. la Note 37 du Chap. I. du Liv. I.
(18) Voy. la Note 2 du Chap. XVII. du Liv. I.

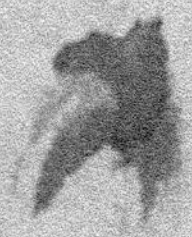

loirs, de poiſſons, de ſangliers, & d'autres bêtes
de chaſſe : & l'affranchi qui tient ſes Livres, que
Varron a vû ainſi que moi, & qui me donnoit
l'hoſpitalité en l'abſence de ſon patron, m'a aſ-
ſuré qu'il retiroit de ſa Métairie ſur ces ſeuls objets, plus de cinquante mil *ſerſtertii* de rente.
Axius paroiſſant ſurpris, je lui dis : Vous con-
noiſſez ſûrement ce fond qui appartient à ma
tante maternelle, & qui eſt au vingt-quatrieme
mille de Rome ſur la voïe Salaria, dans le territoire des Sabins. Pourquoi non, dit-il ? Je le connois ſi bien, que j'ai pris l'habitude, quand je
vais de Rome à Réate, de couper ma journée en
Eté pour m'y arrêter à midi, ou d'y camper pendant la nuit, lorſque j'en reviens en Hiver. Eh
bien, ajoutai-je, je puis vous aſſurer qu'il eſt ſorti
de la ſeule voliere qui eſt dans cette Métairie,
juſqu'à cinq mil grives en un an, qui ont été
vendues à raiſon de trois *denarii* piece, de façon
que ce ſeul objet a rendu cette année-là ſoixante
mil *ſeſtertii*, le double par conſéquent du revenu de votre terre de Réate, toute conſidérable
qu'elle eſt, puiſqu'elle eſt de deux cent *jugera*.
Quoi, ſoixante mil *ſeſtertii*, dit Axius ? ſoixante
mil ! ſoixante mil ! vous vous mocqués. Oui, re-
pris-je, ſoixante mil. Ne conviendrez - vous pas
qu'il vous faudroit pour faire un coup ſemblable,
vous rencontrer préciſément au temps d'un feſtin
public, ou de quelque Triomphe, tel que fut celui de Scipion Métellus, ou de ces repas de

Communautés, dont la fréquence a fait dans certains temps renchérir les vivres au marché? Mais aussi combien de temps n'attendrez-vous pas après cette somme toutes les autres années? au lieu que je me flatte qu'une voliere ne vous manquera jamais, & que vû les mœurs du siecle, il vous arrivera rarement d'être trompé dans les espérances que vous aurez fondées sur elle. En effet, combien peu d'années voyons-nous se passer sans festins publics, sans Triomphes, ou sans ces repas de Communautés, dont la multiplicité fait souvent renchérir aujourd'hui les vivres? Ajoutez, dit MÉRULA, que le luxe est parvenu à un tel point, que l'on pourroit presque dire qu'il se fait tous les jours des festins publics dans l'enceinte de Rome. L. Albutius (19), celui même que vous connoissez pour être savant, & dont les satyres tiennent du style de Lucilius (20), ne disoit-il pas aussi que le fond qu'il possédoit dans le canton d'Albe, étoit toujours d'un revenu bien inférieur à celui de sa Métairie, eu égard aux profits qu'il

---

(19) C'est celui qui, dans son exil à Athènes, s'occupa entiérement des Sciences, comme on le voit par Cicéron, Liv. V. des Questions Tusculanes; Lucilius le badina sur sa manie pour les ouvrages Grecs, dans une Satyre, dont Cicéron nous a conservé un fragment.

(20) C'est le premier Poëte Satyrique Latin, qui ait acquis quelque réputation dans ce genre. Il mourut à Naples à 44 ans, & fut enterré aux dépens du Public. C'est un sort bien étrange & en même-temps bien glorieux pour un Poëte Satyrique.

retiroit des nourritures qu'il faisoit dans celle-ci,
puisque ce fond ne lui rendoit pas en tout dix
mil *sestertii*, au lieu que sa Métairie lui en rendoit à elle seule plus de vingt mil? Il disoit encore que s'il eût eu le bonheur d'avoir une Métairie proche la mer, dans un emplacement choisi
à son gré, il en eût retiré plus de cent mil *sestertii* de revenu. Et lorsque M. Caton (21) eut
accepté de nos jours la tutelle de Lucullus (22),
ne vendit-il pas pour quarante mil *sestertii* de
poissons tirés de ses viviers? Mon cher MÉRULA,
dit AXIUS, instruisez-moi, s'il vous plaît, dans
l'art des nourritures que l'on peut faire dans l'intérieur des Métairies. MÉRULA lui répondit : Je
commencerai mes leçons dès que vous m'aurez
promis mon Minerval (23), que je fais consis-

---

(21) Caton d'Utique, petit-fils de Caton l'ancien, &
Stoïcien aussi severe que son grand-pere; il ne put jamais
parvenir au Consulat, quoiqu'il l'eût demandé. Après la
bataille de Pharsale, il se retira à Utique avec Scipion, où
il se tua. César lui reprochoit, comme un trait d'avarice,
d'avoir cédé sa femme aux instances de son ami Hortensius,
& de l'avoir reprise après la mort de celui-ci, qui l'avoit
instituée son héritiere.

(22) C'est le fils de celui dont il est parlé dans la Note
17 du Chap. II. du Liv. I.

(23) On appelloit ainsi un régal que les Ecoliers faisoient
à leur Maître, ou un présent qu'ils lui donnoient avant
la Fête célébrée en l'honneur de Minerve, qui étoit un temps
de vacances pour eux. Voy. la Note 15 du Chap. I. du
Liv. I.

ter dans un repas. AXIUS : J'y consens, & même dès aujourdhui ; qui plus est, je m'engage à vous servir souvent de cette espece d'animaux, que vous m'aurez appris à nourrir. APPIUS : Effectivement, je ne doute pas que dès qu'il lui sera mort quelque oie ou quelque paon dans les troupeaux de ces sortes d'animaux, qu'il aura formés dans sa Métairie, il ne vous en fasse manger. AXIUS répliqua : Qu'importe au surplus que l'on mange des oiseaux ou des poissons morts de leur mort naturelle, puisqu'on ne peut jamais les manger qu'ils ne soient morts ? Mais je vous prie, MÉRULA, ajouta-t-il, de commencer à m'initier dans l'art des nourritures, que l'on fait dans l'intérieur des Métairies, & de vouloir bien m'exposer l'étendue de cet art, & ses procédés.

CHAPITRE III.

IL faut d'abord, dit MÉRULA, qu'un Propriétaire sçache, quelles sont les bêtes que l'on peut nourrir, & faire paître dans l'intérieur d'une Métairie ou dans ses environs, à l'effet d'en retirer du profit & de l'agrément. Cet art se partage en trois branches : les volieres, les parcs, les viviers. L'on entend dans notre siecle par voliere, un endroit où l'on renferme des oiseaux de toute espece, que l'on a coutume de nourrir dans l'enceinte des Métairies. Je veux que vous n'entendiez pas seulement par parcs, ce que nos Ancêtres entendoient par ce mot, c'est-à-dire, un clôs où il n'y avoit que des liévres, mais toute espece de clôs dépendant des Métairies, & rempli d'animaux de toute sorte qui y paissent. J'entens de même par vivier, tout endroit voisin de la Métairie, qui contient des poissons renfermés soit dans de l'eau douce, soit dans de l'eau salée. Chacune de ces trois branches peut se subdiviser au moins en deux classes, de façon que les animaux à qui la terre suffit, tels que les paons, les tourterelles, les grives, formeront la premiere classe de la premiere branche; & ceux à qui la terre seule ne suffit pas, mais qui veulent encore de l'eau, tels que les oies, les sarcelles, les canards, formeront la seconde. L'autre branche qui tient à la chasse, a de même ses deux classes distinguées, l'une qui comprend les sangliers, les chevreuils, les liévres; l'autre qui comprend d'autres animaux que l'on éleve aussi hors de l'enceinte des Métairies, comme les mouches à miel, les escargots, les loirs. La troisieme branche qui comprend les aquatiles, se divise également en deux classes, puisqu'on nourrit des poissons, partie dans de l'eau douce, partie dans de l'eau de mer. Nous avons donc à traiter de ces six parties. Il faut se pourvoir pour chacune de ces trois branches de trois especes de gens, d'Oiseleurs, de Chasseurs & de Pêcheurs, ou au moins s'adresser aux gens de ces différentes professions, pour faire l'emplette de tout ce qui sera nécessaire, afin que vos Esclaves puissent prendre soin par eux-mêmes de ces animaux pendant leur portée, jusqu'à ce qu'ils mettent bas, & nourrir & engraisser leurs petits, jusqu'à ce qu'ils soient parvenus au point de pouvoir être portés au marché. Ce n'est pas qu'il n'y ait certaines bêtes dont on pourra garnir sa Métairie, sans avoir recours pour les prendre aux filets des Oiseleurs, des Chasseurs ou des Pêcheurs, comme, par exemple, les loirs, les escargots, les poules. Le premier soin, dont les hommes se sont occupés relative à cet objet, a été dirigé vers les animaux que l'on a dans l'intérieur même de la Métairie. Car les Augures (1) de Rome n'ont pas été les seuls dans l'origine, qui se soient pourvus de poulets pour faire leurs cérémonies, & les Chefs de famille ne s'attachoient pas moins qu'eux à en avoir dans leurs campagnes. On a ensuite tourné ses soins du côté des enclos, que l'on a fermés de murailles dans le voisinage de la Métairie, tant pour y chasser, que pour s'y procurer des ruches : car les mouches à miel se contentoient auparavant des toits des Métairies, sous l'entablement desquels elles se mettoient à couvert. Enfin on en est venu à faire des viviers d'eau douce, en ne

____

(1) Voy. la Note 4 du Chap. V. de l'Économie rurale de Caton.

renfermant d'abord chez foi que des poiffons pê-
chés dans les rivieres. On peut confidérer chacune
de ces trois branches fous deux états, celui qui
étoit renfermé dans les bornes de la frugalité an-
tique, & celui auquel le luxe poftérieur a donné
de fi grands accroiffemens. En effet, dans le premier & ancien état de la premiere branche, nos
Ancêtres n'avoient que deux endroits deftinés à
nourrir des oifeaux, fçavoir, une cour par bas,
où ils nourriffoient des poules, dont ils ne retiroient pas d'autres fruits, que des œufs & des
poulets; & un lieu élevé, où ils avoient des pigeons, foit dans des dongeons féparés de la Métairie, foit fur le comble même de fes bâtimens.
Aujourd'hui au contraire on a changé le nom des
endroits que l'on deftine aux oifeaux, en les appellant *ornithones*, & ils ne font plus proportionnés
qu'à la gourmandife du Propriétaire, de façon
que les grives & les paons y occupent des bâtimens plus confidérables, que ceux qu'occupoient
auparavant des Métairies entieres. Il en eft de
même pour la feconde branche, c'eft-à-dire, pour
les parcs, & votre pere, Axius, n'avoit certainement jamais vû dans un parc d'autres animaux
de chaffe que des levrauts. Effectivement on n'a-
voit point alors de ces clôs immenfes, tels que
ceux d'aujourd'hui, qui renferment une quantité
prodigieufe de *jugera* de terrein dans l'enceinte
de leurs murailles, à l'effet de pouvoir contenir
plus de fangliers & de chevreuils. Dans le temps

que M. Pison vous vendit son fond de Tusculum, me dit-il, est-ce qu'il y avoit dans le parc
beaucoup de sangliers? Quant à la troisieme branche, quelqu'un s'avisoit-il d'avoir d'autres viviers
que des viviers d'eau douce, & d'y conserver
d'autres poissons que des *squali* (2) & des *magi-
les* (3)? Y a-t-il au contraire aujourd'hui un seul
Rhinton (4) qui ne dise pas hautement, qu'autant

(1) Pline 9, 24, met ces poissons dans la classe de ceux
qui, au lieu d'arrêtes, n'ont que des cartilages, avec cette
différence qu'ils ne sont point plats, comme les autres poissons cartilagineux. Quoique le P. Hardoin traduise ce mot
par Chiens de mer, il ne paroit pas que ce soient ceux qu'entend ici Varron, puisqu'il ne parle que de poissons d'eau
douce. Mais il est plus aisé de sçavoir ce que ce n'est point,
que de sçavoir ce que c'est.

(3) Pline 9, 15, dit de ces poissons qu'ils sont si prestes,
qu'ils sautent par-dessus un vaisseau d'un bord à l'autre; il
dit aussi 9, 17, que lorsqu'ils sont effrayés ils se cachent la
tête, & croient n'être plus vûs dès ce moment, comme si
tout leur corps étoit caché. Le P. Hardoin veut que ce soit ce
que nous appellons ici des Mulets, & ailleurs des Cabots,
mais la raison de douter de la Note précédente n'est pas
moindre ici. Avouons donc notre ignorance sur tous les
noms anciens comparés aux nôtres.

(4) Rhinton étoit le nom d'un fameux Comédien de Tarente; comme il n'est pas cependant aussi célebre par sa
gourmandise que par ses basses bouffonneries, peut-être
que, sous ce nom emprunté, Varron veut désigner les Comé-
diens Esope pere & fils, tous deux fameux par leur gourmandise & leur prodigalité, comme on le peut voir dans Pline 10, 51: peut-être aussi ne veut-il que désigner en général
un homme de bas aloi.

vaudroit

vaudroit avoir un étang rempli de grenouilles, comme d'en avoir un rempli de ces sortes de poiſſons. Philippe étoit allé loger un jour à Caſino, chez Immidius, & celui-ci lui avoit ſervi un fort beau loup marin (5), qui avoit été pêché dans votre rivière (6), croiriez-vous que Philippe après en avoir goûté, le cracha en diſant : Je veux mourir ſi je n'ai pas cru d'abord que c'étoit un poiſſon ? Voilà, dis-je, comme le luxe de notre ſiecle a étendu les parcs, & comme il a prolongé les viviers juſqu'à la mer, en les rempliſſant de poiſſons marins réunis par troupeaux. N'eſt-ce pas en effet à ces animaux que Sergius Orata, & Licinius Murena doivent leurs noms ? (7) & qui eſt-ce qui ne connoît pas ces viviers ſi fameux de Philippe, d'Hortenſius (8), & des Lucul-

---

(5) Pline 32, 2, raconte de ce poiſſon que lorſqu'il eſt environné du filet, il gratte la terre avec ſa queue, pour faire un trou où il ſe cache juſqu'à ce que le filet ait paſſé outre ; & que, lorſqu'il eſt pris au hameçon, il vient à bout à force de ſe donner des ſecouſſes, d'élargir la plaie & de quitter l'hameçon. Que de prévoyance & de courage en même-temps, ſi cela eſt vrai.

(6) Métula adreſſe ſans doute ces paroles à Varron en le regardant, parce que notre Auteur avoit une Métairie ſous Caſino, comme on le voit par le Chap. ſuivant.

(7) L'un à l'*Orata*, que l'on croit être la Dorade, & l'autre à la Murene ou la Lamproye, *Muræna*.

(8) On l'appelloit dans le Barreau le Roi des Orateurs, à cauſe de ſon éloquence, mais ſes écrits furent au-deſſous

lus (9)? MÉRULA. A présent dites-moi, AXIUS, par où vous voulez que je commence.

CHAPITRE IV.

POUR moi, dit AXIUS, j'aime mieux, comme on dit communément, rester au fond du camp & derriere les *principia* (1), c'est-à-dire, vous voir commencer par le siecle présent, plutôt que par les temps antérieurs; & cela parce que les paons rapportent plus de profit que les poules : je ne vous dissimulerai pas même que je serois fort aise que vous commençassiez par les volieres, puisque les grives ont obtenu le privilege d'être compri-ses sous ce nom, parce que depuis que j'ai enten-du parler des soixante mil *sestertii*, que ces oi-seaux rapportent à Fircellia (2), j'ai une envie

de sa réputation. Voy. son éloge dans le Livre de Cicéron, intitulé *Brutus*, ou *des Orateurs célebres*.

(9) Voy. la Note 22 du Chap. précédent, & la Note 17 du Chap. II. du LIV. I.

(1) C'étoit la partie du camp où étoit la tente du Géné-ral, celle des Tribuns Militaires & des premiers Officiers, & où l'on gardoit les aigles des Légions, & les drapeaux des Cohortes. On lui donnoit le nom de *principia*, soit parce que c'étoit la tête du camp, de *principium*, commence-ment, soit parce que c'étoit le lieu où se tenoient les prin-cipaux de l'armée, de *princeps*, premier.

(2) C'est le nom de cette tante de Varron, dont il a parlé dans le Chap. II.

démesurée d'en avoir. Il y a deux especes de volieres, dit MERULA; l'une qui n'est que pour l'a-
grément, telle que celle que notre ami Varron ici
présent a formée sous Casino (3), & qui a trouvé
bien des partisans en sa faveur, l'autre qui n'est
absolument destinée qu'à rapporter des fruits,
telle que les gens qui étalent au marché en ont, soit
à la ville où ils ont des endroits clos à cet effet, soit
à la campagne où ils en louent exprès, sur-tout
dans le territoire des Sabins, qui est excellent par
sa nature pour les grives, & où en conséquence
l'on en voit souvent venir. Lucullus (4) a tenté
de réunir ces deux especes de volieres en une seule:
il a même exécuté ce projet à Tusculum, en faisant pratiquer dans l'intérieur de sa voliere (5)
& sous un seul & même toit, une salle à man-

---

(3) Il en va donner la description dans le Chapitre suivant. Ce bien de Casinum fut enlevé à Varron par Antoine,
comme on le peut voir par la seconde Philippique de Cicéron.

(4) Voy. la Note 16 du Chap. II. du LIV. I.

(5) C'est cette voliere de Lucullus qui donna occasion au
mot de Pompée cité par Plutarque. Ce grand homme étant
malade, les Médecins lui avoient conseillé de manger des
grives; mais ses Esclaves, chargés d'en acheter, lui disent
qu'elles étoient rares dans la saison présente, & que l'on
n'en trouveroit gueres que dans la voliere de Lucullus,
Pompée leur répondit: C'est-à-dire, que si Lucullus n'é-
toit pas voluptueux, Pompée ne pourroit pas vivre: & en
conséquence il voulut qu'on en achetât à tel prix qu'elles
fussent.

ger (6), où il pût se procurer le plaisir de la bonne chere, & voir d'un seul coup-d'œil des grives cuites arrangées dans un plat, & d'autres encagées voltigeant autour des fenêtres; mais cette nouvelle invention n'a pas pris, parce que le spectacle de ces oiseaux qui voltigent ainsi entre les fenêtres, ne flatte pas autant la vue, que l'odeur incommode qui en résulte, ne fatigue l'odorat.

CHAPITRE V.

MAIS comme j'imagine, AXIUS, que c'est pour les volieres dont on peut tirer du profit, que vous êtes le plus porté d'inclination, je vais traiter non pas de celles dans lesquelles on mange les grives, mais de celles d'où on les tire, lorsqu'elles sont engraissées, pour les manger ailleurs. On fait donc une grande coupole, comme, par exemple, un péristile couvert en tuiles ou en filets, qui puisse contenir quelques milliers de grives & de merles. Il y a des personnes qui y renferment encore d'autres especes d'oiseaux du nombre de

------

(6) Les Romains appelloient *triclinium* leurs salles à manger, du mot τρεῖς, *trois*, & Κλίνη, *lit*. On sçait qu'ils mangeoient couchés sur un lit, comme font encore les Turcs.

ceux qui se vendent un bon prix, lorsqu'ils sont engraissés, tels que les cailles ou les oiseaux que l'on nourrit de millet. On fait venir l'eau dans ce salon vouté par le moyen d'un tuyau, & on préfere de l'y faire serpenter dans de petits canaux qui puissent être nettoyés facilement, plutôt que de la laisser s'étendre au large, parce qu'alors les oiseaux seroient plus en danger de se salir, & auroient moins de facilité pour y boire; il faut par la même raison ménager un passage à l'eau surabondante, au moyen d'une décharge, de peur qu'elle ne vienne à former un gâchis, qui ne pourroit qu'incommoder les oiseaux. Il faut que la porte de ce sallon soit basse & étroite, & dans la forme de celles qu'on appelle *cochleæ* (1) dans les amphitéâtres destinés aux combats des taureaux. Il doit y avoir peu de fenêtres, & elles doivent être disposées de façon qu'on ne puisse appercevoir à travers ni d'arbres dans le voisinage, ni

---

(1) Ces portes, appellées *cochleæ*, étoient vraisemblablement rondes & ouvertes dans une seule partie, à peu près comme les tours de Couvents, excepté que l'ouverture les traversoit de part en part, de façon qu'en les tournant sur elles mêmes, elles ne livroient passage à l'animal qu'autant qu'on le vouloit: car il n'y a pas de porte plus convenable pour arrêter la vivacité des oiseaux, ou pour maîtriser l'impétuosité des bêtes féroces, que l'on lâchoit sur le Théâtre. Elles pouvoient aussi être dans le cas qu'on les ouvrît plus ou moins par le moyen d'une vis, d'où elles avoient pris le nom de *cochleæ*, qui veut dire, *vis*.

d'oiseaux qui soient en liberté au-dehors, parce qu'autrement ce seroit le moyen que les oiseaux qui sont renfermés ne fissent plus que maigrir au lieu d'engraisser, à cause du desir qui les tourmenteroit d'être dans la compagnie de leurs pareils qu'ils verroient. Ils ne doivent donc pas avoir plus de jour qu'il ne leur en faut, pour pouvoir reconnoître l'endroit où ils doivent se percher, celui où est leur mangeaille, & celui où est l'eau. On crépira soigneusement le pourtour extérieur des portes ainsi que celui des fenêtres, d'un mastic bien poli, de peur que les rats ou quelqu'autre bête n'y puissent pénétrer par aucun endroit. On garnira tout le tour des murailles en dedans d'un grand nombre de corbeaux, sur lesquels les oiseaux puissent se percher ; on disposera en outre des perches qui seront fichées en terre à quelque distance de la muraille, sur laquelle elles s'appuieront par le bout d'en-haut, & sur ces perches on en attachera d'autres qui traverseront les premières, & qui seront paralleles entre elles & voisines les unes des autres, à peu près comme on le voit pratiqué dans les *Cancelli* (1) des Théâtres. Il faut qu'il y ait à

---

(1) Ces *Cancelli* étoient formés par des planches paralleles aux gradins, & posées un peu au-dessous du gradin, de façon que celui qui y étoit assis pût enfoncer ses pieds sous ces planches, sans craindre que celui du gradin inférieur ne l'incommodât. Il y avoit en outre sur ces planches des bar-

terre de l'eau pour leur boisson , & pour leur nourriture des pâtes faites avec des figues & de la farine paîtries ensemble. Vingt jours avant de prendre les grives que l'on veut consommer, on les nourrit plus largement, en leur donnant une nourriture & plus abondante & composée de farine plus fine qu'à l'ordinaire. Il faut que les oiseaux trouvent dans ce bâtiment, qui leur sert de cage, outre les perches qui y sont déja , des planches sur lesquelles ils puissent se reposer. Attenant cette voliere, on a la précaution d'en construire une autre plus petite , dans laquelle celui qui est chargé du soin des oiseaux , est dans l'usage de mettre à l'écart ceux qu'il trouve morts dans la grande , afin d'être toujours en état de rendre au Propriétaire un compte fidel du nombre d'oiseaux qu'il a reçu. Lorsqu'on veut retirer de la grande voliere les oiseaux qui sont en état de faire profit, on les chasse dans la petite, qui a à cet effet une plus grande porte, & plus de jour que la premiere, & que l'on appelle à cause de sa destination *seclusorium* (1). Lorsqu'on y a mis à l'écart le nombre d'oiseaux qu'on veut prendre, on les y tue tous, mais en cachette , de peur que les

---

tes perpendiculaires , pour soutenir le corps de ceux qui étoient assis sur le gradin inférieur , afin qu'ils ne puissent pas se jetter en arriere sur ceux du gradin supérieur.

(1) Parce qu'elle sert à séparer les oiseaux que l'on veut prendre , du mot *secludere* , qui veut dire , *renfermer à part.*

autres venant à être témoins de leur mort, ne
se désespèrent & ne périssent eux-mêmes pré-
maturément, & dans un temps qui ne seroit pas
celui du Vendeur. Il y a des oiseaux passagers
qui font ici leurs petits, comme les cicognes qui
les font en pleine campagne, & les hirondelles
qui les font dans les maisons, mais il n'en est
pas de même des grives qui n'en font ici ni dans
un lieu, ni dans un autre : ce n'est pas qu'il n'y
ait des grives femelles, malgré le nom masculin
(4) qu'elles portent, de même qu'il y a des merles mâles, malgré le nom féminin (5) qu'on donne à ces oiseaux. Au surplus, comme entre les
oiseaux, il y en a d'étrangers, tels que les hirondelles & les grues, & de domestiques, tels que
les poules & les pigeons ; il faut remarquer que
les grives sont des oiseaux de passage, qui viennent toutes les années en Italie de par-delà les
mers, vers l'Equinoxe d'Automne, & qui s'en re-
tournent vers celui du Printemps. Il vient pareil-
lement, mais dans un autre temps, une quantité
prodigieuse de tourterelles & de cailles, dont on
est à même d'observer le passage proche d'ici, dans
les Isles Pontia, Palmaria & Pandataria. Car lorsque ces oiseaux viennent dans nos pays, ils séjournent quelques jours dans ces Isles pour s'y reposer, de même que lorsqu'ils quittent l'Italie

---

(4) *Turdus.*
(5) *Merula.*

pour repasser la mer. APPIUS dit à AXIUS : Vous
n'avez qu'à jetter cinq mil oiseaux de cette espece dans une voliere, telle que vient de la décrire MÉRULA, & je vous garantis que pour peu
que l'occasion se présente d'un festin public &
d'un Triomphe, vous serez bientôt dans le cas de
placer à intérêt les soixante mil *sestertii*, après
lesquels vous soupirez si fort. M'adressant ensuite
la parole : Entretenez-nous, me dit-il, de cette
voliere d'un autre genre, que l'on dit que vous
avez formée à plaisir auprès de Casinum, & dans
la construction de laquelle on prétend que vous
avez surpassé de beaucoup, non-seulement votre
modele, je veux dire celle de M. Lœnius Strabon, qui est l'inventeur de ces sortes de volieres
chez nous, & qui a le premier renfermé à Brundusium, où il m'a donné l'hospitalité, des oiseaux
qu'il nourrissoit sous un filet dans un cabinet en
péristile, mais encore celle que l'on admire dans
l'immense bâtiment de Lucullus (6) à Tusculum.
Vous sçavez, lui répondis-je, que j'ai près de la
ville de Casinum un fleuve qui passe au travers
de ma Métairie : l'eau en est claire & profonde,
les rives en sont revêtues de murs, entre lesquels
sa largeur est de cinquante-sept pieds : on le traverse sur des ponts pour passer d'une partie de
ma Métairie dans l'autre partie : il a de longueur
huit cent cinquante pieds, en remontant jusqu'à

---

(6) Voy. la Note 17 du Chap. II. du Liv. I.

mon cabinet d'étude, depuis une Ifle qui fe trouve au confluent de ce fleuve & d'une riviere qu'il reçoit. Au long des bords de cette partie de fon cours, eft une promenade découverte de dix pieds de largeur. Or c'eft entre cette promenade & la campagne qu'eft placée ma Voliere. Deux de fes côtés, le droit & le gauche, font formés par des murs pleins & élevés. Sa largeur entre ces murs eft de quarante-huit pieds. Le plan de cet édifice eft tracé d'après le contour de cette efpece de tablette à écrire, qui a une tête arrondie. La partie quarrée a foixante & douze pieds de longueur, & la partie ronde ajoute vingt-fept pieds à cette premiere longueur. En outre la promenade, dont j'ai parlé, eft tracée de maniere à former comme la marge inférieure de la tablette, de forte cependant qu'il y a entre cette promenade & ma Voliere une efplanade de cinquante-huit pieds de long, au milieu de laquelle répond la principale porte par laquelle on y entre (7). La principale façade préfente un portique régulier, dont les colomnes extérieures, qui font de pierre (8),

---

(7) On verra dans les obfervations qui font à la fuite des Notes de ce Chapitre, la raifon pour laquelle Varron appelle cette porte *cavea*, une *cage*.

(8) Il eft clair, quoique Varron ne le dife point, que ces colomnes étoient élevées fur des piédeftaux, & non fur un ftylobate, puifque dans chaque entrecolomne il y avoit un arbriffeau : au lieu que les colomnes intérieures (que l'on doit fuppofer, quoique l'Auteur n'en parle pas) devoient être éle-

sont séparées par un arbrisseau retenu près de terre dans chaque entrecolomne : le sommet des murs latéraux au droit de l'architrave intérieur du portique, est un filet de fil de chanvre : un filet semblable pend depuis l'architrave jusqu'au stylobate (9). Tout ce vaste vaisseau est rempli d'oiseaux de toute espece : on leur donne à manger à travers les filets, & un petit ruisseau leur

---

vées sur un stylobate ou piedestal continu, qui regnoit d'un des murs latéraux à l'autre sans être interrompu, si ce n'est dans l'entrecolomne du milieu, pour former la principale entrée. Varron va parler de ce stylobate intérieur. Il y avoit donc deux rangs de colomnes, un extérieur & l'autre intérieur : or l'intérieur ne pouvoit pas être porté sur un stylobate, ainsi que Varron le dit, à moins que le rang extérieur ne fût porté par un stylobate semblable, ou par des piédestaux aussi élevés que le stylobate, autrement le portique n'eût pas été régulier ; ainsi puisque les arbrisseaux sont incompatibles avec le stylobate, ce sont donc des piédestaux qui portoient les colomnes extérieures.

(9) Ainsi le premier filet formoit le ciel de cette plus grande partie de la voliere, & il n'y avoit que les portiques qui fussent couverts de façon à garantir de la pluie. Les oiseaux n'avoient aucun accès sous ce couvert, puisque le second filet descendoit de l'architrave au stylobate, & que l'un comme l'autre étoient le terme intérieur de la partie quadrangulaire de la Voliere où les oiseaux étoient renfermés. D'ailleurs des portiques sont couverts en même-temps qu'ils sont ouverts de tous côtés, & ne sçauroient être composés de moins de deux rangs de colomnes isolées ; or rien n'étoit plus naturel que de réserver aux curieux le seul couvert, que cet édifice présentât de ce côté.

potte ses eaux. A quelque distance de la face intérieure du stylobate, tant de celle qui regne depuis l'entrée principale jusqu'au mur à droite,
que de celle qui regne depuis cette même entrée jusqu'au mur à gauche, commencent deux viviers peu larges, mais oblongs, en sens opposé à
celui du portique : ils s'étendent jusqu'auprès de
l'extrémité de la partie quadrangulaire du plan.
Entre ces deux viviers est un sentier, qui n'a de
largeur que ce qu'il en faut pour passer jusqu'à
une piece qui est au-delà. C'est un sallon rond,
circonscrit par deux rangs de colomnes isolées,
qui soutiennent une coupole : Celui de la maison de Carulus (10) peut vous en donner une
idée juste, si vous remplacez par des colomnes ce
qu'il a de murs. Au-delà de ce sallon est un bois
de haute futaie, planté de main d'hommes, &
couvert de façon qu'on n'y voit le jour que par
en bas. Ce bosquet est exactement clôs de murs
élevés. Entre la file des colomnes extérieures qui
sont de pierre, & celle d'un nombre pareil de
colomnes intérieures, qui sont de sapin & très-
sveltes, regne un intervalle de cinq pieds de largeur. Entre les colomnes extérieures est un filet

---

(10) C'est l'Orateur qui, étant Consul avec Marius, avoit
défait les Cimbres, & que ce même Marius condamna ensuite à mourir malgré les instances de plusieurs citoyens,
qui demandoient grace pour lui. Carulus s'enferma donc
dans sa chambre à coucher, & se fit étouffer par la vapeur
de charbons allumés.

de cordes de boyaux, qui forme la parois du fallon, à l'effet qu'on puiſſe, par les entrecolomnes,
découvrir le boſquet & voir ce qui s'y paſſe, ſans
que les oiſeaux puiſſent ſortir. Quant aux entrecolomnes intérieures, la parois en eſt formée par
des filets ordinaires à prendre des oiſeaux (11).
Entre ces derniers filets & les premiers, c'eſt-à-
dire, entre les deux files circulaires des colomnes,
s'élevent des gradins qui forment pour les oiſeaux
une eſpece de petit théâtre (12). On a fiché dans

____

(11) Il eſt à remarquer que le filet ſervant de ciel à la
grande Voliere, étoit de fil de chanvre, ſans doute aſſez groſ-
ſier, parce qu'il étoit expoſé aux injures du temps, & qu'il
ne cachoit rien qu'on eût à regretter; que celui qui cloſoit
le portique d'entrée étoit auſſi de ſemblable fil, parce qu'il
étoit expoſé comme le premier, & qu'il n'étoit pas néceſſaire
qu'il fût délié pour qu'on vît au travers, attendu qu'on ne
pouvoit pas s'en écarter beaucoup; que celui qui enveloppoit
le ſallon étoit de cordes de boyaux, pour qu'il fût en même-
temps très-délié & très-fort, très-délié, pour qu'il laiſſât
paſſer librement la vue ſoit de dehors dans le ſallon, ſoit
du ſallon en dehors, & même du portique d'entrée au boſquet, très-fort, parce qu'il étoit, comme les deux premiers,
expoſé aux injures de l'air. Enfin le filet intérieur, n'étoit
qu'un filet ordinaire à prendre les oiſeaux, donc très-délié,
mais peu fait pour réſiſter à la pluie, auſſi étoit-il à couvert, & le ſeul qui le fût.

(12) Il faut ſuppoſer que le gradin ſupérieur eſt le ſommet du ſtylobate, & que ce ſtylobate n'a de largeur en cet
endroit que ce qu'en exigent les baſes de la colomne de
pierre, & qu'il reprend ſucceſſivement de ſa largeur pour
former chaque gradin; qu'enfin leur hauteur eſt meſurée de

chaque fuſt de colomne une multitude de juchoirs. Or cette voliere particuliere eſt deſtinée
principalement aux oiſeaux, dont la voix eſt la
plus agréable, comme le roſſignol & le merle :
un petit tuyau leur fournit de l'eau, & on leur
donne à manger au travers du filet. Au pied du
ſtylobate (13), s'éleve une aſſiſe de pierres (14),
élevée d'un pied neuf pouces au-deſſus du ſocle
ſur lequel porte le ſtylobate, ſocle déja élevé de
deux pieds au-deſſus de la ſurface du baſſin (15),
& large de cinq pieds (16), afin que les convives
puiſſent marcher à l'aiſe entre les colomnes & les
lits (17). Au bas du ſocle eſt un baſſin environné
d'un ſentier, de la largeur d'un pied : une petite
Iſle en occupe le centre. Le ſocle dans tout ſon
pourtour préſente aux canards des ports creuſés
dans ſon maſſif, pour leur ſervir de retraite. Sur

---

maniere, qu'ils partagent également entre eux la différence
qui ſe trouve entre le ſommet du ſtylobate ſur les colomnes
extérieures, & le plein pied dont il va être queſtion, lequel
eſt au bas des gradins. On conçoit que cette différence eſt
rachetée pour les colomnes intérieures, par un ſocle ſous
la baſe de chacune.

(13) Ce ſtylobate eſt unique pour les deux rangs de colomne, & mutilé en faveur des gradins.

(14) Cette aſſiſe eſt réglée ſupérieurement en parquet,
pour étendre en tirant au centre le plein-pied.

(15) Il va parler de ce baſſin dans un moment.

(16) En ſaillie horiſontale ſur le vif du ſtylobate.

(17) Car cet emplacement, ainſi qu'on va le voir, ſert de
ſalle à manger.

le milieu de l'Isle s'élève une colomne, dans laquelle est scellé un essieu, qui, au lieu de table, porte une roue avec ses raies : mais ces raies au lieu de jantes, c'est-à-dire, au lieu de cette circonférence en couronne de cercle, qui les termine ordinairement, soutiennent une table creuse comme un tympan, large de deux pieds & demi, & profonde d'un palme. L'Esclave qui sert à table la fait tourner. L'objet de cette machine est de servir à la fois tout ce qu'on se propose d'offrir soit à boire, soit à manger, & de le mettre sous la main de tous les convives. De l'intérieur du socle, sur lequel on dresse les lits, sortent les canards pour nager dans le bassin. Ce bassin communique par un petit ruisseau avec les deux viviers dont j'ai parlé, & les petits poissons passent librement de l'un à l'autre. J'oubliois de vous dire que de la table, qui est, comme je l'ai dit, à l'extrémité des raies de la roue, coule, à la volonté de chaque convive, de l'eau chaude ou de l'eau froide, selon le robinet qu'il ouvre. On voit dans la coupole qui couvre ce sallon, l'étoile *Lucifer* pendant le jour, & l'étoile *Hesperus* pendant la nuit (18), qui en suivent le bord & marchent

---

(18) Les anciens, mauvais Astronomes (Voy. la Note 7. du Chap. XXVIII. du Liv. I.) faisoient deux étoiles de cette planete, que nous connoissons sous le nom de Vénus, & qui, comme dit Pline, mieux instruit que Varron, 2, 8. prévient le jour le matin, comme un autre Soleil, & en prolonge la lumiere le soir, comme une autre Lune.

à telle mesure, qu'elles marquent l'heure qu'il
est. Dans le haut de cette même coupole est peinte autour d'un tourillon, comme à Athènes dans
l'Horloge que fit cet Artiste de Cyrrhus (19), la
rose des huit vents (20), sur laquelle une aiguille,
portée par ce tourillon, se meut de telle maniere,
qu'elle indique le vent qui soufle dans le moment, & qu'on n'a pas besoin de sortir pour
sçavoir quelle heure il est. Pendant que nous nous
entretenions ainsi, nous entendîmes une clameur
dans le champ de Mars. Comme nous érions
tous au fait de ce qui se passe dans les Comices,
parce que nous y avions tous concouru ensemble
en différentes occasions, nous ne fûmes pas surpris de cet événement, que nous attribuâmes
à l'esprit de parti de ceux qui donnoient leur
suffrage, mais nous cherchions cependant à sçavoir de quoi il s'agissoit, lorsque PANTULÆIUS
PARRA (21) vint à nous, & nous dit que

---

(19) Vitruve en citant cet Horloge, en appelle l'Auteur
Andronicus Cyrrhestes, c'est-à-dire, de la ville de Cyrrhus,
par conséquent *Cyrrhestes* n'est pas un nom propre, mais la
patrie de l'Artiste, que Varron ne nomme pas, comme étant
connu de ceux à qui il parle.

(20) Les anciens qui n'avoient d'abord distingué que
quatre vents, ensuite huit, en ajouterent encore quatre à
ces huit premiers, ce qui fit douze ; mais ils aimerent mieux
s'en tenir à l'ancienne division en huit, ainsi que nous l'apprend Pline, 2, 47.

(21) *Parra* est le nom d'un oiseau qu'on regardoit comme

lorſqu'on étoit occupé à faire le relevé des ſuffra-
ges, on avoit ſurpris quelqu'un auprès de la table
ſur laquelle ſe faiſoit cette opération, qui jettoit furtivement de nouveaux bulletins dans
la bourſe d'un des Candidats, & que ceux qui
favoriſoient les autres Compétiteurs avoient traî-
né ce particulier devant le Conſul (22). PAVO ſe

---

de mauvais augure, & dont le chant étoit déſagréable. Varron qui choiſit toujours pour ſes Interlocuteurs des perſonnes, dont les noms ſoient analogues à l'objet qu'il traite,
n'auroit-il pas affecté par hazard de ſuivre ſa méthode juſ-
ques dans ce perſonnage épiſodique ?

(22) Voy. la Note 10 du Chap. II. Pour entendre ce paſſage, il faut ſçavoir comment ſe faiſoit à Rome l'élection des
Magiſtrats. Chacun apportoit de chez ſoi un bulletin, *tabula*,
ſur lequel étoit écrit le nom du Candidat qu'il vouloit nommer, ou bien on donnoit dans le Champ de Mars même un bulletin en blanc à chaque citoyen, afin qu'il le remplît du nom
qu'il jugeroit à propos. Chacun mettoit ſon bulletin dans une
urne, après quoi il étoit queſtion de faire le relevé de ces ſuf-
frages, *diribere*, ce qui ſe faiſoit en écrivant ſur des tablettes, combien chaque Candidat en avoit en ſa faveur, ou en
tranſportant, comme ici, de l'urne où étoient tous les ſuffra-
ges, ceux qui favoriſoient un Candidat, pour les mettre
dans une bourſe particuliere, *loculus*; il y avoit autant de
ces bourſes particulieres que de Candidats. On voit par-là
qu'il étoit néceſſaire qu'il y eût des gardiens, *cuſtos*, qui
veillaſſent à ce que l'on ne fît aucun tort à un Candidat en
faveur d'un autre. Or ces gardiens ſe veilloient mutuellement, & il arrivoit quelquefois qu'ils ſurprenoient ceux
d'entre eux qui commettoient quelque friponnerie, comme ici.
La friponnerie la plus commune conſiſtoit à augmenter le

leva auffi - tôt, parce que le bruit couroit que c'étoit le gardien du Candidat qu'il protégeoit, qui avoit été furpris dans cette fraude.

---

nombre des fuffrages en faveur d'un Candidat, par un nombre de bulletins qu'une même perfonne jetroit ou dans l'urne générale, ou dans la bourfe particuliere de ce Candidat. Plutarque, dans la vie de Caton d'Utique, rapporte une fraude de ce genre. Caton s'étant apperçu dans des Comices tenus pour l'élection des Ediles, qu'il y avoit un grand nombre de bulletins en faveur d'un Candidat, qui étoient tous écrits de la même main, & jugeant de là qu'un autre Candidat, qu'il protégeoit, n'auroit pas pû réuffir, découvrit la fraude, & parvint à faire annuler tout ce qui avoit été fait.

Obfervations fur la Voliere de Varron.

ON auroit lieu de s'étonner qu'un Auteur tel que Varron, qui le plus fouvent en dit plus qu'il ne faut, fe fût difpenfé de tous les détails néceffaires fur un objet, qui fe trouve annoncé dans fon Livre de maniere à donner aux Lecteurs la plus grande envie de le connoître, ou qu'il eût été auffi peu jaloux de fe faire entendre qu'il le paroit, fi l'on ne voyoit clairement que fon Texte a été mutilé, corrompu & défiguré de mille manieres, foit par les Anciens copiftes, foit par les Typographes qui leur ont fuccédé, foit enfin par les Grammairiens qui, fans aucune connoiffance des Arts, fe font mêlés de corriger des articles, dont l'intelligence fut toujours réfervée aux Artiftes. Il n'eft plus poffible aujourd'hui de rétablir le Texte dans fon premier état, mais nous nous flattons que notre verfion donnera au Lecteur l'idée la plus approchante de celle, que l'Auteur s'eft propofé de rendre. Pour la rendre encore plus nette, nous allons examiner le mot de *cavea*, que nous avons rendu par *porte*, ajouter quelque supplément au Texte en conséquence de ce mot, & enfin dissiper les doutes que le Lecteur pourroit conserver sur le sens que l'on a donné à quelques autres mots.

Le stylobate qui circonscrivoit le sallon, étoit sans doute interrompu dans l'entrecolomne du milieu du côté de la grande Voliere, à l'effet de loger un nombre suffisant de marches pour monter, non sur le haut des gradins, ç'eût été monter pour redescendre, mais sur ce plein-pied que l'Auteur nomme *lapis*, & qu'il dit clairement être au dessous du stylobate, *subter columniarum stylobatem*. Ce stylobate, disons-nous, étoit interrompu, sinon pour loger les marches indispensablement nécessaires, au moins pour ouvrir un passage, si l'on suppose les marches en perrons extérieurs. Il falloit donc que le filet de cordes de boyaux & le filet ordinaire à prendre des oiseaux, fussent ouverts au droit de ce passage : dès lors ni la Voliere particuliere, ni la grande Voliere n'auroient plus été closes. Pour rétablir cette clôture & la conserver, on avoit visiblement pris le parti de former en filets convenables les parois & le plafond de chaque passage, & d'en fermer l'entrée & la sortie par des ventaux de porte, dont les panneaux ne fussent que de filets comme le reste. La raison en est claire : ces portes surmontoient de beaucoup le gradin supérieur, c'est-à-dire, la hauteur du stilobate, & cette hauteur avoit été réglée de façon, que du plein-pied général, étant debout, on vit sans gêne par-dessus (ce qui la fixoit à quatre pieds & demi à peu près) & celle du plein-pied, nommé *lapis* dans le Texte, fixée à un pied neuf pouces, n'avoit été arrêtée là, que pour que les convives couchés sur leurs lits vissent par-dessus le stylobate, & néanmoins ne fussent pas trop élevés au-dessus du bassin. Mais toute autre parois & tous autres ventaux que des filets, auroient fait perdre ces avantages : or de pareils passages tiennent assez de la cage, *cavea*, & l'Auteur qui se montre naturellement porté à jouer fur les mots, a bien pû fe fervir de celui-là, pour défigner des paffages fermés de ventaux à l'entrée & à la fortie, à l'effet que la porte que l'on vient de paffer foit fermée, avant qu'on ouvre la feconde, & dont les parois, les ventaux & le plafond font de filets, comme le refte de la clôture.

Il ne fera peut-être pas inutile d'expofer ici l'idée que nous nous fommes formée de cet édifice fomptueux & recherché, quand ce ne feroit que pour répondre à bien des queftions, qu'on pourroit élever fur la Traduction & même fur l'Original.

Comment, par exemple, les oifeaux pouvoient-ils fe paffer de tout toît dans la grande Voliere? quelles étoient leurs retraites, lorfqu'il furvenoit des orages, principalement des grêles? comment deux morceaux d'Architecture, de l'importance du portique droit & du portique circulaire, qui, felon le Texte, ne pouvoient pas avoir moins de dix pieds d'entrecolomnes, mefurés d'Axe en Axe, étoient-ils liés? ou étoient-ils fans liaifon convenable, quoiqu'appartenant à la même piece? &c. Sans répondre à chaque queftion en particulier, ce qui allongeroit trop cette Note, il fuffira de répondre à toutes en général.

Le niveau des terreins adjacens, & celui de l'atrafement des fondations, ou de l'alége des ftylobates & des piédeftaux, étoient le même, celui des eaux étoit de deux pieds plus bas, *ipfum fulere ad duo pedes altum à ftagno*. La hauteur des ftylobates & des piédeftaux ne pouvoit pas aller à cinq pieds fans défectuofité, puifqu'ils auroient gêné la vue de ceux qui fe promenoient fur le bord du fleuve, & leur auroit intercepté le coup-d'œil des viviers, &c. Par la même raifon, le ftylobate du fallon étoit au même niveau que celui du portique d'entrée, d'autant plus que priver ceux qui étoient fous celui-ci de la vue du bofquet au travers du fecond, c'eût été les appeller à un tableau, & le couvrir à leur arrivée. Ces deux portiques étoient donc de même ordre &

ſur même module, & faiſant partie du même tout, ils ne devoient point être ſans liaiſon; nous croyons donc que les deux murs de côté n'étoient point nuds, mais que le ſtylobate paroiſſoit ſous ces murs comme ſous les colomnes des portiques, que l'entablement regnoit ſur les uns comme ſur les autres, & que tout étoit fidelement raccordé d'un bout à l'autre : nous croyons même que ces murs étoient décorés d'ornemens ſaillans & d'ornemens rentrans, comme de niches & même de boulins, mais diſtribués de façon à faire décoration

Mais, quoi! les viviers étoient-ils donc à deux pieds au-deſſous du niveau des ſentiers ou des allées qui les environ-noient? nous ne le penſons pas, nous croyons au contraire que ces allées étoient à fleur d'eau, & que le *ſalere* qui cir-conſcrivoit l'étang & ſon ſentier, regnoit tout autour de la grande Voliere, non auſſi large qu'autour de l'étang, mais en forme de banquette creuſée en loges, comme celles d'au-tour de l'étang; & que, pour paſſer de l'entrée principale au ſallon, il falloit deſcendre près de deux pieds, & les re-monter au bout du ſentier intermédiaire, pour arriver à la premiere marche de l'eſcalier qui montoit au ſallon.

Le Portique du côté du fleuve étoit donc compoſé de douze colomnes ſur deux rangs de ſix, comptant de chaque côté la terminaiſon du mur pour une colomne du rang intérieur. Le Portique rond étoit compoſé de douze colomnes extérieures & de pierre, & de douze colomnes de ſapin en-dedans : les côtés n'étoient liés à ce ſecond Portique que par le ſtylo-bate & l'entablement, qui l'un & l'autre retournoient d'é-querre à la terminaiſon des murs & de la partie parallélo-grammatique de l'édiſice, dont ils formoient les deux grands côtés; une nappe de ſilets ſermoit chacune de ces portions d'entrecolomnes. La terminaiſon des murs latéraux, dont nous venons de parler, répondoit non au centre du ſallon, mais de chaque côté à la colomne qui le précédoit, c'eſt-à-dire, à la troiſieme en comptant de l'entrée, tant en allant à droite qu'en allant à gauche, de sorte que le centre de la rotonde étoit d'un demi entrecolomne en avant de la ligne du parallélogramme, qui se trouvoit opposée à la principale entrée ; c'est par cette raison que la partie, *quâ ad capitulum rotundus est*, est de vingt-sept pieds, quoique le rayon extérieur ne puisse être que d'environ vingt-deux.

Les colomnes intérieures du Portique circulaire, celles de sapin, quoique plus grêles que celles de pierre, quoiqu'élevées sur des socles d'un pied & demi, montoient à la même hauteur que celles de pierre, portoient comme elles leur côté d'un sofite, & leur peu de diametre en raison de leur hauteur ne choquoit pas, vû leur rapprochement du centre général, par rapport à celles de la file extérieure : elles n'étoient couronnées que de l'architrave, de là s'élançoit la coupole de charpente, mais peinte de maniere à la laisser croire de pierre, comme les colomnes du dedans.

Voici enfin comment nous distribuons les quarante pieds de diametre de la rotonde, pris d'Axe à Axe des colomnes extérieures : 1°. Pour les deux largeurs entre les deux files du Portique circulaire, selon le Texte, dix pieds, *locus est p. V latus* ; 2°. pour deux largeurs du parquet, nommé dans le Texte *lapis*, y compris deux demi-diametres de colomnes à leur embasement, & même au socle, douze pieds ; 3°. pour l'étang & son sentier dix-huit pieds, ensorte que ce Bassin pouvoit avoir de treize à quatorze pieds de diametre.

Les lits des convives s'étendoient en encorbélement sur l'étang, & portoient chacun une petite table particuliere, puisque l'autre étoit toujours prête à fuir de devant chaque convive, par conséquent la table tournante n'avoit pas sept pieds de diametre.

CHAPITRE VI.

RIEN ne vous empêche à présent de traiter des paons, dit AXIUS, puisque FIRCELLIUS est parti : car, s'il étoit présent, & qu'il vous échappât de n'en pas parler congruement, je ne répondrois pas qu'il ne s'élevât entre vous deux quelque altercation, vû l'affinité qui est entre lui & ces animaux (1). MERULA reprit donc ainsi : Ce n'est que de notre temps qu'on a commencé à se mettre dans le goût d'avoir des troupeaux de paons, & d'acheter fort cher ces sortes d'oiseaux. On dit que M. Aufidius Lurco en tire plus de soixante mil *sestertii* de revenu. Il faut avoir dans ce genre un peu moins de mâles que de femelles, si on ne consulte que le profit ; mais c'est tout le contraire, lorsqu'on ne cherche que l'agrément, parce que les mâles font plus beaux que les femelles. On prétend qu'il se trouve par-delà les mers des troupeaux de paons sauvages, dans certaines Isles, comme, par exemple, dans le bois consacré à Junon (2) dans l'Isle de Samos, & dans celui qui

---

(1) Cette plaisanterie tombe sur le nom de *Pavo*, *paon*, que portoit Fircellius.

(2) Voy. la Note 5 du Chap. CXXXIV. de l'Economie rurale de Caton.

V iv

appartient à M. Pison dans l'Isle Planasia. Quand
on veut former un troupeau de paons, il faut les
choisir dans le bon âge, & d'une forme agréable,
d'autant que la nature a donné à cet oiseau la
palme sur tous les autres en fait de beauté. Les
femelles ne sont point propres à être coquées avant
l'âge de deux ans, non plus que lorsqu'elles sont
vieilles. On les nourrit en leur jettant toute sorte
de grain, & sur-tout de l'orge. Aussi Seius (5) leur
donne-t-il par mois un *modius* d'orge, & il en
augmente la quantité dans le temps de la ponte,
& même avant qu'elles commencent à se laisser
coquer. Il exige que son Intendant lui rende trois
petits par chaque paone, & lorsqu'ils sont devenus grands, il les vend cinquante *Denarii* pièce,
de façon qu'il n'y a pas de brebis dont le profit
monte aussi haut. Il ne se contente pas de ces petits, mais il achete en outre des œufs de paones
qu'il fait couver à des poules, & il transporte les
paoneaux, qu'elles ont fait éclorre, dans le sallon
voûté qui sert de retraite à ses autres paons. Cette
retraite doit être d'une grandeur proportionnée à
la quantité de paons que l'on a ; ils doivent tous
y avoir chacun leurs lits séparés : ces lits sont élevés de terre & bien enduits, pour que les serpens
ni aucune autre bête n'en puisse approcher. Il
faut aussi que ces oiseaux aient devant eux un

---

(5) C'est celui dont il a loué la bonne économie en fait
de nourritures faites dans les Métairies, Chap. II.

endroit où ils soient à même d'aller paître les jours
qu'il fera soleil. Ils veulent que leur retraite, ainsi
que l'endroit où ils vont paître, soit propre : c'est
pourquoi celui qui est chargé d'en prendre soin,
doit visiter l'un & l'autre la pelle à la main, pour
en enlever le fumier & le garder, parce qu'il est
d'une grande utilité, tant pour l'Agriculture, que
pour servir de litiere à leurs petits. On dit que
c'est Q. Hortensius (4) qui a le premier fait servir
des paons dans un repas somptueux, qu'il donna
à sa réception dans la place d'Augure (5); mais
on ajoute que cette action fut plutôt approuvée
pour lors par les débauchés, que par les honnêtes
gens, qui se piquoient un tant soit peu de rigidité
dans les mœurs (6). Cependant son exemple ayant
été bientôt suivi par une multitude de personnes, ces oiseaux sont montés à un prix si exorbitant, que leurs œufs se vendent cinq *Denarii* piece, & qu'on n'a pas de peine à les vendre eux-
mêmes cinquante *Denarii* piece, de façon qu'un
troupeau composé de cent paons, peut rapporter
aisément quarante mil *sesterii*, & qu'il pourroit
même aller jusqu'à soixante mil, si l'on exigeoit

---

(4) Voy. la Note 8 du Chap. III.

(5) Voy. la Note 4 du Chap. V. de l'Economie rurale de
Caton.

(6) Ælien, *liv. V. de la nature des animaux, Ch. XXI*,
ajoute même qu'Hortensius fut traduit en Justice pour cette
action.

trois petits par paones, ainsi que le disoit Albutius (7).

***

CHAPITRE VII.

SUR ces entrefaites un Appariteur (1) d'APPIUS vint l'avertir de la part du Consul (2), que les Augures (3) étoient mandés. En conséquence il sortit de la Métairie. Il ne fut pas plutôt parti, qu'il y entra une volée de pigeons, ce qui donna occasion à MÉRULA de dire à AXIUS : Si vous eussiez jamais construit un colombier, vous vous imagineriez que ces pigeons-ci vous appartiendroient, tout sauvages qu'ils seroient. Car il y a ordinairement de deux especes de pigeons dans un colombier; les uns qui sont sauvages, ou, comme d'autres les appellent, *saxatiles* (4), & qui se retirent dans des tours ou sur les combles des Métairies. D'où vient qu'on a donné le nom de *columbæ* (5) à ces animaux, parce qu'à raison de

---

(7) Voy. la Note 16 du Chap. II.

(1) On donnoit ce nom à tout Officier subalterne, qui étoit aux ordres d'un Magistrat quelconque, comme le Licteur, l'Huissier, le Crieur, &c.

(2) Voy. la Note 10 du Chap. II.

(3) Voy. la Note 4 du Chap. V. de l'Economie rurale de Caton.

(4) C'est-à-dire, *vivans dans les rochers.*

(5) Du mot *columen*, qui signifie *comble.*

leur timidité naturelle , ils se retirent sur les lieux les plus élevés des bâtimens ; c'est pour cela que les pigeons sauvages s'attachent principalement aux tours qu'ils trouvent dans un fond , & qu'on les y voit aller & venir naturellement , & d'eux-mêmes. Les pigeons de la seconde espece sont plus attachés à l'homme , & se contentent de la nourriture qu'on leur donne dans les maisons : l'on est dans l'usage de les élever dans l'intérieur des Métairies. Ceux de cette derniere espece sont particuliérement blanchâtres , les autres sont bigarrés , mais sans aucune teinture de blanc : de ces deux races, on en forme une troisieme, qui est celle que l'on destine à rapporter du profit , & qui est de couleur mêlangée : on renferme ceux de cette troisieme espece dans un bâtiment, que les uns appellent περιστερεῶν (6), les autres περιστερο-τροφεῖον (7). Il s'en trouve jusqu'à cinq mil d'enfermés dans un seul de ces bâtimens, qui doivent être couverts dans la forme d'une grande coupole, & de plus avoir une porte étroite & des fenêtres à la Carthaginoise (8), ou plus larges, mais toujours garnies de treillis, tant en dedans qu'en dehors, afin que tout le bâtiment soit éclairé,

---

(6) De περιστερά, qui veut dire, *colombe*.

(7) De περιστερά, *colombe*, & de τρέφω, qui veut dire, *nourrir*.

(8) Voy. la Note 7 du Chap. XVIII. de l'Economie rurale de Caton.

sans cependant qu'aucun serpent, ou aucun autre animal mal-faisant y puisse entrer. On crépit toute l'étendue des murailles par-dedans, ainsi que les voutes, avec un enduit de marbre pilé, que l'on polit le plus que l'on peut; on enduit de même tout le tour des fenêtres par-dehors, pour empêcher que quelque rat ou quelque lézard ne vienne à se glisser dans les boulins : car il n'y a pas d'animal plus timide que le pigeon. On dispose pour chaque couple de pigeons des boulins de forme ronde, que l'on range par ordre en les serrant les uns contre les autres : il faut qu'il y en ait le plus grand nombre de rangs possible, depuis le plein-pied jusqu'à la voute : chacun de ces boulins doit être placé de façon qu'il présente une ouverture, par laquelle le pigeon puisse y entrer & en sortir, & l'intérieur doit en être de trois palmes en tout sens. Sous chaque rangée de boulins on attache à la muraille des tablettes de deux palmes de largeur, qui servent de vestibule aux pigeons, & sur lesquelles ils se posent avant d'entrer au boulin. Il faut avoir soin qu'il y ait une conduite pour l'eau, afin que les pigeons aient la facilité de boire & de se baigner : car ces oiseaux sont très-propres. C'est pourquoi celui qui est chargé de prendre soin du colombier, doit le balayer plusieurs fois par mois, parce que le fumier, dont il est plein & qui ne peut que le salir, est très-propre pour l'Agriculture, jusques-là que quelques Auteurs ont écrit que c'étoit le meilleur de tous les fumiers. Il doit auſſi traiter les pigeons malades, s'il y en a, retirer ceux qui ſont morts, & prendre les petits qui ſeront bons à être vendus. Il faut auſſi avoir un endroit particulier, où l'on transférera les femelles qui couveront, & où elles ſeront ſéparées des autres, par le moyen d'un filet, de façon cependant qu'elles aient la liberté d'en ſortir au-dehors. Cette méthode eſt fondée ſur deux raiſons, premiérement, afin que ſi elles viennent à ſe dégoûter ou à s'ennuyer d'être renfermées, elles ſoient à portée de ſe ragaillardir, en allant jouir au milieu des champs d'un air plus libre ; ſecondement, afin qu'elles en attirent d'autres au colombier, où elles ne manquent jamais de revenir à cauſe de leurs petits, à moins que des corbeaux ne viennent à les tuer, ou que des éperviers ne les ſurprennent. Ceux qui prennent ſoin du colombier, viennent ordinairement à bout de détruire ces animaux mal-faiſans, en leur tendant le piege que voici. Ils enfoncent en terre deux baguettes frottées de glû, qu'ils recourbent l'une ſur l'autre, & attachent enſuite entre ces deux baguettes un pigeon, que les éperviers ne manquent pas d'attaquer, moyennant quoi ils ſont infailliblement pris au piege, parce qu'ils s'empêtrent dans la glû. Il eſt aiſé de voir que les pigeons ſont faits à revenir aux lieux d'où ils ſont partis, puiſque bien des perſonnes en tirent de leur ſein, pour les mettre en liberté ſur le Théâtre; ce qu'ils ne feroient pas, s'ils n'étoient pas sûrs qu'ils dussent revenir, comme ils font en effet. On leur met à manger autour des murailles dans des auges, que l'on remplit par dehors avec des tuyaux. Ils aiment le millet, le bled, l'orge, les pois, les haricots, l'ers. Il faut aussi, tant qu'on le pourra, attirer dans les colombiers les pigeons sauvages, qui feront dans les tours & sur les combles des Métairies. Il faut les prendre dans le bon âge, c'est-à-dire, ni trop jeunes, ni trop vieux, & en avoir autant de mâles que de femelles. Il n'y a point d'animaux plus féconds que les pigeons, puisqu'il ne leur faut que quarante jours pour concevoir, pondre, couver leurs œufs & élever leurs petits. Encore s'acquittent-ils de ces différentes fonctions presque dans tout le courant de l'année, sans discontinuer, si ce n'est depuis le Solstice d'Hiver jusqu'à l'Equinoxe du Printemps. Leurs petits naissent toujours deux à la fois, & dès qu'ils ont pris leur croissance, & qu'ils font devenus un peu forts, ils en font d'autres avec les meres. Ceux qui font dans l'usage d'engraisser les petits pour les vendre plus cher, les mettent à l'écart dès qu'ils ont des plumes, après quoi ils les empâtent avec du pain blanc mâché, deux fois par jour en Hiver, & trois fois en Eté, sçavoir le matin, à midi & le soir; c'est la portion de midi qu'ils retranchent en Hiver. Ils laissent dans le nid ceux dont les aîles commencent à pousser, après leur avoir cassé les pattes, & ils donnent alors aux meres une nourriture plus abondante, parce qu'il leur en faut pour toute la journée, tant pour elles que pour leurs petits. Les pigeons élevés de cette façon engraissent plutôt, & sont toujours plus blancs que les autres. Quand les peres & meres sont beaux, d'une belle couleur, sans deffaut, & d'une bonne race, on les vend communément à Rome deux cent *nummi* la paire, & même mil quand ils sont d'une beauté rare. Ces jours-ci, le Chevalier Romain (9) L. Axius disoit à un homme qui lui en offroit mil *nummi*, qu'il ne les lui laisseroit pas à moins de quatre cent *denarii*. Si j'eusse pû acheter, dit Axius, un colombier tout fait, avec la même facilité que j'ai acheté des boulins de terre cuite, lorsque j'en ai voulu avoir chez moi, j'en aurois déja fait l'emplette, & je l'aurois envoyé à ma Métairie. Comme si, dit Pica, un colombier devoit être nécessairement dans une Métairie, & qu'il n'y en eût pas plusieurs, même à la ville? Est-ce que vous vous imaginez que ceux qui ont des boulins sous la couverture de leurs maisons, ne peuvent pas être comparés à ceux qui ont des colombiers, quand au contraire il y en a parmi les premiers qui possedent pour plus de cent mil *sestertii* d'ustenciles dépendans de cet objet. Je crois donc qu'avant de construire un colombier à la campagne, vous feriez bien d'acheter de ceux qui sont dans ce cas là, un assortiment

---

(9) Voy. la Note 4 du Chap. II.

complet de ces sortes d'uftenciles , pour apprendre à faire ici, dans la ville même , un gain confidérable , & mettre tous les jours un *As* ou au moins un demi *As* en poche fur cet objet.

CHAPITRE VIII.

IL dit enfuite à MÉRULA : Achevez le fujet que vous aviez entamé. Il faut , dit MÉRULA, difpofer de la même façon que pour les pigeons , un endroit pour les tourterelles , qui foit d'une grandeur proportionnée à la quantité que vous en voulez nourrir, & muni, ainfi que je l'ai dit en parlant des colombiers , d'une porte, de fenêtres , d'eau pure , de murs & de voûtes bien crépies. Mais au lieu de boulins, on fe contenteta d'appliquer au mur des juchoirs ou des corbeaux de bois rangés par ordre , fur lefquels on étendra de petites nattes de chanvre. Il faut que le dernier rang d'en-bas foit élevé au-deffus de terre au moins de trois pieds, qu'il y ait un intervalle de neuf pouces entre tous les autres , & que le plus élevé touche à la voûte à un demi-pied près. Cette diftance fera auffi celle dont chaque bout de corbeau fera écarté de la muraille; c'eft-là que les tourterelles fe tiendront jour & nuit. Pour leur nourriture , on leur jette à peu près la valeur d'un *femodius* de froment fec pour cent

vingt

vingt tourterelles, & on balaye tous les jours l'endroit où elles sont, de peur qu'elles ne soient incommodées par leur fiente, que l'on garde aussi précieusement que celle des pigeons pour la culture des terres. Le temps le plus convenable pour les engraisser, c'est aux environs de la moisson, parce que c'est le temps où les meres sont les meilleures, & que les petits, dont le nombre est plus grand alors que dans tout autre temps, sont encore meilleurs que les meres. Aussi est-ce dans ce temps que le produit qu'on en tire est le plus assuré.

CHAPITRE IX.

AXIUS. Je voudrois bien connoître la méthode d'engraisser les poules & les pigeons ramiers, au point d'être bons à rotir : Faites-nous la grace, MÉRULA, de l'expliquer, sauf à nous à grappiller après vous, s'il reste encore quelque chose de bon à dire. Je vous dirai donc pour vous satisfaire, qu'il y a de trois especes d'oiseaux, que l'on appelle poules, sçavoir, les poules des Métairies, les poules sauvages & celles d'Afrique. Les poules des Métairies sont celles que l'on voit par-tout à la campagne dans les Métairies. Ceux qui se proposent d'en nourrir dans un poulailler, doivent, s'ils veulent en tirer un grand profit (com-

me ont ſçu faire les habitans de Delos (1) par-
deſſus tous les autres peuples), s'attacher principalement à l'examen attentif de ces cinq articles-
ci : ſçavoir, relativement à l'achat de ces animaux,
la quantité qu'on doit en avoir , & les qualités
requiſes en eux ; relativement à leur propagation,
la méthode de les faire coquer & de les faire pondre ; relativement à leur œufs, celle de les faire
couver & de les faire éclorre ; enfin, relativement
à leurs petits, la façon dont ils doivent être élevés, & par qui ils doivent l'être ; la cinquieme
partie, qui n'eſt qu'une dépendance de ces quatre premieres , conſiſte dans la façon de les engraiſſer. On donne le nom de poules aux femelles qui ſont dans les Métairies, de telle eſpece
qu'elles ſoient, les mâles s'appellent coqs, & l'on
appelle chapons ceux d'entre eux qui, étant châtrés,
ne ſont plus mâles qu'à demi. Pour châtrer les
coqs à l'effet d'en faire des chapons, on leur brûle
avec un fer chaud l'extrémité des pattes, juſqu'à
ce que la peau s'en détache, & on frotte avec de
la terre à potier la plaie qui réſulte de cette opération. Quand on veut former un poulailler par-
fait, on doit faire emplette des trois eſpeces de

---

(1) Pline 10, 50 , dit que ces peuples ſont les premiers
qui aient imaginé d'engraiſſer des poules : ils porterent
ſi loin cet art, que Cicéron dit dans le Liv. II. des Queſ-
tions Académiques, qu'il ſe trouvoit parmi eux des gens,
qui, à la ſeule inſpection d'un œuf , décidoient quelle
étoit la poule qui l'avoit pondu.

poules dont nous avons parlé ; mais il faut sur-
tout donner dans les poules de Métairies, entre
lesquelles on choisira par préférence celles qui seront les plus fécondes : or les plus propres à propager sont communément celles qui ont les plumes rouges, les aîles noires, les ergots inégaux,
la tête grande, la crête élevée & ample. Il faut
dans le choix des coqs préférer ceux qui sont le
plus lascifs ; or on les juge tels, lorsqu'ils ont de
beaux muscles, la crête rouge, le bec court, épais
& aigu, les yeux roux & noirs, la cravatte d'un
rouge tirant sur le blanc, le col bigarré ou un
peu doré, les cuisses velues, les pattes courtes,
les ergots longs, la queue grande & tout le corps
bien fourni de plumes : on en porte encore le
même jugement lorsqu'ils sont fiers, qu'ils chan-
tent souvent, qu'ils sont opiniâtres dans le combat, & que loin de redouter les animaux qui at-
taquent les poules, ils se battent contre eux pour
défendre celles-ci. Il ne faut cependant pas s'arrêter dans le choix des races, aux coqs de Tanagra,
non plus qu'à ceux de Médie, ni à ceux de Chal-
cidie, quoiqu'ils soient sans contredit très-beaux
& très-propres à se battre ensemble (2), parce

---

(2) On voit par ce passage & par Pline 10, 21, que les
anciens prenoient plaisir à voir les coqs se battre ensemble,
& qu'il y avoit même tel coq qui n'étoit destiné qu'à ce genre d'exercice, & dont on ne tiroit pas d'autre utilité. Ce
spectacle n'est pas encore indifférent aujourd'hui à des peuples de notre voisinage.

X ij

que d'un autre côté ils sont stériles. Si vous voulez élever deux cent poules, il faut leur assigner un lieu clos, dans lequel vous disposerez, du côté du Soleil levant, deux grandes cabanes l'une auprès de l'autre, chacune d'environ dix pieds de longueur, moitié moins de largeur, & tant soit peu moins de hauteur. Chaque cabane aura une fenêtre de trois pieds de largeur, sur quatre de hauteur. Ces fenêtres seront faites avec de l'osier qui sera clayonné assez lâche, pour pouvoir donner beaucoup de jour, sans cependant livrer passage à rien de ce qui peut nuire aux poules. Il faut placer entre ces deux cabanes une porte, qui servira de passage à celui qui prendra soin des poules. Chaque cabane sera traversée en-dedans par un nombre de perches suffisant pour pouvoir porter toutes les poules. Vis-à-vis de chaque perche on creusera dans le mur des trous qui serviront de nids à ces animaux. Il faut qu'il y ait devant ces cabanes une avant-cour bien close (ainsi que je l'ai dit) où les poules puissent rester pendant le jour, & se veautrer dans la poussiere. Outre cela il faut qu'il y ait, pour l'habitation de celui qui en prendra soin, une grande loge, dont les murailles seront remplies à l'entour de nids de poules, qui y seront ou creusés ou attachés fermement, parce que le moindre mouvement est nuisible à ces animaux lorsqu'ils couvent. Quand les poules commencent à pondre, il faut étendre de la paille dans leurs nids, & lorsqu'elles ont fait assez d'œufs

pour les faire couver, il faut enlever cette paille
& en remettre de nouvelle, parce que lorsqu'elle
est vieille, elle est sujette à engendrer des puces
& d'autres vermines, qui ne laissent point de repos aux poules; ce qui est cause que leurs œufs ne
viennent pas également à leur point, ou qu'ils se
corrompent. On prétend qu'il ne faut pas donner
plus de vingt-cinq œufs aux poules que l'on veut
faire couver, quand même elles auroient été assez fécondes pour en avoir pondu davantage; &
que le meilleur temps pour les faire couver, c'est
depuis l'Equinoxe du Printemps jusqu'à celui
d'Automne. C'est pourquoi on ne doit pas faire
couver les œufs qui ont été pondus avant ou
après, ni même ceux qui l'ont été les premiers
dans cet intervalle : on doit aussi donner les œufs
à couver, soit à de vieilles poules plutôt qu'à
des poulettes, soit à celles qui n'ont ni le bec
ni les ongles pointus, parce qu'il faut plutôt réserver celles qui sont dans ce cas pour pondre
que pour couver. Elles sont très aptes à couver
lorsqu'elles ont un an ou deux. Si l'on a donné à
une poule quelques œufs de paon à couver, il ne
faudra lui donner des œufs de poules que dix jours
après qu'elle aura commencé à couver les premiers, afin qu'ils puissent tous éclorre dans le
même-temps, parce qu'il ne faut que vingt jours
pour avoir des poulets, au lieu qu'il en faut vingt-
sept pour avoir des paonneaux : on tient les poules qui couvent renfermées nuit & jour, si ce n'est

qu'on les fait fortir foir & matin, pour leur donner à manger & à boire. Il faut que celui qui en prend foin les vifite de temps à autre pendant qu'elles couvent, en laiffant un intervalle de quelques jours entre chaque vifite, & qu'il retourne les œufs, afin que la chaleur les pénetre également & de tous les côtés. On prétend que le moyen le plus sûr pour difcerner fi des œufs font pleins & bons, ou s'ils ne le font pas, c'eft de les plonger dans l'eau, parce que lorfqu'ils ne font pas pleins, ils furnagent, au lieu que lorfqu'ils le font, ils vont à fond ; ceux qui les fecouent pour fçavoir s'ils font pleins ou non, ne fçavent ce qu'ils font, car c'eft le vrai moyen de brouiller enfemble les petits vaiffeaux dont dépend la vie de l'animal. On dit auffi que fi les œufs font tranfparens lorfqu'on les mire à la lumiere, c'eft une preuve qu'ils font vuides. Quand on veut conferver long-temps des œufs, on les frotte avec du fel pilé très-menu, ou bien on les trempe dans de la faumure pendant trois ou quatre heures, & après les avoir effuyés on les enfouit dans du fon ou dans de la balle de bled. Lorfqu'on donne des œufs à couver à une poule, il faut avoir l'attention de les mettre fous elle en nombre impair. Celui qui prend foin des poules peut connoître dès le quatrieme jour de l'incubation, fi les œufs ont été fecondés, parce que s'il s'apperçoit, en les mirant à la lumiere, qu'il n'y ait aucune variation dans leur tranfparence, on croit

que c'est le cas de les rejetter & de leur en substituer d'autres. Il faut retirer de chaque nid les
poulets à mesure qu'ils sont éclos, & les donner
à élever aux poules qui n'en ont pas beaucoup ;
il faut aussi ôter les œufs non encore éclos, de
dessous celles à qui il en reste moins qu'elles n'ont
obtenu de poussins, pour les donner à celles qui
n'ont pas encore vû éclorre les leurs, pourvu cependant que chaque poule n'en ait pas plus de
trente à élever, car c'est le plus grand nombre
qu'on en puisse jamais mettre sous la conduite de
la même poule. On jette aux poulets tous les ma-
tins, les quinze premiers jours après leur naissance, de la farine d'orge séchée, que l'on aura
fait tremper quelque temps auparavant avec de
la graine de cresson dans de l'eau, jusqu'à ce
qu'elle se soit épaissie, de crainte que cette nourriture ne vienne à se gonfler dans leur estomac
après qu'ils l'auront avalée : on a soin de répandre cette nourriture sur la poussiere, pour éviter
que la terre, par sa trop grande dureté, n'offense
leurs becs encore trop délicats : on les empêche
de boire pendant ces premiers jours. Lorsque leurs
cuisses commencent à se garnir de plumes, il faut
souvent leur chercher les poulx à la tête & au
col, parce qu'il arrive assez communément que
ces vermines les affoiblissent. On brûlera aux environs de leurs cabanes de la corne de cerf, pour
empêcher les serpens d'en approcher, parce que
l'odeur seule de ces animaux suffiroit communé-

X iv

ment pour les suffoquer. On les ménera au Soleil & sur des tas de fumier où ils puissent se
veautrer, parce que cela contribue à les rendre
plus nourrissans : ce ne sont pas seulement les petits poulets qu'il y faudra mener, mais encore
tout le poulailler, & cela non-seulement en Eté,
mais même toutes les fois que le temps sera doux
& qu'il fera Soleil. On aura soin pour lors d'é-
tendre sur les poules un filet qui, en les empêchant de s'envoler hors du clos, s'opposera aussi
à ce que l'épervier ou tout autre animal ne puisse
fondre sur elles du dehors : il faut les garentir du
grand chaud comme du grand froid, parce que
l'une & l'autre de ces températures leur est également nuisible. Lorsque les poulets commence-
ront à avoir des plumes, il faudra les accoutumer à ne s'attacher qu'à une ou deux poules, afin
que les autres soient plus libres pour pondre, qu'elles ne le seroient, si elles étoient occupées du soin
de les élever. On doit commencer à faire couver
les œufs après la nouvelle Lune, parce que tous
ceux qui le font auparavant ne réussissent presque
jamais. Il ne faut pas plus de vingt jours aux poulets pour éclorre. Comme j'en ai dit assez, ou peut-
être trop sur les poules des Métairies, je vais vous
dédommager de cette prolixité, par la briéveté
avec laquelle je traiterai des autres especes. Les
poules sauvages sont fort rares à Rome, & on
n'y en voit gueres d'apprivoisées, si ce n'est en
cage ; elles ressemblent non-seulement à nos pou-

les des Métairies, dont je viens de parler, mais
encore à celles d'Afrique. On est dans l'usage,
dans les pompes publiques, d'en exposer sur des
bâtons peints avec du vermillon (3), pour servir
de parade avec des perroquets, des merles blancs
& d'autres raretés de cette espece. Elles ne pondent pas non plus communément, ni ne font
éclorre de poulets dans les Métairies, elles ne le
font que dans les forêts. Ce sont ces poules qui
ont donné le nom de Gallinaria (4) à l'Isle que
l'on voit dans la mer de Toscane, proche l'Italie,
vis-à-vis Intemelium & Albium-Ingaunum sur les
montagnes de Ligurie. D'autres prétendent que
cette Isle a tiré son nom de nos poules de Métairies, qui y ont été transportées d'abord par les
Matelots, & dont la race, qui s'y est perpétuée,
est devenue sauvage par la suite. Les poules d'A-
frique sont grandes, bigarées & bossues. Les Grecs

---

(3) Les Magistrats qui donnoient quelque spectacle à
Rome, étoient dans l'usage de peindre en vermillon, non-
seulement les bâtons sur lesquels étoient perchés les oiseaux
étrangers, mais encore les oiseaux mêmes & toutes les raretés qu'ils exposoient à la curiosité du peuple. Il y eut même quelques Triomphateurs, qui parurent avec du vermillon
sur leur visage, dans la cérémonie de leur Triomphe. Cet
air triomphant a si fort plû au sexe chez nous, que l'on
diroit volontiers, avec notre Auteur Chap. II. que le luxe
est parvenu à un tel point, que l'on pourroit presque dire
qu'il y a tous les jours des Triomphes dans l'enceinte de
Paris.

(4) Du mot *gallina*, qui signifie, *poule*.

les appellent μελεαγρίδας (5) ; ce sont les dernieres que nos Cuisiniers aient imaginé de faire servir dans les repas voluptueux, pour ranimer l'appétit : on les vend fort cher à cause de leur rareté. De ces trois especes de poules, ce sont principalement celles des Métairies que l'on choisit pour engraisser ; on les enferme à cet effet dans un en-

---

(5) Pline, 10, 26, dit que c'est le tombeau de Méléagre en Béotie qui les a rendu célebres, & qu'elles sont ainsi appellées, parce qu'elles se rendoient auprès de ce tombeau dans certains temps pour s'y battre, comme il en venoit toutes les années à Ilium de l'Ethiopie, pour se battre sur le tombeau de Memnon, d'où on les appelloit *Memnoni-* *des*. Quoiqu'il en soit de ces contes, il n'est pas aisé de décider de quelle espece étoient ces poules. Varron & Pline, comme nous voyons, disent que ce sont des poules d'Afrique ; Columelle 8, 2, est aussi de cet avis, quoi qu'il dise que leur couleur differe de celles de Numidie, qui sont aussi d'Afrique. Saumaise, Scaliger & beaucoup d'autres Auteurs veulent que ce soient nos poules d'Inde. D'autres prétendent au contraire que nos poules d'Inde n'ont aucun des caracteres distinctifs, qu'Athénée donne Liv. XIV. dans la description des Méléagrides. Effectivement la premiere chose que dit Athénée, c'est qu'elles ressemblent aux poules communes ; or certainement il n'y a pas de poule commune, si grande qu'elle soit, qui puisse être comparée à la plus petite poule d'Inde. Mais ce qui prouve invinciblement la fausseté de cette opinion, c'est que les poules d'Inde nous ont été apportées de l'Amérique, qui étoit inconnue aux anciens. Avouons donc encore ici notre ignorance, je ne dis pas seulement sur les poules dont nous parlons, mais encore sur les poules sauvages.

droit chaud, étroit & obscur (parce que le mouvement & la lumiere fait fondre leur graisse) &
on a soin de choisir pour cela les plus grandes,
sans cependant donner la préférence à celles que
l'on appelle *Melica* par une corruption de langage, qui provient de ce que les anciens disoient
autrefois *Melica* pour *Medica*, de même qu'ils disoient *Thelis* pour *Thetis* (6). On leur avoit donné
dans l'origine le nom de *Medica*, parce qu'on les
avoit fait venir de la Médie à cause de leur grandeur, mais par la suite on a continué de donner
le même nom à la race qui en est sortie, à cause
de la ressemblance avec les premieres qui s'y est
perpétuée. On empâte toutes celles qui sont de
leur grandeur, avec des boulettes de farine d'orge paîtries dans de l'eau douce, après leur avoir
arraché les plumes des ailes & de la queue ; il y
a des personnes qui font entrer dans la composition de ces boulettes, de la farine d'yvraie, ou
de la graine de lin. On leur donne à manger deux
fois par jour, mais avant de leur donner la seconde dose, on a soin d'examiner à certains signes
si la premiere est digérée. Après leur avoir donné à manger, & leur avoir nettoyé la tête, jusqu'à
ce qu'il n'y reste aucun poux, on les renferme de
nouveau : on suit la même méthode pendant
vingt-cinq jours, & ce n'est qu'au bout de ce

---

(6) Thetis femme de Pelée Roi de Thessalie, fille du
Dieu Marin Nérée & mere d'Achille.

temps qu'elles font parfaitement engraissées. Quelques personnes les engraissent avec du pain de froment émié dans de l'eau, à laquelle ils ont soin de mêler une certaine quantité de vin, qui soit bon & qui ait un bon fumet, moyennant quoi elles deviennent grasses & tendres en vingt jours. Si, pendant qu'on les engraisse, elles viennent à se dégoûter de la trop grande quantité de nourriture qu'on leur donnera, il faut en diminuer la dose par degrés, c'est-à-dire, qu'en supposant qu'on l'ait augmentée pendant les dix premiers jours dans une certaine proportion, il faudra la diminuer dans la même proportion pendant les dix derniers jours, de façon que le vingtieme jour rentre dans le premier. On suit la même méthode pour empâter & engraisser les pigeons ramiers.

CHAPITRE X.

Passez à présent, dit Axius, au genre d'animaux que vous autres Grecomanes appellez ἀμφίβια (1), c'est-à-dire, à ceux qui ne se contentent pas des Métairies ni de la terre, & auxquels

______

(1) D'ἀμφώ, qui veut dire, *deux*, & de βίος, *vie*, comme qui diroit des animaux qui ont *deux* genres de *vie*, l'une dans l'eau, l'autre sur la terre.

Il faut encore en outre des réservoirs d'eau, que vous appellez χηνοβοσκεῖα (2), lorsqu'ils sont destinés à des oies, dont Scipion Métellus & M. Seius ont des troupeaux considérables. Seius, dit MÉRULA, a fait attention, en formant ses troupeaux d'oies, aux cinq articles dont j'ai parlé en traitant des poules, c'est-à-dire, à leur espece, à leur portée, à leurs œufs, à leurs petits & à leur engrais. La premiere chose qu'il ordonnoit à son Esclave d'examiner, lorsqu'il les choisiroit, c'est si elles étoient grandes & blanches, parce qu'ordinairement les petits ressemblent à leur mere; il y en a au contraire une seconde espece qui est bigarrée, & à laquelle on donne le nom d'oies sauvages, mais celles de cette seconde espece ne vont pas volontiers de compagnie avec les premieres, & ne s'apprivoisent pas comme elles. Le temps le plus convenable pour faire accoupler les oies, c'est depuis le Solstice d'Hiver, & le meilleur pour les faire pondre & pour les faire couver, c'est depuis les Calendes (3) de Mars jusqu'au Solstice. Ces animaux s'accouplent presque toujours dans l'eau, aussi les conduit-on à cet effet dans des rivieres, ou dans des réservoirs d'eau. Elles ne font pas plus de quatre pontes par an. On leur fait faire à chacune des logettes d'environ deux pieds & demi

---

(2) De χήν, qui veut dire, *oie*, & de βόσκω, qui veut dire, *nourrir*.

(3) Le premier Mars.

en quarré, où elles vont déposer leurs œufs, &
on y étend de la paille, qui leur sert de litiere.
Il faut avoir soin de marquer leurs œufs de façon à les reconnoître, parce qu'elles n'en font pas
éclorre d'autres que les leurs (4). On leur en donne ordinairement à couver neuf ou onze, mais le
moins qu'on puisse leur en donner, c'est sept,
comme on ne peut pas leur en donner plus de
quinze. Il ne leur faut pas moins d'un mois pour les
couver, lorsque le temps est mauvais, mais vingt
jours leur suffisent, lorsqu'il est chaud. Quand les
oisons sont éclos, on les laisse les cinq premiers
jours avec la mere sous laquelle ils sont éclos,
passé ce temps on a soin de les conduire tous les
jours, quand il fait beau, dans des prés, ou dans
des réservoirs d'eau & des marais, & on leur fait
des retraites, ou élevées sur terre, ou creusées en
terre, dans lesquelles on n'en renferme jamais plus
de vingt à la fois. On a soin de pourvoir à ce que
ces retraites soient préservées de l'humidité du
sol, & garnies d'une litiere molle, soit de paille,
soit de tout autre chose, comme de fermer tout
passage à la belette ou à toute autre bête capable
de nuire à ces animaux. On fait paître les oies
dans des lieux humides, où l'on a soin de semer
pour leur pâture des plantes dont on puisse tirer

---

(4) L'expérience est absolument contraire à ce que dit ici
Varron, & il n'y a pas de bonne ménagere de campagne,
qui n'en sçache assez sur cet article pour le contredire.

d'ailleurs quelque profit, comme, par exemple, de l'herbe qu'on appelle *feris* (5), parce que cette herbe a beau être defféchée, elle reverdit toujours pour peu qu'elle fente l'eau. On en arrache les feuilles pour les donner à ces animaux, parce que, fi on les mettoit à même d'en prendre à leur volonté, fur le lieu même où elle eft femée, il y auroit tout lieu de craindre qu'ils ne détruififfent le plan en le foulant aux pieds, ou qu'ils ne fe fiffent crever d'indigeftion à force d'en manger, tant ils font naturellement voraces. C'eft pourquoi il faut les retenir fur le manger, parce qu'ils ont une fi grande avidité, que fi en paiffant ils viennent à rencontrer une racine en leur chemin, ils finiffent fouvent par fe rompre le col par les efforts qu'ils font pour la déraciner, attendu qu'ils ont cette partie très-foible ainfi que toute la tête. Si on n'a point de cette herbe, il faut leur donner de l'orge, ou de quelqu'autre efpece de grain. Dans le temps du fourage compofé de toutes fortes de légumes en herbes, on leur en donne après l'avoir préalablement arraché de terre, ainfi que je l'ai prefcrit par rapport à l'herbe *feris*. Lorfqu'elles couvent, on leur donne de l'orge broyé dans de l'eau. On donne à leurs petits, pendant les deux premiers jours qui fuivent leur naiffance, du gruau où de l'orge en nature. Les trois jours

─────────────

(5) On croit que c'eft l'efpece de chicorée, que l'on appelle Endive.

suivans on leur donne du cresson verd haché dans un vase rempli d'eau, mais dès qu'ils sont en état d'être renfermés dans les logettes, ou les retraites dont j'ai parlé plus haut, on les nourrit de gruau fait avec de l'orge, ou de fourage composé de toutes sortes de légumes en herbes, ou enfin d'herbes bien tendres coupées en morceaux. On choisit pour les engraisser, les oisons qui ont environ un mois & demi, on les enferme dans le lieu destiné à engraisser la volaille, & là on leur donne du gruau & de la fleur de farine trempée dans de l'eau, de maniere qu'ils puissent s'en gorger trois fois par jour. Après le manger, on les met à même de boire copieusement. Avec ce traitement, il ne leur faut gueres que deux mois pour engraisser : toutes les fois que ces animaux ont pris leur nourriture, on est dans l'usage de nettoyer l'endroit où ils l'ont prise, tant parce qu'ils aiment eux-mêmes la propreté, que parce qu'ils salissent tous les endroits par où ils passent.

CHAPITRE XI.

POUR ceux qui veulent avoir des troupeaux de canards, & former un endroit pour en élever, ils doivent d'abord choisir pour cela, quand ils sont à même de le faire, un terrein marécageux, parce que c'est celui qui plaira le plus à ces animaux.

Si l'on n'est pas à même d'en avoir un de cette
nature, il faut choisir préférablement un lieu qui
soit muni d'un lac formé par la nature, ou d'un
étang, ou enfin d'un réservoir d'eau artificiel,
dans lequel les canards puissent descendre par
des degrés qu'on y aura pratiqués. Le clôs où on
les mettra doit être fermé de murailles élevées à
la hauteur de quinze pieds, comme vous l'avez
vû pratiqué dans la Métairie de Seïas, & il ne
doit y avoir en tout qu'une seule porte. Le long
de la muraille en dedans regnera un large trotoir,
sur lequel seront construites leurs retraites, qui
seront couvertes d'un toit, & précédées d'un vestibule applani & pavé de briques. Ce clôs sera
traversé dans toute sa longueur par un canal toujours fourni d'eau, dans lequel on leur jettera
leur nourriture, parce qu'ils ne la prennent jamais
que dans l'eau. Tous les murs seront crépis avec
un enduit bien poli, de peur que des chats ou
quelques autres bêtes ne puissent monter par-dessus
pour leur nuire. On couvre tout cet enclôs avec
un filet à grandes mailles, pour empêcher tant les
aigles de fondre dessus, que les canards de s'envoler au-dehors. On leur donne pour leur nourriture du bled, de l'orge, du marc de raisin, &
du raisin même; quelquefois aussi des écrevisses
& d'autres animaux aquatiques de cette espece :
il faut que l'eau soit assez abondante dans le
voisinage, pour pouvoir remplir les réservoirs de
cet enclôs, & s'y renouveller sans cesse. Il y a

encore d'autres especes de volatiles dans le genre de ceux-ci, tels que les sarcelles & les *phalarides* (1). On éleve aussi de même des perdrix auxquelles, si l'on s'en rapporte à ce qu'a écrit Archelaüs (2), il suffit d'entendre le cri du mâle pour concevoir (3). Mais on n'engraisse pas ces oiseaux d'une maniere particuliere comme les précédens, & l'on ne se propose point pour but de les rendre feconds, ni de leur donner un goût plus relevé que celui qu'ils ont naturellement, parce qu'il suffit de les nourrir de la maniere que nous avons dit, pour qu'ils engraissent. J'imagine qu'il ne me reste plus rien à dire sur ce qui concerne le premier acte des nourritures, que l'on fait dans les Métairies.

CHAPITRE XII.

SUR ces entrefaites APPIUS revint, & après que nous lui eumes demandé ce qui étoit arrivé, comme il nous avoit demandé de son côté quels étoient

---

(1) Le P. Hardoin dans ses Notes sur Pline 10, 48, dit qu'il s'en trouve beaucoup aux environs de Soissons & de Beauvais, & qu'on les y connoît sous le nom de *Piettes*.

(2) Voy. la Note 8 du Chap. III. du Liv. II.

(3) Voy. dans Pline 10, 33, d'autres merveilles de cette nature, toutes également relatives à la facilité qu'ont les perdrix à concevoir, sans aucun attouchement de la part du mâle.

les objets que nous avions traités ; il nous dit :
Vous en êtes donc au second acte, c'est-à-dire,
aux parcs, qui sont ordinairement adjacents à la
Métairie, & qui conservent encore aujourd'hui
leur ancien nom de *leporaria*, qui leur avoit été
donné dans l'origine à cause des animaux qu'on y
renfermoit alors (1), quoique ces animaux ne fassent plus qu'une partie de ceux qu'on y renferme à
présent. Effectivement, on ne se contente pas aujourd'hui d'enfermer des lievres dans un bois, comme on faisoit autrefois, & de ne consacrer à cela
qu'un petit terrein d'un *jugerum* ou de deux tout au
plus, mais on y enferme encore des cerfs & des
chevreuils, auxquels on sacrifie une quantité immense de *jugera*. On dit que Q. Fulvius Lippi-
nus (2) a dans le canton de Tarquinia quarante
jugera de clôture, & qu'il y a renfermé non-seulement des animaux tels que je viens de dire,
mais encore des brebis sauvages ; le Propriétaire
du canton de Statonia y possede encore un plus
grand parc, ainsi que d'autres particuliers dans

─────────

(1) C'est-à-dire, *des lievres* : *leporarium* du mot *lepus*,
qui veut dire, *lievre*.

(2) Pline 8, 52, l'appelle *Lupinus*, & il paroît que c'est
le véritable nom de ce particulier, puisque le même Auteur
9, 56, l'appelle *Hirpinus*, & que ce dernier mot a la même
signification que le premier. En effet, Festus nous apprend
que les Samnites appelloient un loup *irpus*, au lieu de
lupus. Nous avons d'ailleurs déja remarqué l'attention de
Varron a donner à ses personnages des noms analogues aux
objets qu'il traite.

d'autres cantons. Mais le plus considérable de tous est celui que T. Pompeius a formé pour sa chasse dans la Gaule Transalpine, & qui contient environ quarante mil pas (3). Ce n'est pas tout : on est presque toujours dans l'usage d'avoir dans ces sortes de clôs, des cantons de réserve pour les escargots, d'autres pour les ruches, & même pour les futailles où l'on renferme les loirs. Au surplus, il n'y a pas la moindre difficulté sur ce qui concerne la garde, ou l'accroissement & la nourriture de tous ces animaux, si l'on en excepte les mouches à miel ? Qui est-ce en effet qui ignore qu'un parc doit être environné de murailles, & qu'il faut qu'elles soient bien recrépies & fort hautes, le premier, de peur que les chats ou les bléreaux, ou quelqu'autre bête n'y trouvent d'accès, & le second, de peur que les loups ne puissent sauter par-dessus ? qu'il doit être garni non-seulement d'endroits où les lievres puissent se cacher pendant le jour dans les broussailles & sous les herbes, mais encore d'arbres dont les branchages soient assez touffus, pour servir d'obstacle à l'impétuosité des aigles ? Qui est-ce qui ne sçait pas de même qu'en jettant dans un parc quelques lievres, mâles comme femelles, il s'en trouvera rempli en peu de temps, tant est grande la fécondité de ce quadrupede ? En effet, qu'on mette seulement quatre lievres dans un

---

(3) Il y a lieu de croire que l'Auteur veut parler de pas quarrés.

parc, & il en sera communément bientôt rempli,
d'autant que très-souvent ces animaux ont des
petits dans le ventre, en même-temps qu'ils en
ont de nés tout récemment. Aussi Archélaüs (4)
a-t-il dit dans ses Ouvrages que lorsqu'on veut
connoître leur âge, il faut examiner le nombre
d'orifices qu'ils ont au ventre ; & effectivement il
est constant qu'il s'en trouve qui en ont plus les
uns que les autres. L'usage de les engraisser, en
les enfermant à cet effet hors du parc dans des
cages, où ils n'aient point la liberté de courir,
est d'invention nouvelle, ainsi que bien d'autres
choses de cette nature. Il y a donc à peu près de
trois especes de lievres. La premiere comprend
notre lievre d'Italie, qui a les pattes de devant
basses, celles de derriere hautes, le dos gris , le
ventre blanc & les oreilles longues. On dit que
les hases de cette espece sont en état de concevoir, quoi qu'elles soient déja pleines. Les lievres
deviennent très-grands dans la Gaule Transalpine & dans la Macédoine, mais ils sont médio-
cres dans l'Espagne & en Italie. La seconde espece
est celle que l'on voit dans la Gaule proche des
Alpes ; ceux de cette espece ne different gueres
des premiers, qu'en ce qu'ils sont tout blancs :
on en apporte rarement à Rome. La troisieme espece est celle d'Espagne ; ceux-ci sont semblables
aux nôtres à certains égards, mais ils sont plus

____

(4) Voy. la Note 8 du Chap. III. du Liv. II.

bas, & on les appelle *cuniculi* (5). L. Ælius étoit dans l'opinion que le mot de *lepus* (6) venoit de celui de *levipes* (7), & que ce nom avoit été donné à cet animal à cause de sa vitesse. Pour moi j'imagine qu'il vient d'un ancien mot Grec, d'autant que les Eoliens, qui sont sortis de la Béotie, l'appelloient λέπορν. Le nom de *cuniculus* (8) vient des trous que les animaux ainsi nommés ont coutume de faire sous terre, pour se cacher dans les champs. Il faut avoir, quand on le peut, des animaux de ces trois especes dans son parc. Non-seulement je ne doute pas que vous n'en ayez des deux premieres especes, mais j'imagine encore que, comme vous avez été long-temps en Espagne, vous avez dû vous y pourvoir de lapins.

---

(5) Ce sont les *lapins*.

(6) Qui veut dire, *lievre*.

(7) Qui signifie, *au pied léger*.

(8) *Cuniculus* signifie également un *trou*, comme un *lapin*, c'est ce qui fait qu'au lieu que Varron veut ici que les *lapins* s'appellent *cuniculi*, à cause des *terriers* qu'ils font, d'autres Auteurs, comme Martial & Vegece, ont voulu que les *terriers* s'appellassent *cuniculi*, à cause des *lapins* qui les font.

CHAPITRE XIII.

Vous n'ignorez pas non plus, Axius, continua Appius, qu'un parc peut être peuplé de sangliers, & qu'on n'a pas communément beaucoup de peine à y engraisser tant ceux que l'on y a renfermés, que ceux qui, y étant nés, sont plus traitables que les premiers. Car vous avez été témoin vous-même, que dans la terre que Varron ici présent a achetée de M. Pupius Pison, dans le canton de Tusculum, les sangliers & les chevreuils se rassembloient au son du cor dans des temps marqués, pour prendre leur nourriture, toutes les fois que, d'un lieu élevé qui étoit destiné aux exercices du corps, on jettoit aux premiers du gland, & aux seconds de la vesce ou toute autre chose. C'est ce que j'ai encore vû arriver, répondit Axius, d'une maniere plus Théâtrale, lorsque j'étois chez Q. Hortensius (1) dans le territoire de Laurentum. Il y avoit en effet une forêt de plus de cinquante *jugera* d'étendue (à ce qu'il disoit) qui étoit toute environnée de murailles, & qu'il n'appelloit point *leporarium* (2), mais θηριοτροφεῖον (3). Il y avoit dans cette forêt un lieu élevé, où

------

(1) Voy. la Note 8 du Chap. III.
(2) *Un parc à lievres.*
(3) C'est-à-dire, *un repaire de toutes sortes de bêtes sauves,* de θηρίον, *bête sauve,* & τρέφω, *nourrir.*

l'on avoit difpofé trois lits (4); & nous étions à table lorfque Quintus fit appeller Orphée (5). Celui qui faifoit ce perfonnage arriva en robbe longue, une Cythare à la main : dès qu'il eut reçu l'ordre de chanter, il emboucha une trompette, & auffitôt nous fûmes environnés d'une fi grande multitude de cerfs, de fangliers & d'autres quadrupedes, que ce fpectacle ne me parut pas moins magnifique, que ceux que donnent les Ediles (6) dans le grand Cirque, lorfqu'ils y font voir des chaffes, & même quand ils y font attaquer des bêtes fauves tirées d'Afrique.

CHAPITRE XIV.

NOTRE cher MÉRULA, dit AXIUS, APPIUS ne vous a pas mal foulagé dans votre tâche, puifque voici le fecond acte qui concerne la chaffe terminé briévement : je dis terminé, car je ne fuis point inquiet de ce qui refte à dire fur les efcar-

---

(4) Voy. la Note 6 du Chap. IV.

(5) Le plus fameux chantre de l'Antiquité, que les uns font fils d'Appollon & de Calliope, les autres du Fleuve Œagrius & de la Mufe Polymnie. Il defcendit aux enfers pour redemander à Pluton fa femme Euridice. Voy. dans Virgile, Liv. IV. des Géorgiques, comment il charma par fon chant tout le noir féjour, & les fuites de cette avanture.

(6) Voy. la Note 8 du Chap. VII. du Liv. I.

gots & les loirs, d'autant que cet article ne peut
pas souffrir de grandes difficultés. Il n'est pas tout-
à-fait si facile dans la pratique, que vous le pen-
sez, notre cher AXIUS, reprit APPIUS. Car il faut
choisir un lieu à découvert, qui soit propre à contenir vos escargots, & l'environner d'eau tout autour, de peur que, si ceux que vous y auriez mis
dans l'intention de les faire propager, venoient à
trouver une issue par où ils pourroient s'échapper,
vous ne fussiez pas à la peine de chercher leurs
petits, mais bien de les chercher eux-mêmes. Il
faut donc, ainsi que je le disois, l'environner
d'eau, pour n'être pas dans la nécessité de se pré-
cautionner d'un *fugitivarius* (1). L'endroit le meilleur sera celui qui ne sera pas brûlé par le Soleil,
& que la rosée pourra pénétrer facilement. Si vous
n'en avez pas qui soit tel par la nature (comme
il arrive presque toujours qu'il ne s'en trouve pas
dans les terreins exposés au Soleil) & que vous
ne soyez pas à même d'en former un dans un
terrein abrité, comme on peut le faire sous les
rochers & au bas des montagnes, dont le pied est
arrosé par des lacs & des rivieres, il faut nécessairement en former un par le moyen d'une rosée
artificielle. Vous éleverez pour cela au-dessus du

---

(1) On donnoit ce nom à des gens, dont la profession étoit
de courir après les Esclaves qui s'enfuyoient de chez leurs
Maîtres, & de les leur ramener pour un certain prix. Voy.
Cujas au Chap. VIII. du Liv. V. de ses Observations.

sol un tuyau, que vous couronnerez de petits mammelons dont il sortira de l'eau, qui, après être tombée sur une pierre, pourra rejaillir au loin. Il faut très peu de nourriture à ces animaux, & on n'a besoin de personne pour la leur administrer, parce qu'ils la trouvent d'eux-mêmes, en rampant non-seulement à terre, mais encore sur les murs, lorsqu'il n'y a pas de ruisseau qui les empêche de les gagner. D'ailleurs, ils poussent très-loin la carriere de leur vie sans secours étrangers, & en se nourrissant de leur propre substance, semblables à ceux qui revendent, pour subsister, des marchandises qu'ils ont achetées; il suffit donc pour les nourrir de leur jetter de temps en temps quelques feuilles de laurier, avec un peu de son. Aussi les Cuisiniers ne sçavent-ils pas le plus souvent, lorsqu'ils les font cuire, s'ils sont morts ou vifs. Il y a plusieurs especes d'escargots : il y en a de très-petits qui sont blanchâtres, & qui nous viennent du territoire de Réate, de plus grands qui viennent de l'Illyrie, & de moyens qui viennent d'Afrique. Ce n'est pas qu'il ne se trouve des cantons particuliers dans ces différens pays, qui en produisent de différentes grandeurs; car il y en a, par exemple, de très-grands, quoiqu'originaires d'Afrique, qu'on appelle *solitannæ* : ils sont même si grands que leur coquille peut contenir jusqu'à quatre-vingt *quadrantes* de liquide. Il en est de même de tous les autres pays, qui comparés entr'eux en donnent les uns

de plus grands, les autres de plus petits. Ces animaux pondent une multitude prodigieuse d'œufs,
qui font très-menus, & dont la coque est molle ; mais elle durcit avec le temps. Ils font de
grandes élévations de terre en forme de voute ,
pour couvrir leurs œufs , & ils ont foin d'y
laisser une grande ouverture qui fert de paf-
fage à l'air. On est aussi dans l'usage de les engraisser en perçant de plusieurs trous, à l'effet d'y
donner passage à l'air extérieur, un pot de terre ,
que l'on frotte avec du vin cuit jusqu'à diminution des deux tiers, & de la farine, afin qu'ils
aillent s'y nourrir. Ces animaux font naturellement vivaces.

CHAPITRE XV.

QUANT au lieu où l'on veut élever des loirs (1) ,
on s'y prend pour le construire d'une façon différente , puisqu'on ne l'environne pas d'eau , mais de
murailles. On fait ces murailles dans leur entier
avec de la pierre qu'on polit avec foin, ou bien
on fe contente de les enduire à l'intérieur, de

____

(1) Les Romains mangeoient de ces animaux : il y eut
même des loix portées par les Censeurs , pour mettre un
frein à cette voracité plus fastueuse que délicate, Pline 36 , 2.

façon que les loirs ne puissent pas s'échapper en grimpant sur l'enduit. Il faut que cet endroit soit planté de petits arbrisseaux, du nombre de ceux qui rapportent du gland, & dans les temps où ils n'en rapporteront point, il faudra avoir soin d'y en jetter, ainsi que des châtaignes, pour leur servir de nourriture. On leur fait des trous assez larges, pour qu'ils puissent y faire leurs petits. Il n'est pas nécessaire qu'il y ait beaucoup d'eau dans cet endroit, parce qu'ils n'en font pas une grande consommation, & qu'ils aiment de préférence les lieux secs. On les engraisse dans des vaisseaux à vin, tels que plusieurs personnes en ont dans leurs Métairies ; ces vaisseaux sont faits, non moins que les autres vaisseaux à vin, par les Potiers, mais ils sont d'une forme bien différente, en ce qu'ils sont garnis de sentiers sur les côtés, & d'un trou qui sert à contenir la nourriture de ces animaux. On jette dans ces vaisseaux du gland, des noix ou des châtaignes, & les loirs y engraissent dans les ténèbres, lorsqu'on a mis un couvercle par-dessus.

CHAPITRE XVI.

IL ne nous reste donc plus, dit APPIUS, que le troisieme acte des nourritures qui se font dans les Métairies, c'est-à-dire, celui qui concerne les vi-

viers. Qu'entendez-vous par le troisieme acte, dit
AXIUS ? Prétendez-vous donc que le miel ne mérite pas notre attention, parce que vous avez été
accoutumé dans votre jeunesse à vous passer chez
vous de vin mêlé de miel, par épargne ? Il a raison, dit APPIUS. En effet, mes parens m'avoient
laissé sans biens, avec deux freres & deux sœurs,
dont j'ai marié l'une sans dot à Lucullus ; & celui-ci m'ayant institué son héritier, c'est ce qui a
commencé ma fortune, de sorte que j'ai été réellement le premier de mes freres & sœurs, qui
aie bû chez moi du vin mêlé de miel, quoique dans le temps même où je n'en buvois pas
encore, on ne laissoit pas d'en servir chez moi
presque tous les jours à tous ceux que j'invitois à
manger. Au surplus, c'est à moi & non à vous, qu'il
appartient de connoître à fond ces volatiles (1),
que la nature a favorisés par-dessus tous les autres
du côté du génie & de l'industrie : ainsi afin que
vous n'ignoriez pas que je les connois mieux que
vous, écoutez les choses incroyables que j'en vais
raconter. Je laisserai à MÉRULA le soin de nous
développer historiquement, comme il a fait pour les
autres animaux, la pratique ordinaire de ceux qui

____

(1) Apparemment à cause du nom d'Appius, qui vient
d'*apis*, *abeille*, & par une raison semblable à celle pour laquelle Vaccius a prétendu, Chap. II. Liv. II. que c'étoit à
lui à parler des bœufs, à cause du nom qu'il portoit. Voy.
la Note 2 de ce Chapitre.

en élevent. D'abord l'origine des mouches à miel vient en partie d'autres mouches à miel, en partie de la corruption d'un cadavre de bœuf (2) : c'est pour cela qu'Archelaüs dit dans une de ses Epigrammes (3), qu'elles font la génération volante d'un bœuf mort. Le même Auteur dit encore que les guêpes font engendrées par les chevaux, & les abeilles par les veaux. Les abeilles ne se plaisent pas à être seules, comme les aigles, mais elles aiment naturellement la société, comme les hommes. Quoique les corneilles soient dans le même cas, il y a cependant cette différence entre elles & les abeilles, que celles-ci se réunissent dans la vue de former ensemble des ouvrages & des édifices, au lieu que les corneilles n'ont point ce but en vue dans leur réunion. C'est la raison & l'industrie qui rassemblent les abeilles, & qui leur apprennent à travailler, à bâtir & à faire des provisions de vivres. Car leur société a trois objets ; sçavoir, leur nourriture, leur maison & leur ouvrage : en effet, il y a bien de la différence entre la cire qu'elles font & leur nourriture, comme il y en a entre le miel & la cire, & entre leur maison & le miel. Ne voit-on pas dans un rayon de miel de petites cellules de figure héxagone, & par conséquent composées d'autant de côtés, que l'abeille a de pattes ? (& cela conformément à la

---

(2) Voy. la Note 16 du Chap. V. du Liv. II.
(3) Voy. la Note 8 du Chap. III. du Liv. II.

propofition par laquelle les Géometres démon-
trent qu'un héxagone, infcrit dans un cercle, contient plus de furface que toute autre figure, qui
auroit moins de côrés.) Elles prennent leur nourriture au-dehors, & font leur ouvrage en-dedans;
cet ouvrage, à raifon de fa très-grande douceur,
n'eft pas moins agréable aux Dieux qu'aux hommes, puifque le miel trouve fa place fur les Autels, & qu'on en fert non-feulement au commencement des repas, mais encore au fecond fervice (4). Elles ont des villes femblables à celles des
hommes : puifqu'il s'y trouve un Roi, un Gouvernement & une fociété. Elles recherchent tout ce
qui eft pur, auffi n'en voit-on jamais aucune s'arrêter dans un endroit mal - propre ou qui fente
mauvais : ce n'eft pas qu'elles s'arrêtent davantage
dans les endroits parfumés de bonnes odeurs,
puifqu'elles piquent au contraire quiconque s'approche d'elles avec de pareilles odeurs. Elles ne
mangent pas avec avidité comme les mouches,
auffi ne les voit-on jamais s'arrêter comme cel-

---

(4) Les Romains fe fervoient beaucoup de miel dans leurs
facrifices, & ils commençoient tous leurs repas par boire
du vin miellé, qu'ils appelloient *muffum*, d'où eft venu
le mot de *promulfis*, pour défigner le commencement d'un
repas; ils croyoient que lorfque l'eftomac étoit vuide, il
falloit commencer par l'humecter d'une liqueur douce. L'u-
fage admis chez nous, eft de le charger d'abord de mets très-
indigeftes, & communément cruds, connus fous le nom de
hors-d'œuvre; cet ufage eft-il plus fage que n'étoit le leur?

les-ci fur la viande, ni dans le fang ou la graiffe, mais feulement fur les corps où elles trouvent une faveur douce. Elles ne font point mal-faifantes, & ne gâtent par conféquent aucun ouvrage en le picottant ; mais d'un autre côté elles font affez courageufes pour faire tête à ceux qui veulent ruiner leur ouvrage, quoi qu'elles connoiffent parfaitement leur foibleffe. On a raifon de dire que ce font les oifeaux des Mufes (5), puifque, s'il leur arrive d'être difperfées, on eft fûr de les réunir en cadence, en frappant fur des cimbales ou dans fes mains, & que de même que les hommes ont affigné à ces Déeffes l'Hélicon & l'Olimpe pour leur féjour, la nature a affigné à ces volatiles les montagnes fleuries & incultes pour le leur. Elles fuivent leur Roi par-tout, & cherchent à le foulager quand il eft fatigué, elles vont même jufqu'à le porter fur leurs épaules, lorfqu'il ne peut plus voler, parce que fa confervation leur tient à cœur ; elles ne faliffent rien, & elles haïffent les pareffeux : c'eft pourquoi elles tourmentent les bourdons, & les expulfent de leur fociété, parce qu'ils confomment le miel, fans les aider dans leur travail ; & le bruit qu'ils font ne les effraie point (6), puifqu'il fuffit d'un petit nombre

---

(5) Voy. la Note 4 du Chap. I. du Liv. I.

(6) Nous attribuons aux bourdons le mot de *vociferantes*, quoique ce mot puiffe également bien s'appliquer aux abeilles elles-mêmes, pour défigner le bourdonnement qu'elles font en fe battant contre eux.

d'abeilles

d'abeilles pour les pourfuivre, en tel nombre qu'ils foient. Elles bouchent au-dehors de la ruche, tous les paffages par où l'air pourroit pénétrer à travers leurs rayons, avec une matiere que les Grecs appellent ἐρίθακα (7). Elles menent toutes le genre de vie que les foldats menent à l'armée, c'eſt-à-dire, qu'elles dorment chacune à leur tour, & qu'elles repartiffent également l'ouvrage entr'elles : elles envoient auffi des eſpeces de colonies au-dehors. Il y a des opérations qu'elles font à la voix de leurs chefs, comme celles que font les foldats au fon de la trompette : c'eſt ce qu'on remarque fur-tout lorſqu'on apperçoit entr'elles des apparences de paix & de guerre. Mais de peur que ces détails de Phifique ne maigriffent notre cher Axius, faute d'entendre parler des fruits qu'elles procurent, je vous remets à préfent, Mérula, le flambeau entre les mains, afin que vous entriez dans la carriere à votre tour. Ce que j'ai à dire de leurs fruits, dit Mérula, fuffira peut-être, Axius, à votre appétit. Au reſte, je n'avancerai rien, dont je n'aie pour garant non-feulement cet homme de votre connoiffance, qui tire

---

(7) Les Auteurs ne font pas d'accord fur la deſtination de l'erithace. Pline 11, 7, dit que cette matiere fert de nourriture aux abeilles, & Varron lui-même donne plus bas à l'erithace, une propriété différente de celle-ci, & appelle *propolis* la matiere avec laquelle les abeilles bouchent les paffages, par où l'air pourroit entrer dans leurs ruches.

tous les ans cinq mil livres de miel des ruches qu'il donne à loyer, mais encore notre ami Varron ici présent, à qui j'ai entendu dire, qu'il avoit eu sous ses ordres en Espagne, deux freres nommés Veianius, du pays des Falisques, qui étoient devenus fort riches, quoique leur pere ne leur eût cependant laissé qu'une petite Métairie & un petit champ, qui n'avoit sûrement pas plus d'un *jugerum* d'étendue, parce qu'ils avoient disposé des ruches tout à l'entour de leur Métairie, & qu'ayant mis en jardin une partie de leur possession, ils en avoient planté le reste en thim, en cytises & en mélisse, que les uns appellent μελίφυλλον (8), les autres μελισσόφυλλον (9) & quelques-uns μέλινον (10) : & qu'en conséquence de ces arrangemens ils retiroient toujours communément bon an, mal an, dix mil *sestertii* de leur miel, quils ne se pressoient jamais de vendre, aimant mieux attendre à en trouver marchand dans un temps où le prix leur conviendroit, que de le vendre trop tôt, & dans un temps où le prix auroit plus convenu au marchand qu'à eux. Expliquez moi donc, dit Axius, dans quel endroit il

---

(8) Comme qui diroit *feuille du miel*, de φύλλον, *feuille*, & μέλι, *miel*.

(9) Comme qui diroit *feuille d'abeille*, de φύλλον, *feuille*, & μέλισσα, *abeille*.

(10) De μέλι, *miel*. Ce dernier mot n'est cependant pas trop connu d'ailleurs.

faut que je place des ruches, & quelle forme je dois leur donner, pour en retirer beaucoup de fruits. Voici, répondit MÉRULA, comment il faut s'y prendre pour faire des ruches, que les uns appellent μελιττῶνες, les autres μελιτροφεῖα, & quelques-uns *mellaria* (11). D'abord il faut les placer auprès de la Métairie, & sur-tout dans un lieu où l'on n'entende point d'écho : car on est dans l'opinion que le bruit d'un écho fait fuir les abeilles. Il faut encore les placer dans un climat tempéré, qui soit frais en Eté, & exposé au Soleil en Hiver. Ce climat doit être tourné par préférence du côté du Soleil Levant d'Hiver, dans la proximité de lieux, où il y ait beaucoup de pâturages & de l'eau pure. S'il ne s'y trouve point de prairies naturelles, le Propriétaire aura soin d'y semer les plantes que les abeilles recherchent le plus, comme les roses, le serpolet, la mélisse, le pavot, les fèves, les lentilles, les pois, la dragée, le souchet, la luzerne, & sur-tout le cythise qui leur convient d'autant mieux pour les entretenir en bonne santé, qu'il commence à fleurir à l'Equinoxe du Printemps, & qu'il dure jusqu'à celui d'Automne. Mais de même que le cythise contribue beau-

---

(11) Tous ces mots ont rapport au miel, que l'on appelle μέλι en Grec, & *mel* en Latin : μελιττῶνες vient de ce mot & de celui de τρέφω, qui veut dire, *nourrir*, parce que les ruches sont l'endroit où l'on nourrit les abeilles qui font le miel.

coup à leur santé, le thim de son côté est excellent
pour la composition du miel. C'est pour cela que
le miel de Sicile a la palme sur tous les autres,
parce que le thim est excellent & très-abondant
dans cette Isle. Aussi se trouve-t-il des gens qui
broyent du thim dans un mortier, & qui le répandent sur toutes les pépinieres qu'ils plantent
à l'usage des abeilles, après l'avoir détrempé dans
de l'eau tiede. Quant à ce qui concerne l'endroit
où on mettra les ruches, il faudra les placer de
préférence dans le voisinage de la Métairie, quoiqu'il y ait des personnes qui portent la précaution jusqu'à les mettre sous le portique même de
la Métairie, afin qu'elles soient plus en sûreté.
En quelqu'endroit qu'elles doivent être placées,
il y a des personnes qui les font rondes, soit en
osier, soit en bois & en écorces, soit avec un
tronc d'arbre creusé ou avec de la terre cuite ;
d'autres les font quarrées avec de la ferrule, &
leur donnent environ trois pieds de longueur sur
un pied de largeur, de façon cependant que lorsqu'ils n'ont pas assez d'abeilles pour les remplir,
ils les font plus étroites, de peur que ces volatiles
ne se découragent en se trouvant dans un endroit
trop vaste & trop désert. On a donné à toutes
ces ruches, de telle nature qu'elles fussent, le
nom d'*alvi* (12), parce que le miel sert de nourriture, & il paroît que c'est pour répondre à ce

______

(12) Qui signifie, *ventres*.

nom qu'on les fait très-étroites par le milieu, pour qu'elles préfentent réellement à l'œil la figure d'un ventre. On enduit celles qui font faites d'ofier avec de la bouze de vaches, tant endedans qu'en-dehors, de peur que leur rudeffe ne foit un obftacle qui empêche les abeilles d'en approcher. On les attache fur des corbeaux implantés dans la muraille, de façon qu'elles ne branlent point, & qu'elles foient artangées par ordre fans fe toucher. Ainfi, lorfqu'on a formé un premier rang de ruches, on en fait, à quelque diftance au-deffous, un fecond & un troifieme; on prétend qu'il vaut mieux s'en tenir au fecond rang, que d'en ajouter un quatrieme. On fait au milieu de la ruche de petits trous à droite & à gauche, qui fervent d'entrée aux abeilles. On pofe fur l'extrémité fupérieure des couvercles, que ceux qui prennent foin du miel peuvent lever, lorfqu'ils veulent retirer les rayons de miel. Les meilleures ruches font celles qui font faites avec des écorces; celles de terre cuite font les pires de toutes, parce qu'elles font le plus frappées du froid en Hiver, comme du chaud en Eté. Celui qui en prend foin doit les vifiter environ trois fois par mois, au Printemps & en Eté, en les parfumant légérement chaque fois; il doit auffi en ôter toutes les ordures, & en chaffer les vermiffeaux. Il faut encore qu'il examine s'il n'y a pas plufieurs Rois dans la même ruche, parce que les féditions que cette multiplicité de Rois occasionne, empêchent les abeilles de travailler ; & comme, selon quelques Auteurs, on compte trois especes de chefs parmi les abeilles, sçavoir, le noir, le rouge & le mélangé ; & deux, selon Ménécrates (13), sçavoir le noir & le mélangé ; ce dernier est si préférable aux autres, qu'il vaut mieux, lorsqu'il s'en trouve deux dans la même ruche, que celui qui en prend soin tue le noir, parce qu'il est certain que c'est celui qui occasionne des séditions contre les autres, & qu'il travaille à la destruction de la ruche, soit en chassant un grand nombre d'abeilles, soit en les entraînant avec lui, lorsqu'il est chassé lui-même. Pour ce qui est des autres abeilles, les meilleures sont celles qui sont petites, bigarrées & rondes. Le voleur (14), que d'autres appellent *fucus*, quoique ce soient deux animaux différens, est noir, & a le ventre large. La guêpe, qui ressemble à l'abeille, ne travaille point avec elle ; elle est au contraire dans l'habitude de lui nuire par ses morsures, aussi les abeilles l'expulsent-elles de leur société. On distingue les abeilles sauvages, de celles qui sont privées : J'entens par abeilles sauvages celles qui vivent dans des lieux sauvages, & par abeil-

---

(13) C'est le Poëte d'Ephese qu'il a déja cité, Liv. I. Chap. I.

(14) Pline 11, 17, dit qu'il s'appelle ainsi, parce qu'il mange le miel en cachette. Cet Auteur le fait aussi différent du bourdon, *fucus*, comme Varron.

les privées, celles qui vivent dans des endroits cultivés. Les sauvages sont les plus petites & les plus velues, mais ce sont celles qui travaillent le mieux. Lorsqu'on achette des abeilles, il faut examiner si elles se portent bien, ou non. Ce sera un signe de bonne santé, lorsqu'elles formeront un essain nombreux, qu'elles seront reluisantes, & que leur ouvrage sera uniforme & lisse. C'en est un de maladie, lorsqu'elles sont velues & hideuses, de même que lorsqu'elles sont pleines de poussiere, à moins qu'on ne soit au temps où elles sont pressées par l'ouvrage, parce qu'alors le travail les rend hideuses. Si l'on est dans le cas de transférer des ruches d'un lieu à un autre, il faut s'y prendre avec circonspection, & choisir les temps & les lieux convenables pour cette opération : les temps, par exemple, le Printemps plutôt que l'Hiver, parce qu'elles auroient de la peine à se faire pendant l'Hiver à rester dans une nouvelle habitation, & qu'au contraire il arrive communément que le changement d'habitation les détermine à prendre la fuite. Elles fuient également lorsqu'on les transfere d'un endroit où elles vivoient à l'aise, dans un autre où elles ne trouvent pas à vivre comme il faut. Lors même qu'on les transfere simplement d'une ruche dans une autre, sans les changer de climat, on ne doit pas le faire sans y apporter quelqu'attention, mais il faut pour lors frotter de melisse la ruche dans laquelle on voudra les transférer, parce

que cette plante les attire : il faudra aussi mettre
en-dedans de cette ruche auprès de l'ouverture,
quelques rayons de miel, de peur que si elles venoient à s'appercevoir qu'il n'y en eût point,
elles ne regretassent leur ancienne habitation, où
elles étoient accoutumées à en trouver abondamment. S'il arrive que les premieres nourritures du
Printemps, que fournissent les fleurs de l'amandier & du cornouiller, aient donné le cours de
ventre aux abeilles, & qu'elles en soient malades, on les refera en leur donnant de l'urine
pour boisson. Entre les différens ouvrages des
abeilles, on distingue ce qu'on appelle la *propolis*,
qui est une certaine matiere qu'elles emploient
à couvrir, sur-tout en Eté, l'ouverture qui sert d'entrée à leur ruche. Les Médecins l'emploient dans
les emplâtres sous le même nom (15) : c'est ce
qui fait qu'elle se vend dans la rue Sacrée plus
cher que le miel même. On appelle *erithace* la
matiere avec laquelle elles conglutinent ensemble
les rayons par leur extrémité : cette matiere est différente du miel & de la *propolis*. On étoit en conséquence de cet usage auquel elles emploient l'*erithace*, que cette matiere a la vertu de les attirer,
& c'est pour cela que, lorsqu'on veut déterminer

---

(15) On voit par ce passage que les Médecins donnoient
déja, du temps de Varron, des noms scientifiques aux choses les plus communes, pour mettre leur Art au-dessus de
la portée du vulgaire.

un essain à se fixer sur une branche d'arbre ou ailleurs, on frotte cette branche ou quelqu'autre chose d'*erithace* & de mélisse mêlées ensemble. Le rayon est l'ouvrage qu'elles font avec la cire : il est composé de plusieurs trous, dont chacun à six côtés, autant par conséquent que la nature a donné de pieds à chacune. On prétend qu'elles ne recueillent pas indistinctement sur toutes sortes de plantes, ce dont elles ont besoin pour former ces quatre objets, la *propolis*, l'*erithace*, le rayon & le miel. Il y a des plantes qu'elles n'emploient qu'à une chose, comme la grenade & l'asperge, dont elles ne tirent que leur nourriture, l'olivier, dont elles ne tirent que la cire, le figuier, dont elles ne tirent-qu'un miel, qui n'est pas même excellent; d'autres leur servent à deux fins, comme les fèves, la mélisse, la courge & le chou, dont elles tirent la cire & leur nourriture; le pommier & le poirier sauvages leur servent aussi à deux fins, dans un autre sens, parce qu'elles en tirent leur nourriture & le miel; il en est de même du pavot dont elles tirent la cire & le miel : il y a même des plantes qui leur servent à trois fins, comme l'amande & le chou sauvage, dont elles tirent leur nourriture, le miel & la cire. Parmi les autres fleurs, ils s'en trouve également qui leur servent pour chacun de ces trois objets séparément, & d'autres pour plusieurs ensemble. Il y a encore une autre différence qu'elles observent en suçant les plantes, ou, pour mieux dire, cette différence est forcée pour elles : elle consiste en ce que, par exemple, entre les plantes dont elles tirent le miel, il en est qui le donnent liquide, comme la fleur du pois chiche, & d'autres qui le donnent épais, comme le romarin ; il en est de même de toutes les autres plantes : le figuier, par exemple, ne leur donne qu'un miel fade, le cytise leur en donne de bon, & le thim de l'excellent. Comme la boisson est une partie de la nourriture, & que leur boisson ne consiste que dans de l'eau claire, il faut qu'elles soient à portée d'en trouver, & même dans leur voisinage, soit que ce soit un ruisseau qui passe à travers l'endroit où elles sont, soit que ce soit une eau qui vienne s'y rendre dans un réservoir, pourvu cependant qu'il n'y en ait jamais dans l'un ou l'autre cas plus de deux ou trois doigts de profondeur : il faut distribuer au milieu de cette eau des briques ou de petits cailloux, avec une telle précaution qu'ils surmontent un peu l'eau, afin qu'elles puissent se reposer dessus quand elles voudront boire. Il faut avoir encore la plus grande attention à ce que cette eau soit très-pure, parce qu'elle contribuera beaucoup à leur faire faire de bon miel. Comme elles ne peuvent pas aller chercher au loin leur nourriture dans toute sorte de temps, il faut leur en préparer pour les mauvais temps, de peur qu'elles ne soient obligées alors de ne vivre que de leur miel, & d'en épuiser leurs ruches. On fait bouillir à cet effet dans six *congii* d'eau, environ dix livres de figues grasses, & lorsqu'elles sont cuites, on en fait une pâte, que l'on met auptès d'elles. D'autres ont soin de mettre, dans de petits vases, à quelque distance des ruches, de l'eau mêlée de miel, dans laquelle ils laissent tremper un morceau de laine très-propre, à travers lequel elles puissent succer l'eau, & cela pour parer à deux inconvéniens à la fois, celui de trop boire & celui de tomber dans l'eau. On met autant de vases remplis de cette eau, que l'on a de ruches, & on les remplit à mesure qu'ils se trouvent vuidés. Il y en a qui broyent dans un mortier des raisins séchés au Soleil & des figues, & après les avoir humectés avec du vin cuit jusqu'à diminution des deux tiers, ils en font des pâtes qu'ils leur mettent à leur portée, & dans un lieu séparé de leurs ruches, où elles puissent aller chercher leur nourriture, même pendant l'Hiver. Lorsqu'un essain est prêt à sortir, ce qui arrive ordinairement quand la propagation a été heureuse & abondante, & que les vieilles abeilles veulent envoyer leur progéniture en colonie, ainsi que les Sabins l'ont eux-même pratiqué autrefois, à cause de la multitude de leurs enfans, on reconnoît que cet événement est prêt d'arriver à deux signes qui le précedent ordinairement. Le premier, c'est que quelques jours auparavant on voit paroître, sur-tout le soir, devant l'ouverture de la ruche, une multitude d'abeilles qui se tiennent toutes accrochées par pelottons, les unes au-deſſous des autres, comme les grains d'une grappe de raiſin. L'autre, c'eſt que, lorſqu'elles ſont prêtes à s'envoler, ou qu'elles ont même déja commencé à le faire, elles font entendre un bourdonnement extraordinaire, ſemblable au tumulte des ſoldats qui décampent : après quoi celles qui ſont ſorties les premieres voltigent en face de la ruche, en attendant que les autres, qui ne ſont pas encore aſſemblées, viennent les rejoindre. Lorſque celui qui prend ſoin des abeilles s'apperçoit de cela, il jette ſur elles de la pouſſiere, & frappe dans les environs ſur quelque inſtrument de cuivre, moyennant quoi il les effraye & vient à bout de les conduire où bon lui ſemble. Il a ſoin de mettre à quelques pas delà une branche d'arbre, ou quelqu'autre choſe ſemblable, après l'avoir frottée d'*éruhace*, de méliſſe & d'autres drogues qui leur faſſent plaiſir. Lorſqu'elles ſont repoſées quelque part, il apporte une ruche frottée en-dedans avec les mêmes amorces à peu près, & après l'avoir placée auprès d'elles, il les force d'y entrer en les environnant d'une fumée légere. Lorſqu'elles ſont une fois entrées dans cette nouvelle colonie, elles s'y fixent ſi volontiers, que quand même on rapprocheroit auprès d'elles la ruche d'où elles ſont ſorties, elles lui préféreroient ce nouveau domicile. Comme j'ai achevé de dire tout ce que j'ai cru avoir rapport à la maniere de les élever, je vais traiter maintenant de leur fruit, qui eſt l'objet pour lequel on prend tous les soins que je viens de détailler. Elles donnent à connoître elles-mêmes par différens signes, quand le temps est venu d'enlever les rayons. Le premier, c'est lorsqu'il y a des voleurs dans la ruche, ce que l'on conjecture quand on entend un bourdonnement en-dedans, & qu'on les voit se trémousser au-dehors, soit en entrant, soit en sortant. Le second, c'est lorsqu'en ôtant les couvercles des ruches, on s'apperçoit que les trous des rayons sont bouchés par de petites peaux de miel, ce qui n'arrive que lorsqu'ils en sont entiérement remplis. Il y en a qui prétendent que lorsqu'on enleve le miel d'une ruche, on n'en doit prendre que les neuf dixiémes, & qu'il faut y en laisser une dixiéme partie, parce que, si on l'enlevoit en entier, les abeilles prendroient la fuite : d'autres en laissent plus encore que je ne viens de dire. De même qu'en fait de labourage, ceux qui laissent reposer leurs terres pendant certains temps, récoltent plus de bled dans l'intervalle des temps de repos : de même en fait de ruches, si on n'enleve pas le miel chaque année, ou qu'on n'en enleve qu'une petite partie à la fois, on est sûr d'avoir des abeilles qui n'abandonneront jamais leurs ruches, & qui rendront plus de profit. On croit que la premiere saison, propre à enlever les rayons, c'est au lever des Pléiades; la seconde à la fin de l'Eté, avant que l'Arcture soit entiérement levé; & la troisiéme après le coucher des Pléiades, auquel cas on ne doit pas même enlever plus du tiers du miel, supposé que la ruche soit abondante, parce qu'il faut laisser le surplus pour l'Hiver. D'un autre côté, une ruche ne seroit jamais abondante si on y laissoit tout le miel; mais aussi lorsqu'on en prend une partie considérable, il ne faut pas le faire en une seule fois ni ouvertement, de crainte que les abeilles ne se découragent. Si dans les rayons que l'on enleve, il se trouve quelque portion qui soit vuide de miel ou mal-propre, on la coupe avec un petit couteau. Il faut prendre garde que les plus fortes abeilles n'oppriment les plus foibles, parce que, si cela arrivoit, le profit des ruches diminueroit d'autant : c'est pourquoi on sépare les plus foibles d'avec les autres, pour les soumettre à un autre Roi. Si elles se battent trop fréquemment entre elles, il faut les asperser avec de l'eau de miel : moyennant quoi, non-seulement elles cesseront de se battre, mais même elles se réuniront toutes pour se lécher, ce qui arrivera plus sûrement encore, si c'est avec du vin mêlé de miel qu'on les aura aspersées, parce que l'odeur du vin les fixe avec plus de passion, & qu'elles restent comme interdites en le suçant. S'il ne sort pas de la ruche un assez grand nombre d'abeilles, & qu'il y en reste une trop grande quantité, il faut y faire des fumigations par-dessous, & mettre dans le voisinage quelques herbes odoriférantes, sur-tout de la mélisse & du thim. Il faut bien prendre garde que le chaud ou le froid ne les fasse périr. Si en paissant elles viennent à être surprises par une pluie subite ou par un froid inopiné, avant qu'elles aient pû prévoir ces accidens, (quoiqu'il leur arrive rarement de se laisser surprendre) & que l'abondance de la pluie les ait accablées & jettées à terre, il faut, après les avoir ramassées dans un vase, les porter dans un lieu couvert & chaud, & ne les en retirer que par un très-beau temps : quand on voudra les en retirer, on les saupoudrera avec de la cendre de bois de figuier, qui ait un degré de chaleur au-dessus du tiede, après quoi on secouera légérement le vase pour les en détacher, sans les toucher avec la main, & on les exposera au Soleil, afin qu'après avoir été réchauffées, elles se remettent & reprennent vie, comme il arrive ordinairement aux mouches qui ont été noyées : il faut avoir soin de faire cette opération auprès des ruches, afin que, dès qu'elles auront repris leurs forces, elles puissent retourner chacune à leur domicile, & reprendre leur ouvrage.

CHAPITRE XVII.

SUR ces entrefaites, PAVO étant venu nous rejoindre, nous dit : Il ne tient qu'à vous de lever l'ancre, quand vous voudrez, car on est occupé à titer au sort pour départager les suffrages (1) des Tribus (2), & le *Præco* (3) a déja commencé à publier les noms de ceux que chacune d'elles a créés Ediles (4). APPIUS s'étant levé sur le champ pour aller féliciter son Candidat (5) sur le lieu même, & s'en retourner delà dans ses jardins, MÉRULA dit à AXIUS : Je vous donnerai dans un autre moment le troisieme acte des nourritures qui se font dans les Métairies. Comme ils se levoient

---

(1) On tiroit d'abord au sort pour sçavoir dans quel rang les Tribus donneroient leur suffrage aux Comices, & lorsque plusieurs Compétiteurs avoient un nombre égal de Tribus en leur faveur, on tiroit encore au sort pour sçavoir celui d'entre eux qui seroit préféré. Cicéron fait mention de ces deux tirages sous le nom de *sortitio*, du premier dans la seconde Philippique, & du second dans l'Oraison pour Plancius ; mais il ne peut pas être ici question du premier, puisque Varron & Axius avoient déja donné leur suffrage, Ch. II, & qu'on avoit fait le relevé des suffrages, Ch. V. toutes choses qui ne pouvoient qu'être postérieures au tirage, qui se faisoit pour fixer le rang dans lequel les Tribus donneroient leur suffrage.

(2) Voy. la Note 1 du Chap. II.

(3) C'étoit un Officier dont la fonction consistoit à appeller les Tribus à leur rang, pour donner leur suffrage dans les Comices, à publier le nom des Magistrats qui avoient été élus, à faire la lecture des loix que l'on proposoit, à citer les Juges, les témoins & les accusés dans les jugemens, & à faire les criées dans les ventes.

(4) Voy. la Note 8 du Chap. VII. du LIV. I.

(5) Voy. la Note 5 du Chap. II.

nous en conséquence, & que nous étions à nous
regarder AXIUS & moi, parce que nous étions
prévenus que notre Candidat viendroit nous trouver, AXIUS me dit : Il m'est fort égal que MÉRU-
LA nous ait quittés, parce que je suis au fait de
presque tout ce qui nous reste à dire. Comme il
y a deux especes de viviers, ceux d'eau douce &
ceux d'eau salée, il est à remarquer que la premiere espece, qui est adoptée par le peuple, ne
laisse pas de procurer des fruits : c'est à elle qu'il
faut rapporter les viviers de nos Métairies, qui
n'ont point d'autre eau que celle que les Nimphes (6) leur fournissent; mais pour ces viviers
d'eau de mer adoptés par les Nobles, auxquels
Neptune (7) seul est en droit de fournir l'eau &
les poissons, ils sont plus faits pour les plaisirs de
la vue, que pour le profit, & ils contribuent plutôt à vuider la bourse de ceux à qui ils appartiennent, qu'à la remplir : car il en coute beaucoup premiérement pour les construire, ensuite
pour les empoissonner, & enfin pour y nourrir le
poisson qu'on y a mis. Il est vrai qu'Hirrius retiroit douze mil *sestertii* des dépendances de ses viviers, mais la nourriture qu'il étoit obligé de
fournir à ses poissons consumoit ce profit dans
son entier : & cela n'est point étonnant, car je
me rappelle qu'il prêta en une seule époque à

---

(6) Voy. la Note 18 du Chap. I. du Liv. I.
(7) Voy. la Note 14 du Chap. V. du Liv. II.

César (8) jusqu'à deux mil murenes, à condition qu'elles lui seroient rendues au poids, & que
sa Métairie fut vendue quatre millions de *sestertii*,
par rapport à la quantité de poissons qu'elle contenoit : aussi dit-on communément avec grande
raison que nos viviers, de même que ceux que le
peuple entretient au milieu des terres sont doux,
tandis que ceux des Nobles sont amers. Qui est-ce
en effet d'entre nous qui ne sçait point se contenter d'un seul vivier de la premiere espece? Quel
est au contraire le Noble qui se contentera aujourd'hui d'un seul vivier sur le bord de la mer,
& qui n'en voudra pas réunir plusieurs? Je dis
plusieurs : car de même que Pausias (9) & les autres Peintres dans le même genre (10) ont de

---

(8) C'est le fameux Dictateur & le plus grand Héros
qui ait jamais existé : on peut le regarder comme le chef-
d'œuvre de la nature humaine, ses mœurs à part, & comme le mignon de la fortune, sauf sa fin tragique.

(9) Ce Peintre étoit de Sicyone & disciple de Pamphile,
lequel avoit aussi été maître d'Apelles : son genre étoit la
peinture appellée *encaustum* (Voy. la Note suivante), quoiqu'il peignît aussi au pinceau. Ce fut le premier qui imagina de peindre des voutes & des lambris. Comme il ne faisoit que de petits tableaux & sur-tout des enfans, ses en-
vieux l'accusoient d'être long à faire ses ouvrages, & pour
les confondre, il fit en un jour un fameux Tableau, connu par cette raison sous le nom de *Hemeresios*.

(10) Ce genre s'appelloit *encaustum*, parce qu'on y employoit le feu. Les anciens avoient plusieurs façons de peindre de cette maniere. Pline les détaille 35, 11, mais celle

grandes boîtes distribuées en plusieurs comparti-
mens, dans chacun desquels ils serrent les cires
des couleurs différentes dont ils ont besoin ; les
personnes dont je parle ont aussi des viviers distri-
bués en différentes loges, dont chacune sert à
contenir à part des poissons différens, auxquels aucun Cuisinier n'ose pas plus toucher (11)
que s'ils étoient sacrés, & plus respectables que
ces poissons que vous disiez, Varron, avoir vûs en
Lydie, lesquels pendant un sacrifice que vous
faisiez dans ce pays, s'attroupoient sur le bord du
rivage & jusqu'auprès de l'Autel, au son de la
flûte dont jouoit un Grec, sans que personne
osât les prendre : c'est dans ce pays que vous
aviez aussi vû danser dans le même temps des
Isles (12). Dans le temps que notre ami Q. Hor-

à laquelle on employoit la cire, & dont Varron parle ici,
n'est pas la plus connue. Il paroît qu'on gravoit d'abord des
tablettes de bois, qu'ensuite on remplissoit les traces de la
gravure avec des cires fondues de différentes couleurs, suivant l'objet qu'on vouloit peindre, & qu'en échauffant ces
tablettes par-dessous, la cire s'enfonçoit plus profondément
& s'imprimoit dans les sillons de la gravure, de façon à ne
pouvoir plus en sortir.

(11) L'expression Latine présente un jeu de mots qu'il est
impossible de rendre en notre langue. Ce jeu de mots est
fondé sur la double signification du mot *Jus*, qui veut dire
Justice & *sauce*, de façon que *vocare in Jus*, qui signifie
dans d'autres circonstances *citer en Justice*, signifie ici *mettre en sauce*.

(12) Pline 2, 95, fait mention de ce fait qui paroît bien

tensius (13) étoit possesseur de ces viviers qui lui avoient coûté si cher à construire auprès de Bauli, il m'est arrivé assez souvent d'aller avec lui à sa Métairie, pour pouvoir certifier qu'il étoit dans l'usage habituel d'envoyer acheter à Puteoli du poisson pour sa table, & qu'il ne s'en tenoit pas à la manie de ne pas vouloir tirer sa nourriture de ses viviers, mais qu'il se faisoit encore un plaisir d'en nourrir lui-même les poissons : il avoit même plus à cœur que ses surmulets n'eussent jamais faim, que je n'ai à cœur que mes ânes ne manquent de rien dans ma Métairie de Rosea ; encore qu'il lui en coûtat beaucoup plus, tant pour la boisson que pour la nourriture de ses poissons, qu'il ne m'en coûte pour celle de mes ânes. Car enfin tel profit qu'ils me rapportent, je n'ai besoin pour les nourrir, que d'un petit esclave, d'un peu d'orge, & de l'eau que je trouve chez moi ; au lieu qu'Hortensius avoit d'abord, pour servir ses poissons, une foule de pêcheurs occupés continuellement à amasser de petits poissons, qu'ils donnoient à manger aux gros, ensuite il étoit obligé, lorsque la mer étoit agitée, de faire jetter dans ses viviers du poisson salé qu'il achetoit exprès, de sorte qu'il ne les laissoit jamais manquer de

---

singulier, mais qui n'est pas inexplicable. Ces Isles pouvoient bien n'être que de petites parties de marais, qui s'ébranloient lorsqu'on dansoit dans les environs.

(13) Voy. la Note 8 du Chap. III.

proviſions pendant la tempête, & que le marché des vendeurs de marée leur en fourniſſoit autant que la mer auroit pû faire elle-même, & cela dans le temps même où les pêcheurs n'auroient pas pû tirer juſqu'au rivage, avec le ſecours de leurs filets, des poiſſons vivans pour ſervir à la nourriture du peuple. Hortenſius auroit plutôt conſenti a tirer de ſon écurie des mules d'attelage pour vous en faire préſent, qu'a tirer de ſon vivier un ſeul mulet barbu. Mais il y a plus, continua-t-il, puiſqu'il ne prenoit pas moins de ſoin de ſes poiſſons, lorſqu'ils étoient malades, qu'il n'auroit fait de ſes eſclaves. En conſéquence il auroit été moins inquiet ſi un eſclave, malade chez lui, eut bû de l'eau froide, que ſi ſes poiſſons (14) en euſſent bû. Auſſi prétendoit-il que M. Lucullus étoit un homme négligent, & qu'on ne pouvoit faire aucun cas de ſes viviers, parce qu'il n'avoit point de quartier de rafraîchiſſement où il pût mettre ſes poiſſons pendant l'Eté, & qu'il les laiſſoit dans une eau croupiſſante & dans des lieux mal-ſains ; tandis qu'au contraire L. Lucullus, qui avoit fait fouiller une montagne auprès de Naples, & qui avoit fait rendre dans ſes viviers les rivieres voiſines de la mer, pour les remplir & les dégorger alternativement par leur

---

(14) Pline 9, 55, lui impute même d'avoir eu tant de foible pour une murene, qu'il verſa des larmes, quand elle mourut.

A a iij

flux & leur reflux, ne le cédoit point à Neptune (15) lui-même pour la pêche, & qu'il sembloit qu'il eût, par ces magnifiques opérations, transféré ses chers poissons dans des lieux plus frais, pour les garantir de la chaleur, à l'exemple des Bergers de l'Apulia, qui font dans l'usage, pour garantir leurs troupeaux de la chaleur, de les conduire sur les montagnes du pays des Sabins. Il avoit tant de passion pour ses viviers de Bayæ, qu'il avoit donné carte blanche à son Architecte pour le ruiner, pourvu qu'il vînt à bout de faire un canal souterrain, qui pût les joindre à la mer, afin que, par le moyen d'une digue, le flux pût y entrer deux fois par jour, depuis le premier quartier jusqu'à la nouvelle Lune suivante, & en ressortir pour retourner à la mer, le tout pour rafraîchir ses viviers. Dans le moment que nous tenions cette conversation, nous entendîmes du bruit à notre droite ; c'étoit précisément notre Candidat (16), qui étoit désigné Édile (17), & qui venoit directement à nous. Nous allames au-devant de lui, & après l'avoir félicité, nous le suivimes au Capitole (18), d'où il se retira chez

---

(15) Voy. la Note 14 du Chap. V. du Liv. II.

(16) Voy. la Note V. du Chap. II.

(17) Voy. la Note 8 du Chap. VII. du Liv. I.

(18) Le Capitole étoit une grande Citadelle bâtie sur le Mont Saturnin à Rome, par Tarquin le Superbe. On l'appelloit ainsi, *a capite*, parce qu'en y fouillant pour les

lui, & nous de même. Daignez agréer cette conversation, que je vous ai rendue sommairement, comme le résultat de nos opinions sur les nourritures qui se font dans les Métairies.

---

fondations du Temple de Jupiter, on y avoit trouvé une tête d'homme.

Fin du Livre troisieme.

TABLE
ALPHABÉTIQUE

Des poids, mesures & monnoies, avec leurs valeurs actuelles.

Acnua, Liv. 1, Chap. 10. Selon le texte de Varron, c'est le nom que les Latins donnoient à l'*actus quadratus*, mais voyez la Note 1 de ce Chapitre.

Actus quadratus, Liv. 1, Chap. 10. Mesure des surfaces. C'est une surface de cent-vingt pieds de largeur, sur autant de longueur (*V. Pes ad Cat.*). On l'appelloit *quadratus*, pour le distinguer de l'*Actus simplex*, que Columelle appelle *minimus*, Liv. 5, Chap. 1, & qui n'avoit que quatre pieds de largeur sur cent vingt de longueur. Pline 18, 3, ne met point de différence entre ces deux *Actus*, mais il dit que l'*Actus* est en général l'espace que peuvent labourer des bœufs d'un seul trait : cette définition peut effectivement s'appliquer à l'*Actus* tant *quadratus* que *simplex*, si on ne considere que leur longueur, qui est la même pour l'un comme pour l'autre.

Amphora, Liv. 1, Chap. 54. Voy. ce mot *ad Cat.* Il s'agit là d'une *Amphore* d'une contenance quelconque.

As, Liv. 1, Chap. 12. Liv. 2, Chap. 5. Liv. 3, Chap. 7. (*V.* le mot *Nummus ad Cat.*). Varron a raison de dire qu'il pesoit, avant la premiere guerre Punique, deux cent quatre-vingt huit *scri-pula*, Liv. 1, Chap. 10, puisqu'il pesoit une livre ou douze onces, & que chaque once étoit de vingt-quatre *scripula*.

BIPALMIS, Liv. 3, Chap. 7. de *bis*, *deux fois* & *Palmus*. C'est ce qui avoit la longueur de deux *Palmi*. V. le mot *PALMUS*, *ad Cat.*

BIPEDALIS, Liv. 1, Chap. 8. Voy. ce mot *ad Cat.*

CENTURIA. Mesure des surfaces, ainsi nommée du mot *centum*, *cent*, parce qu'elle contenoit cent *Hæredia* (*V. HÆREDIUM*). C'est une surface quarrée, dont chacun des côtés avoit deux mil quatre cent pieds de longueur, Liv. 1, Chap. 10. (Voy. le mot *PES ad Cat.*). Par conséquent elle comprenoit deux cent *Jugera*, Liv. 1, Chap. 18. (*V. JUGERUM ad Cat.*), puisque l'*Hæredium* étoit de deux *Jugera*.

CONGIUS, Liv. 2, Chap. 11. Liv. 3, Chap. 16. (Voy. ce mot *ad Cat.*).

CUBITUS, Liv. 1, Chap. 37. Cette mesure des intervalles étoit prise sur la longueur ordinaire du bras de l'homme, depuis le coude jusqu'au bout du doigt du milieu, & étoit évaluée à un pied & demi (*V. PES ad Cat.*).

DENARIUS, Liv. 2, Chap. 3. Liv. 3, Chap. 2, 6, 7. (Voy. le mot *NUMMUS ad Cat.*).

DIGITUS, Liv. 2, Chap. 4. Liv. 3, Chap. 16. (Voy. ce mot *ad Cat.*).

DODRANS. Il se prend, Liv. 3, Chap. 8, pour les trois quarts du Pied, auquel s'appliquoient les divisions solemnelles de la livre en *uncia*, *sextans*, &c. comme elles s'appliquoient à tout ce qui étoit susceptible de mesure ou de partage. (*V. LIBRA & PONDO ad Cat.*).

HÆREDIUM, Liv. 1, Chap. 10. Mesure des surfaces ainsi nommée, parce que c'étoit la quantité de terre qui avoit été distribuée par Romulus à chaque Citoyen, & qui devoit passer à ses héritiers; elle étoit le double du *Jugerum*, & contenoit par conséquent 57600 pieds quarrés. (*V. JUGERUM ad Cat.*).

JUGERUM, Liv. 2, Chap. 3. Liv. 3, Chap. 16. (Voy. ce mot *ad Cat.*). C'étoit la mesure adoptée par les Romains & dans tout le Latium, Liv. 1, Chap. 10. Saserna prétendoit qu'il suffisoit d'un attelage de bœufs, pour labourer cent *Jugera* de terrein, Liv. 1, Chap. 19, & qu'un homme pouvoit à lui seul expédier en quatre journées un *Jugerum* de terre dans un pays plat, Liv. 1, Chap. 18. Pour ensemencer un *Jugerum* en luzerne, il suffisoit d'un *Sesquimodius* de graine, Liv. 1, Chap. 42, (*V. SESQUIMODIUS*), au lieu qu'il falloit communément quatre *Modii* de fèves, cinq de bled, six d'orge & dix de froment, Liv. 1, Chap. 44, (*V. MODIUS*). On pouvoit le moissonner en une journée de travail, Liv. 1, Chap. 50. On peut conclure du Liv. 3, Chap. 2, qu'un *Jugerum* rapportoit cent cinquante *Sestertii* de revenu (*V. SESTERTIUS*). Un parc de quarante *Jugera* passoit pour un parc tres-considérable du temps de Varron, Liv. 3, Chap. 12. Le plus grand, dont il soit fait mention, qui étoit celui d'Hortensius, n'en avoit que cinquante, Liv. 3, Chap. 13.

JUGUM, Liv. 1, Chap. 10. Mesure des surfaces. C'est l'espace que deux bœufs attelés ensemble peuvent labourer en un jour : c'étoit la mesure des terres adoptée dans l'Espagne Ultérieure. Les Auvergnats donnent encore le nom de *joug* à un pareil espace de terrein.

LAPIS, Liv. 5, Chap. 2. Mesure des distances. En conséquence d'un établissement de C. Gracchus, tous les grands chemins qui partoient de Rome, étoient marqués de mil pas en mil pas, par une *pierre* sur laquelle étoit gravé le chiffre qui désignoit le mille où elle se trouvoit ; c'est de là que le mot de *Lapis* se prenoit pour un espace de mil pas (*V. PASSUS*).

MODIUS, Liv. 1, Chap. 7. (Voy. ce mot *ad Cat.*). On peut estimer la force motrice des Pressoirs à huile des Romains, d'après ce que dit Varron, Liv. 1, Chap. 24, qu'une seule pressurée doit rendre cent soixante ou tout au moins cent vingt *modii* d'huile. Il falloit quatre *modii* de fèves, cinq de bled, six d'orge & dix de froment pour ensemencer un *Jugerum* de terre, Liv. 1, Chap. 44. (*V. JUGERUM*). Les anciens, pour donner au bled la propriété de se garder long-temps, l'arrosoient de lie d'huile, à la quantité d'un *quadrantal* de lie d'huile pour mil *modii* de bled environ, Liv. 1, Chap. 57. (*V. QUA-DRANTAL*).

NUMMUS. Ce *Nummus* doit s'entendre, Liv. 3, Chap. 6, 7, du *Sestertius Nummus* (*V. SES-TERTIUS*).

PALMARIS, Liv. 1, Chap. 35. C'est ce qui est de la longueur d'un *Palmus* (*V. PALMUS*).

PALMIPEDALIS, Liv. 2, Chap. 4. C'est ce qui est de la longueur d'un Pied & d'un *Palmus* (*V. PES & PALMUS*).

PALMUS, Liv. 3, Chap. 7. (Voy. ce mot *ad Cat.*).

PASSUS, Liv. 3, Chap. 12. Columelle nous apprend, 5, 1, que la mesure des intervalles, qui portoit ce nom, avoit cinq pieds de longueur

(*V. PES*). Ainfi ce mot eft bien différent du fubf-
tantif *paffus*, pris pour la démarche, ou l'efpace
qui fe trouve entre les deux pieds quand on marche, puifque cet efpace commun n'eft que de
deux pieds & demi, au lieu que le *paffus*, dont
il s'agit ici, eft le double de cet efpace; il vient
donc de l'adjectif *paffus*, qui veut dire, *étendu*,
parce que c'eft la longueur que font fuppofés donner les bras & les mains, lorfqu'on les étend.

PEDALIS, Liv. 1, Chap. 40. (Voy. ce mot *ad
Cat.*).

PES, Liv. 1, Chap. 24. Liv. 2, Chap. 4. Liv.
3, Chap. 5, 8, 9, 10, 11, 16. (Voy. ce mot *ad
Cat.*).

PONDO, Liv. 2, Chap. 4, on ce mot eft fous-
entendu, & Liv. 3, Chap. 16. (Voy. ce mot *ad
Cat.*).

QUADRANS. Il fe prend, Liv. 3, Chap. 14,
pour le quart du *Sextarius*, auquel s'appliquoient
les divifions folemnelles de la livre en *Uncia*,
Sextans, &c. (*V. LIBRA* & *PONDO*, *ad Cat.*).
Ainfi c'eft la valeur de trois *Cyathi*, puifque le
Sextarius en contenoit douze (*V. SEXTARIUS*
& *CYATHUS ad Cat.*).

QUADRANTAL. (Voy. ce mot *ad Cat.*). On
verfoit un *quadrantal* de lie d'huile fur environ
mil *modii* de bled, pour lui donner la propriété
de fe garder plus longtemps, Liv. 1, Chap. 57.
(*V. MODIUS*).

SALTUS, Liv. 1, Chap. 10. Ce mot, ufité par
rapport aux terres qui avoient été partagées publiquement entre les citoyens, fe prenoit pour la
valeur de quatre *centuriæ* jointes enfemble, fur
deux de face (*V. CENTURIA*).

SCRIPULUM. C'étoit le $\frac{1}{24}$ de l'*Uncia*. Or comme l'*As*, la livre & le *Jugerum* se divisoient tous également en douze *Unciæ* (*V.* LIBRA & PONDO *ad Cat.*), il y avoit deux cent quatre-vingt huit *Scripula*, tant dans l'*As* lorsqu'il pésoit une livre, que dans le *Jugerum* : ainsi le *Jugerum* contenant vingt-huit mil huit cent pieds quarrés de surface, son *Scripulum* équivaloit à dix pieds, tant en longueur qu'en largeur, Liv. 1, Chap. 10.

SEMIPES, Liv. 3, Chap. 8, 10. (Voy. ce mot *ad Cat.*).

SEMIS, Liv. 3, Chap. 7. C'est six *Unciæ*, ou la moitié de l'*As* (*V. As*).

SEMODIUS, Liv. 3, Chap. 8. (Voy. ce mot *ad Cat.*).

SESQUIMODIUS, Liv. 1, Chap. 42. de *Sesqui* & *Modius*. Suivant la signification du mot *Sesqui* (*V.* SESQUILIBRA *ad Cat.*), c'étoit un *Modius* & demi (*V.* MODIUS). Il falloit un *Sesquimodius* de graine de luzerne pour ensemencer un *Jugerum* de terre (*V.* JUGERUM).

SESQUIPES, Liv. 1, Chap. 43. (Voy. ce mot *ad Cat.*).

SESTERTIUS, Liv. 2, Chap. 1. Liv. 3, Chap. 2, 6, 16, 17. (Voy. ce mot *ad Cat.*). Quelquefois les Romains supprimoient le mot de *Sestertius*, & se contentoient d'en exprimer la quantité, comme dans Liv. 2, Chap. 8. Liv. 3, Chap. 2, 4, 5. Lorsqu'ils se servoient d'un adverbe pour exprimer un certain nombre de *Sestertii*, ils sous-entendoient toujours le nombre de cent mil ajouté à cet adverbe, ainsi le *Quadragies* du Liv. 3, Chap. 17, signifie quarante fois CENT MIL *Sestertii*, ou quatre millions de *Sestertii*.

SEXTANS. C'est, dans le Liv. 1, Chap. 10, le sixieme du *Jugerum* (*V.* JUGERUM), auquel s'adaptoit la division solemnelle de la livre en *Uncia*, *Sextans*, &c. (*V. LIBRA & PONDO ad Cat.*)

TRECENARIÆ (*vites*), Liv. 1, Chap. 2. Vignes qui rapportoient trois cent *Amphoræ* de vin, ou quinze *Cullei* (*V. CULLEUS & AMPHORA*).

TRIPEDALIS, Liv. 3, Chap. 9. C'est le même que le *Tripedaneus* de Caton. (Voy. ce dernier mot *ad Cat.*).

VERSUS, Liv. 1, Chap. 10. C'étoit une mesure des terres adoptée par les Habitans de la Campanie. Elle étoit de cent pieds, tant en longueur qu'en largeur, & par conséquent de dix mil pieds quarrés (*V. PES ad Cat.*).

UNCIA. C'est, dans le Liv. 1, Chap. 10, la douzieme partie du *Jugerum* (*V. JUGERUM*), auquel s'adaptoit la division solemnelle de la livre en *Uncia*, *Sextans*, &c. (*V. LIBRA & PONDO ad Cat.*).

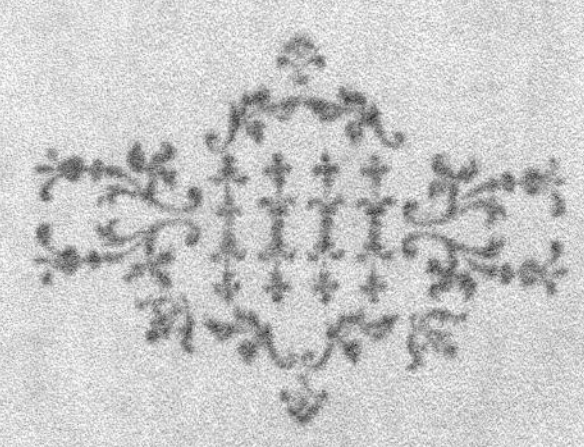

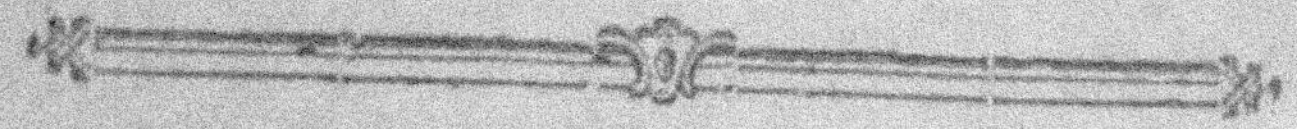

TABLE
ALPHABÉTIQUE

Des Villes & Pays, avec leurs noms modernes.

ÆGEUM (*pelagus*). La mer Egée. On l'appelle aujourd'hui l'Archipel ; c'est une partie de la Méditerranée, qui a l'Anatolie à l'Orient ; la Macédoine, la Thessalie, l'Achaïe, le Péloponnese à l'Occident ; la Romanie au Nord, & l'Isle de Candie au Midi. Varron prétend, Liv. 2, Chap. 1, qu'elle tiroit son nom du mot Grec *αίγυες*, qui veut dire, *chevres* : en quoi il est d'accord, soit avec Pline qui le fait dériver d'un certain rocher qui s'y trouvoit, & qui avoit la figure d'une chevre, 4, 11, soit avec Festus qui, en donnant à la vérité d'autres étymologies de ce mot, convient cependant qu'on l'a pû nommer ainsi, parce qu'elle étoit parsemée de plusieurs Isles, qui avoient l'air d'un troupeau de chevres, lorsqu'on les regardoit à une certaine distance.

ÆGYPTUS. L'Egypte étoit chez les anciens une partie de l'Asie, dont le Nil faisoit autrefois les bornes : l'Egypte moderne est bornée au levant par la mer Rouge, au Nord par la mer Méditerranée, au couchant par le Royaume de Barca, & au Midi par la Nubie, & fait partie de l'Afrique. Il y avoit beaucoup d'*Obœrati* en Egypte, Liv. 1, Chap. 17, par lesquels on faisoit cultiver les terres (Voy. la Note 1 de ce Chapitre).

ÆMILIANI, Liv. 3, Chap. 2. C'étoit un fauxbourg de la ville de Rome.

ÆOLIS, l'Eolie. Pays de l'Asie mineure, entre la Troade au Septentrion, & l'Ionie au Midi ; il y avoit un dialecte de la langue Grecque, nommé Eolien, dont Varron cite quelques termes, Liv. 3, Chap. 1 & 12.

AFRICA. Voy. ce mot *ad Cat.* où il est aussi parlé des figues d'Afrique transportées en Italie, dont Varron fait mention, Liv. 1, Chap. 41. L'Afrique rapportoit le centuple des grains qu'on y semoit, Liv. 1, Chap. 44, aussi étoit-ce de ce pays que

les Romains tiroient la meilleure partie du bled qu'ils
consommoient, Liv. 2, Pref.
Ils en tiroient aussi les bêtes
fauves qu'ils faisoient com-
battre les unes contre les autres dans leurs spectacles,
Liv. 3, Chap. 13, & les escargots de moyenne taille
qu'ils nourrissoient chez eux,
Liv. 3, Chap. 14. Il y avoit
une certaine espece de poules
en Afrique, qui étoit regardée comme très-rare à Ro-
me, & qui y coutoit fort
cher, Liv. 3, Chap. 9, mais
on ne sçait pas trop quelle
poule c'étoit (Voy. la Note
4 de ce Chap.). C'est de cette
partie du monde que les chevres & les brebis furent apportées en Grece par Hercule, Liv. 2, Chap. 1.

ALBA, Liv. 3, Chap. 2,
(Voy. ce mot *ad Cat.*). Cette
Ville, qui subsiste encore, re-
montoit, dès le temps de
Varron, à la plus haute antiquité, puis qu'elle fut bâtie
vers le temps qu'Enée descen-
dit en Italie, Liv. 2, Chap. 4.

ALBIUM-INGAUNUM,
Liv. 3, Chap. 9. Il y avoit
dans la Ligurie deux Villes
qui portoient le nom d'*AL-
BIUM*, sçavoir, *ALBIUM-
INGAUNUM* & *ALBIUM-IN-
TEMELIUM*, Pline 3, 4, parce que les Liguriens étoient
eux-mêmes distingués en *In-
temelii* & en *Ingauni*, *Al-
bium-Intemelium* est aujour-
d'hui Vintimiglia, petite vil-

le Episcopale de l'Etat de
Génes, & *Albium-Ingaunum*
est Albenga, ville & port
de mer de la même République.

ALPES. Les Alpes: montagnes qui séparent l'Italie de
la France & de l'Allemagne,
& qui, commençant à la côte
de la mer de Génes, vont finir au Golfe de Venise. Varron, Liv. 3, Chap. 12, fait
mention de lievres que l'on
trouve dans la Gaule auprès
des Alpes, & qui sont semblables à ceux d'Italie, si ce
n'est qu'ils sont tout blancs.

AMITERNUM, Liv. 2,
Chap. 9. Aujourd'hui *AMI-
TERNO*, ville d'Italie dans
l'Abruzze ultérieure.

AMMINÆI, Liv. 1, Chap.
53. (Voy. ce mot *ad Cat.*).

AMPHIPOLIS, Liv. 1,
Chap. 1. Ville de l'ancienne
Macédoine, sur les confins
de la Thrace: les Turcs la
nomment aujourd'hui Em-
boli.

ANICIUM, Varron fait
mention, Liv. 1, Chap. 59,
de poires qu'il nomme *ANI-
CIANA* (Voy. ce mot *ad Cat.*).

APULIA, Liv. 2, Pref.
Pays de l'Italie sur les côtes
de la mer Adriatique: c'est
aujourd'hui l'Apouille dans
le Royaume de Naples, qui
comprend trois Provinces, la
Capitanate, la terre de Bar-
ry & celle d'Otrante. Le froment y étoit excellent, Liv.
1, Chap. 2. Les cultivateurs
étoient

étoient dans l'usage d'y far-
cler les terres, & de partager
leur culture en petites soles,
Liv. 1, Chap. 19. Les greniers y étoient suspendus en
l'air, afin que le bled fût plus
au frais, Liv. 1, Chap. 57,
d'autant que le climat y étoit
chaud & pesant, par la raison, dit Varron, que les plaines en étoient spacieuses,
Liv. 1, Chap. 6. Aussi en re-
tiroit-on les brebis pendant
l'Eté pour les conduire dans
d'autres Provinces, où elles
passoient cette saison, Liv.
2, Chap. 1. On pratiquoit la
même méthode par rapport
aux cavales, Liv. 2, Chap.
10, & à tous les autres bestiaux, Liv. 3, Chap. 17,
comme, au contraire, on y
conduisoit les brebis des autres climats pour y passer l'hiver, Liv. 2, Chap. 2. Les
chevaux de ce pays avoient
du renom, Liv. 2, Chap. 7,
& les Marchands s'y ser-
voient d'ânes de charge, pour
transporter à la mer leurs
marchandises, Liv. 2, Ch. 6.

ARCADIA. C'étoit une partie du Péloponnèse, située au
milieu des terres, & la partie de l'Achaïe qui ne tenoit
à la mer par aucun côté.
L'Arcadie, avec la Laconie,
s'appellent aujourd'hui Za-
chonie. La race des ânes de
ce pays passoit pour être la
meilleure, Liv. 2, Chap. 1,
6, 8. Varron avoit vû dans
ce pays une truie si grasse,

Tome II.

qu'elle ne pouvoit pas se lever, & qu'elle avoit laissé loger sur son corps une souris,
qui y avoit fait ses petits,
Liv. 2, Chap. 4.

ARDEA, Liv. 2, Chap.
11. Ville du Latium à dix-
huit milles de Rome. Elle
étoit la capitale des Rutules.
Ce n'est plus qu'un bourg de
la campagne de Rome, qui
porte le même nom.

ARGOS, Liv. 2, Cap. 5.
Ville très-ancienne & très-cé-
lèbre de l'Achaïe, elle subsiste encore aujourd'hui sous
le même nom : c'est une ville
de la Morée, dans la Saca-
nie, sur la Planiza. Elle étoit
fertile en bled dès le temps
d'Homère, Liv. 1, Chap. 2.

ARIMINUM. C'étoit une
ville qui étoit sur la voie
Flaminia, auprès du Rubi-
con, avec un port & un fleuve de son nom : ses environs
étoient très-fertiles en vin,
Liv. 1, Chap. 2. On l'appelle
aujourd'hui Rimini : c'est une
ville de l'Etat de l'Eglise, située à l'embouchure de la
Maréchia, dans le Golfe de
Venise.

ARMENIA. Région de l'A-
sie, qui étoit située entre le
Mont-Taurus & le Mont-
Caucase, & qui s'étendoit
depuis la Cappadoce, jusqu'à
la mer Caspienne. L'Arménie
moderne est entre la Syrie,
l'Anatolie, la Mésopotamie
& la Géorgie. On y trouvoit
un certain minéral qui por-

toit son nom, & que les Peintres employoient dans la couleur bleue, Liv. 3, Chap. 2.

ARPINUM. Ville des Volsques dans le Latium, qui subsiste encore sous le nom d'Arpino. C'est un bourg du Royaume de Naples dans la terre de Labour. Cicéron étoit de cette Ville, & les habitans ont encore en son honneur un sceau public, sur lequel sont gravées ces trois lettres, M. T. C. On y attachoit les vignes au joug avec des roseaux, Liv. 1, Chap. 8.

ASCRA. C'étoit un village de Béotie, au bas du Mont Hélicon, célebre pour être la patrie d'Hésiode, Liv. 1, Chap. 1.

ASIA, Liv. 1, Chap. 17. L'une des quatre parties du monde, aussi grande à elle seule que l'Europe & l'Afrique ensemble; c'est la premiere qui ait été habitée. Elle est séparée de l'Afrique par la mer Rouge, & de l'Europe par la Méditerranée, l'Archipel, la mer de Marmora, la mer Noire & celle de Zabache, la riviere de Don & le Volga. Varron prétend 1, 2, que l'Asie, par cela seul qu'elle est plus méridionale, est moins saine & moins cultivable, que l'Europe qui est plus septentrionale. Il y avoit en plusieurs contrées de l'Asie des vignes rampantes à terre, Liv. 1, Chap. 8. On y faisoit culti-

ver les terres par des *Obærati*, Liv. 1, Chap. 17. (Voy. la Note 1 de ce Chap.).

ATHENÆ, Liv. 1, Chap. 1, Liv. 2, Chap. 1. Varron nous apprend, dans son traité de la Langue Latine, qu'il y avoit trois Villes de ce nom, mais que les habitans de la plus célebre, qui étoit située en Grece, entre l'Achaïe & la Macédoine, étoient les seuls qu'on appellât *ATHENIENSES*, & que ceux des deux autres s'appelloient les uns *ATHENÆI*, les autres *ATHENEOPOLITÆ*. Le nom de la premiere lui vient de Pallas ou Minerve, Déesse de la Sagesse, que l'on appelloit en Grec ἐλαία. Servius raconte qu'il s'éleva, à l'occasion de son nom, entre Neptune & Minerve, une dispute que les Dieux terminerent, en déclarant que cette Ville porteroit le nom de celle de ces deux Divinités, qui feroit le présent le plus utile aux mortels. Neptune, en frappant le rivage, avoit créé le cheval, mais Minerve, en jettant sa lance en l'air, créa l'olivier, & mérita par la la préférence. Quoiqu'il en soit de cette Fable, Varron prétend, Liv. 1, Chap. 1, que les oliviers avoient pris naissance dans cette Ville. Il fait aussi mention, Liv. 1, Chap. 17, d'un platane que l'on voyoit dans cette Ville, & dont les racines n'avoient pas moins de trente-trois *cubiti* de longueur, ainsi que d'une Horloge, Liv. 3, Chap. 5. Cette Ville subsiste encore sous le nom de Setines, ville Archiépiscopale, Capitale de la Livadie, & située sur le Golfe d'Engia. Elle appartient aux Turcs.

ATTICA. Pays situé entre l'Achaie & la Macédoine, dont Athènes étoit la Capitale : on veut qu'il fut appellé ainsi du mot Grec ακτη, qui veut dire, *rivage*, parce qu'on y abordoit de toutes parts avec beaucoup de facilité. Les brebis de ce pays étoient célèbres par l'excellence de leur laine, & on les tenoit, par cette raison, toujours couvertes de peaux, Liv. 2, Chap. 2. Les loix de l'Attique punissoient de mort quiconque avoit tué un bœuf, Liv. 2, Chap. 5. L'Attique est aujourd'hui un pays de l'Achaie dans la Grece, entre la mer Egée, la Béotie & le territoire de Mégare.

BAGIENNI. Il y a tout lieu de croire que ce sont les peuples, que Pline Liv. 3, Chap. 5, 16 & 20 appelle *Vagienni*, & qu'il place en-deçà des Alpes, vers la source du Pô dans le Piémont ; cette situation en effet s'accorde assez avec ce que dit Varron, Liv. 1, Chap. 51, que ces peuples couvroient leur aire d'un toit, à cause des orages qui s'élevoient souvent chez eux dans le temps de la moisson. Car il est naturel que ces sortes d'orages fussent fréquens dans un pays montagneux, peu éloigné de la mer, & où un grand fleuve prenoit sa source.

BAIÆ. Ville de la Campanie, près le lac Lucrin, entre Puteoli & le Mont-Misenus, aujourd'hui Baies dans la terre de Labour, près de Naples. Cette Ville étoit autrefois très célèbre par la bonté de l'air qu'on y respiroit, ce qui y attiroit un grand nombre de bourgeois de Rome, qui y bâtirent à l'envi des Châteaux magnifiques. C'est-là qu'étoient les superbes viviers de Q. Hortensius, Liv. 3, Chap. 17.

BASCULUS. Peuple d'Espagne que Varron, Liv. 2, Chap. 10, déclare n'être point propre à prendre soin des bestiaux, faute d'être alerte & léger. La gravité qu'on reproche encore aujourd'hui aux peuples qui habitent le même climat, seroit-elle donc due à l'influence de l'air ? Ces peuples habitoient la contrée qui s'étend depuis la Guadiane jusqu'à l'Océan, Pline 3, 1.

BAULI. Petit village qui étoit situé entre le promontoire de Misene (aujourd'hui Cap-Miseno) & Bayes, auprès duquel étoient les viviers d'Hortensius, Liv. 3, Chap. 17.

BEOTIA. Contrée de l'ancienne Grece environnée de trois mers, de celle du Péloponnese, de celle de Sicile & de la mer Adriatique; elle s'étendoit par conséquent depuis le golfe de Zeiton, & le détroit de Negrepont, jusqu'au golfe de Lepante. Thebes sa Capitale étoit la plus ancienne ville de la Grece, Liv. 3, Chap. 1. C'est dans cette contrée que s'introduisit le dialecte de la Langue Greque, connu sous le nom d'Eolien, parce qu'il passa de cette contrée dans l'Eolie. Varron en cite quelques termes, Liv. 3, Chap. 1 & 12.

BITHYNIA, Liv. 1, Chap. 1. Contrée de l'Asie mineure proche la Troade, & vis-à-vis la Thrace.

BRUNDUSIUM, Liv. 3, Chap. 3. Ville & port de cette partie de la Calabre, que les anciens nommoient Messapia: c'est aujourd'hui Brindes, ville du Royaume de Naples dans la terre d'Otrante, sur le golfe de Venise: Les habitans attachoient leurs vignes au joug avec des cordes, Liv. 1, Chap. 8, & les Marchands s'y servoient d'ânes de charge pour transporter à la mer leurs marchandises, Liv. 2, Chap. 6.

BRUTII, Liv. 2, Chap. 1. Anciens peuples d'Italie qui en occupoient la pointe où est aujourd'hui la Calabre, ils s'étendoient depuis la riviere qui porte le nom de Laus, jusqu'au détroit de Sicile.

BIZACIUM. Ancienne Province de l'Afrique, connue dans les Auteurs Ecclésiastiques, sous le nom de Byzacene. C'est maintenant la partie méridionale du Royaume de Tunis. Elle étoit si fertile que Varron, Liv. 1, Chap. 44, dit que le bled y rendoit cent pour un, Pline dit d'abord la même chose 5, 4, mais ce Naturaliste varie 17, 5 & 18, 10, en assurant que le rapport y étoit de cent cinquante pour un; comment concilier cette variété dans ces deux Auteurs? que dis-je? comment concilier Pline avec lui-même?

CAMPANIA. (Voy. *ad Cat.*) Elle produisoit le meilleur de tous les fromens, Liv. 1, Chap. 2. La terre y étoit légere, Liv. 1, Chap. 20, Liv. 2, Chap. 6. On s'y servoit de la mesure appellée *Versus*, Liv. 1, Chap. 10 (Voy. *Versus* à la Table des poids & mesures).

CAMPUS MARTIUS, Liv. 3, Chap. 2. C'étoit une place située entre la Ville & le Tybre, qui avoit appartenu d'abord aux Tarquins: elle étoit ainsi nommée, parce qu'on y avoit bâti un Temple au Dieu Mars; c'étoit là qu'on tenoit les assemblées du peuple Romain.

CANTERIUS. C'est une montagne du pays des Sabins (Voy. *Sabini*), qui tiroit son nom des chevaux hongres, nommés *Canterii* en Latin, Liv. 2, Chap. 1.

CANUSIUM. C'étoit une très-grande ville de l'Apulia, à travers laquelle passoit le fleuve Aufidius (aujourd'hui l'Ofanto), Pl. 3, 11. Les habitans attachoient leurs vignes perpendiculairement au joug, & leurs jougs n'étoient rien autre chose que des branches de figuiers, qu'ils lioient ensemble par les extrémités, Liv. 1, Chap. 8.

CAPPADOCIA. Ancien Royaume de l'Asie mineure, vers le pont Euxin; comme elle se trouvoit divisée en deux Satrapies sous les Perses, les Macédoniens retinrent cette division, & en firent deux Royaumes, l'un vers le Mont-Taurus, appellé proprement *CAPPADOCIA*, & l'autre appellé *PONTUS*. Elle s'étendoit en largeur depuis le Pont jusqu'au Mont-Taurus, & en longueur depuis la Lycaonie & la Phrygie, jusqu'à l'Euphrate & l'Arménie. C'est aujourd'hui le pays compris sous les noms d'Amasie, d'Anadole & de Bozoch soumis aux Turcs. Strabon dit que la Cappadoce étoit fertile en bled, & Varron dit qu'on s'y serroit dans des cavernes sous terre, Liv. 1, Chap. 57.

CAPRASIA. Isle de la mer Toscane, ainsi appellée, dit Varron, Liv. 2, Chap. 3, parce qu'il y avoit beaucoup de chevres sauvages. Pline 3, 6, l'appelle Capraria, & il dit que les Grecs l'appelloient Ægilon, du mot Grec *αιγες*, qui signifie *chevres*, ce qui vient à l'appui de ce que dit Varron.

CARIA. Contrée de l'Asie mineure, entre la Lycie & l'Ionie. Ce pays s'appelle aujourd'hui Aidinelli. Il produisoit une sorte de craie que quelques anciens égrugeoient sur le bled avant de le serrer, afin qu'il fût de garde, Liv. 1, Chap. 57.

CARTHAGO, Liv. 1, Chap. 1. Ville d'Afrique & l'une des plus célebres de l'antiquité. Elle étoit maitresse de tous les pays policés de l'Afrique, & de presque toute l'Espagne, & elle disputa long-temps l'Empire du monde aux Romains, mais enfin elle fut détruite par ces derniers. On voit encore ses ruines à trois lieues de Tunis, & les Africains les nomment Bersack de son ancien nom Byrsa. Ses habitans serroient leurs bleds dans des puits, Liv. 1. Chap. 57.

CASINUM, Liv. 3, Chap. 3, 4, 5. (Voy. ce mot *ad Cat.*). Les troupeaux de chevres y étoient de cent têtes, Liv. 1, Chap. 3.

CELIE. Ville de Sardaigne

dont on n'a nulle connoissance. Varron dit, Liv. 1, Chap. 16, qu'il y avoit de bonnes terres dans son territoire, mais qu'on ne les cultivoit point, parce que les voisins étoient des brigands.

CHALCIS. Il y a eu plusieurs Villes de ce nom dans l'antiquité. La principale étoit la capitale de l'Isle d'Eubée, dans la Méditerranée, aujourd'hui Negrepont, la plus grande des Isles de l'Archipel, près de la côte Septentrionale de la Livadie, dont elle n'est séparée que par un détroit que l'on passe sur un pont. Elle appartient aux Turcs. Il y avoit un figuier en Italie qui portoit son nom & qui en étoit originaire, Liv. 1, Chap. 41. Elle produisoit une sorte d'argille que quelques anciens égrugeoient sur le bled avant de e serrer pour le conserver, Liv. 1, Chap. 57. Les coqs de ce pays étoient très-beaux & très-courageux, mais peu féconds, Liv. 3, Chap. 9.

CHIO, Liv. 1, Chap. 1. Isle & Ville de la Méditerranée, entre celles de Samos & de Lesbos. On l'appelle aujourd'hui Scio. C'est une des plus agréables Isles de l'Archipel, sur la côte de la Natolie, dont elle n'est séparée que par un canal de trois lieues. Elle est au Sud de l'Isle de Métélin, & au Nord-Ouest de Samos. Sa capitale, qui est un Evêché Grec, porte le même nom, & appartient, comme toute l'Isle, aux Turcs. Varron fait mention d'un figuier d'Italie, qui portoit son nom & qui en étoit originaire, Liv. 1, Chap. 41. Les Romains tiroient leurs provisions de vin de cette Isle, Liv. 2. Pref.

CILICIA, Liv. 2. Pref. Contrée de l'Asie mineure voisine de la Syrie, presque entourée dans son entier du Mont-Taurus, qui la bornoit du côté de l'Orient & du Septentrion, comme elle l'étoit du côté du couchant par la Pamphilie. On l'appelle aujourd'hui Caramanie, du nom d'un Général Turc qui l'a subjuguée. C'est dans la Cilicie qu'on a commencé à couper le poil des chevres, & voilà pourquoi les tissus de poil s'appelloient chez les Romains *Cilicia*, Liv. 2, Chap. 11. Nous appellons encore *cilices* de larges ceintures faites d'un tissu de poil de chevres, ou de crin de cheval, que les Moines dévots portent sur la peau par mortification.

CIMMERIUS, Liv. 2, Chap. 1. C'est le Bosphore qui joignoit le Pont-Euxin aux Palus-Méotides, & qui séparoit la Chersonnèse Taurique du côté d'Europe, de la Sarmatie du côté d'Asie. C'est ce qu'on appelle aujourd'hui le détroit de Caffa, qui est entre la Tartarie d'un côté, & la Circassie de l'autre.

CITTIUM, Liv. 2, Chap. 1. Ville ancienne de l'Isle de Cypre.

COLCHIS. Ancien Royaume de l'Asie entre la Sarmatie Asiatique, le Pont-Euxin, le Pont de Cappadoce, l'Arménie & le Mont-Caucase. C'est la partie de la Georgie, que nous appellons Mingrelie. C'est dans ce pays qu'étoit la Toison d'Or, que les Argonautes allerent conquérir, c'est-à-dire, les béliers, suivant l'explication que Varron donne de cette Fable, Liv. 2, Chap. 1.

COLOPHON, Liv. 1, Chap. 1. Ancienne ville de l'Ionie, sur la côte occidentale de l'Asie mineure.

CONSENTIA. Ville des Brutiens. C'est aujourd'hui Cosanse, Archevêché dans la Calabre ultérieure, au Royaume de Naples. Varron dit, Liv. 1, Chap. 7, que les pommiers de son voisinage rapportoient deux fois l'an.

COOS (Voy. ce mot ad Cat.). Les Romains tiroient de cette Isle leur provision de vin, Liv. 2. Pref.

CORCYRA, Liv. 1, Chap. 4. Isle de la mer Adriatique, entre l'Epire & la Calabre. C'est aujourd'hui Corfou à l'embouchure du Golfe de Venise; elle appartient aux Vénitiens.

CORSICA. Isle de la mer de Ligurie, mais plus voisine de la mer Toscane, qui s'étend en long, sans beaucoup de largeur, du Septentrion au Midi. Elle porte aujourd'hui le nom de Corse: elle est située dans la mer Méditerranée, entre les côtes de Gênes & l'Isle de Sardaigne. Athénée dit que ses habitans vivoient longtemps, parce qu'ils mangeoient beaucoup de miel, qui étoit en grande quantité chez eux; mais néanmoins presque tous les Auteurs s'accordent à déprimer le miel de Corse, & notamment Varron, Liv. 3, Chap. 2. Strabon dit que cette Isle est difficile à cultiver, parce qu'elle est montagneuse & inaccessible en beaucoup d'endroits, ce qui fait que ceux de ces Insulaires qui en habitent les montagnes, ne vivent que de brigandage, & sont plus féroces que les bêtes féroces elles-mêmes. S'il leur restoit encore quelque teinte de cette ancienne férocité, il y a tout lieu de croire que la douceur de la domination, sous laquelle ils ont le bonheur de vivre à présent, ne tarderoit pas à l'effacer entiérement.

CORTYNIA. Pline 12, 1, l'appelle GORTINIA. C'étoit une ville de l'Isle de Crete, qui est devenue par la suite un Evêché sous le nom de Gortine. Varron, Liv. 1,

Chap. 7, fait mention d'un platane qui se trouvoit dans ses environs, & qui ne se dépouilloit point de ses feuilles en hiver.

CRETA, Liv. 1, Chap. 7. C'est l'ancien nom de l'Isle qu'on appelle aujourd'hui Candie dans la mer Méditerranée, à l'entrée de l'Archipel, sous la domination du Turc.

CRUSTUMINUM, Liv. 1, Chap. 5. C'étoit une ville de l'Etrurie proche Veii. On y fermoit les domaines avec des remparts & des fossés, à cause de l'impétuosité du Tybre, Liv. 1, Chap. 14.

CYME, Liv. 1, Chap. 1. Ancienne ville de l'Eolie, sur le Golfe de Smyrne.

CYRRHUS, Liv. 1, Ch. 5. Ville de Syrie, que le P. Hardoin, Pl. L. 5, 23, dit être aujourd'hui Kelles. Pline 4, 10, fait mention de peuples de Macédoine, qui portoient aussi le nom de *Cyrrhestæ*.

CYPRUS (Voy. ce mot *ad Cat.*). Il y avoit dans cette Isle un platane qui ne quittoit point ses feuilles en hiver, Liv. 1, Chap. 7.

DARDANIA. Il y a eu plusieurs lieux de ce nom dans l'antiquité : une petite Province du Royaume de Troyes, une Isle que l'on a nommée par la suite Samothrace, Pline 4, 12, & une contrée de l'ancienne Mœsie, qui est aujourd'hui la partie méridionale de Servie. Je crois que c'est cette derniere dans laquelle se trouvoient ces bœufs sauvages, dont parle Varron, Liv. 2, Chap. 1.

DELOS, Liv. 2, Pref. Isle de la mer Egée, la plus célèbre des Isles Cyclades, tant par son Temple d'Apollon, que par son commerce. Cette Isle de l'Archipel est connue aujourd'hui sous le nom de Sdiles, entre les Isles de Naesi & d'Andro; mais elle est entièrement déchue de sa célébrité. Les habitans de cette Isle entendoient parfaitement bien la nourriture des poules, & en faisoient un grand commerce, Liv. 3, Chap. 9.

ELEPHANTINE. Pline 16, 27, l'appelle *ELEPHANTIS*. C'étoit une ville & une isle de l'Egypte Supérieure, située un peu au-dessous de la derniere cataracte du Nil, & à quelque distance au-dessus de Syene. Varron, Liv. 1, Chap. 7, dit que les figuiers ni les vignes n'y perdoient jamais leurs feuilles.

EPIRHUS. C'est le même qu'*Epirus*, Province de la Grece, qui étoit bornée au Septentrion par la Macédoine, à l'Orient par l'Achaie, à l'Occident par les montagnes Acrocerauniennes, & au Midi par la mer Ionienne. L'Epire moderne a l'Albanie au Nord, la Thessalie à l'Est, l'Achaie au Sud, & la mer de Grece à l'Ouest; elle obéit au Grand-Seigneur, excepté la ville de Parga qui appartient aux Vénitiens. L'aune étoit commun dans les rivieres de cette Province, Liv. 1, Chap. 7. Les habitans nourrissoient beaucoup de troupeaux, Liv. 2. Préf. & Chap. 2. Les bœufs y étoient meilleurs que dans tout le reste de la Grece, & que ceux même d'Italie, Liv. 2, Chap. 5. Les chiens y avoient aussi du renom, Liv. 2, Chap. 9.

EPHESUS, Liv. 1, Chap. 1. Ville de l'Ionie dans l'Asie Mineure, fameuse dans l'antiquité par son Temple de Diane. Ce n'est plus qu'un misérable village de la Turquie Asiatique dans la Natolie, qui porte encore le nom d'*Epheso*.

EUROPA. L'Europe, l'une des parties du monde habité, bornée au Nord par la mer Glaciale, à l'Ouest par l'Océan Occidental, à l'Est par l'Asie, & au Sud par le détroit de Gibraltar & la Méditerranée. Varron, Liv. 1, Chap. 2, prétend qu'elle est plus propre à la culture que l'Asie, parce qu'étant au Septentrion, elle est plus saine que les pays du Midi.

FALERNUM. C'est l'ancien nom d'une montagne & d'une campagne de la Campania, près de Sinuessa, Pline 14, 6. On l'appelle aujourd'hui Monte-Massico, près de Pouzzol. Ses vins étoient incomparables à ceux de tous les autres pays, selon Varron, Liv. 1, Chap. 2, sur-tout quand ils avoient été gardés long-temps, Liv. 1, Chap. 65. Pline cependant, 14, 6, paroît ne leur donner que le second rang parmi les vins d'Italie; mais on peut dire qu'il ne parle là qu'en courtisan, puisqu'il ne fonde cette opinion que sur ce qu'Auguste & sa femme Livie leur préféroient l'un le vin *Setinum*, & l'autre le vin *Pucinum*, & qu'il convient 3, 5, que les anciens avoient toujours préféré le vin de Falerne, & que c'étoit par ce vin que Bacchus avoit disputé à Cérès, la gloire d'avoir fait le meilleur présent aux hommes. Ceux qui cultivoient les vignes de Falerne, y employoient des perches pour jougs, Liv. 1, Chap. 8.

FALISCUS (ager), Liv. 3, Chap. 16. C'est le nom d'un territoire de l'ancienne Etrurie en Italie, qui comprenoit le pays qu'on appelle aujourd'hui le Patrimoine de saint Pierre.

FAVENTIA. C'est l'ancien nom d'une ville d'Italie, appellée aujourd'hui Faenza auprès de Boulogne, d'où nous est venue l'invention de la fayance. Elle étoit prodigieusement fertile en vin du temps de Varron, Liv. 1, Chap. 2.

FISCELLUS (mons). On l'appelle aujourd'hui Monte-

Fiscello ou montagne de la Sibylle, à cause d'une Sibylle qui passe pour y avoir eu autrefois sa caverne : elle est dans le Duché de Spolette. Il s'y trouvoit beaucoup de chevres sauvages, Liv. 1, Chap. 1, si légeres, qu'elles sautoient de dessus un rocher à plus de soixante pieds, Liv. 2, Chap. 1.

FLUMENTANA (*porta*) Liv. 1, Chap. 1. C'étoit une porte de Rome à la gauche du Tybre en le prenant à son entrée dans la Ville, elle étoit appellée ainsi, parce que ce fleuve avoit autrefois passé par l'endroit où elle étoit construite.

GADARA. C'étoit une ville de Syrie, voisine d'Ascalon. Le bled y rapportoit au centuple, Liv. 1, Chap. 44.

GALLIA. On donnoit anciennement ce nom à une très-grande contrée de l'Europe, séparée de la Germanie par le Rhin, de l'Italie par les Alpes, & de l'Espagne par les Pyrénées, & baignée au Nord par la mer d'Allemagne & celle de Bretagne, au couchant par l'Océan Occidental, & au Midi par la mer Méditerranée. Elle comprenoit par conséquent, outre la France, la Savoie, la Suisse & une partie de l'Allemagne & des Pays-Bas. Les Gaulois ayant ensuite conquis une partie de l'Italie, ils donnerent le nom de Gaule à leurs conquêtes ; ce qui fit naître la division de la Gaule en Cisalpine & Transalpine. Varron appelle la Gaule Cisalpine, Gaule d'Italie, Liv. 1, Chap. 1, où il dit que les bœufs y étoient très-laborieux, mais plus communément Gaule tout court, Liv. 1, Chap. 14, où il dit que l'on y faisoit les murailles de brique cuite, Liv. 1, Chap. 12, où il dit que les habitans y parloient mal latin, & Liv. 2, Chap. 1, où il dit qu'on y entretenoit beaucoup de troupeaux de chevres, mais peu nombreux, ce qui étoit d'autant plus facile que c'étoit un pays plat, Liv. 1, Chap. 18. Les habitans étoient excellens pour prendre soin du bétail, & sur-tout des grands bestiaux, Liv. 2, Chap. 10. Il donne le nom de *Gallicus Romanus*, d'après Caton, à une partie de la Gaule Cisalpine, qu'il dit être très fertile en vin, Liv. 1, Chap. 1. C'est ce que d'autres Auteurs appellent la Gaule *Togata*, qui commence au Rubicon, & finit à Plaisance ; ce n'étoit qu'une partie de la Gaule Cisalpine, puisque cette contrée, prise dans son entier, commençoit à la vérité au Rubicon, comme la Gaule *Togata*, mais qu'elle s'étendoit jusqu'aux Alpes, & par conséquent plus loin qu'elle. Varron & Caton lui donnent apparemment le nom de

Gaule Romaine, parce qu'il s'y trouvoit beaucoup de colonies Romaines, qui jouissoient du droit de citoyens Romains, & qui avoient suffrage aux Comices, comme on le voit par Cicéron dans la premiere lettre à Atticus. Notre Auteur ne cite jamais au contraire la Gaule Transalpine, que sous le nom de *Gallia Transalpina*, Liv. 5, Chap. 12. Liv. 1, Chap. 7, où il dit qu'il y a vû des contrées, dans l'intérieur des terres proche le Rhein, où il ne venoit ni vignes, ni oliviers, ni arbres fruitiers; où on ne fumoit les terres qu'avec de la craie, & où l'on n'avoit pas d'autre sel que du charbon, & Liv. 3, Chap. 12, où il dit qu'il y avoit des lievres semblables à ceux d'Italie, mais beaucoup plus grands. Il paroît que c'est de la Gaule Cisalpine dont il parle dans le Liv. 2, Chap. 4, lorsqu'il dit que ses habitans faisoient une grande quantité de lard excellent. Pour ce qu'il dit dans le Chap. 12, du Liv. 3, qu'il y avoit dans la Gaule, auprès des Alpes, des lievres semblables à ceux d'Italie, mais tout blancs, cela peut s'entendre de la Gaule Transalpine, comme de la Cisalpine.

GALLINARIA. C'est le nom que Varron donne à une Isle qu'il place dans la mer de Toscane proche l'Italie, vis-à-vis Intemelium & Albium-Ingaunum, sur les montagnes de Ligurie : elle étoit ainsi nommée *a Gallinis*, parce qu'apparemment elle étoit abondante en poules sauvages, Liv. 1, Chap. 9.

GETULIA. Contrée d'Afrique qui s'étendoit depuis le desert de Lempta jusqu'à l'Océan, & qui occupoit la partie Occidentale du Saara & du Bilédulgérid. Salluste, dans sa guerre de Jugurtha, dit que les habitans de cette contrée sont les premiers peuples qui se soient établis en Afrique, & il les peint comme des sauvages absolument semblables, par leurs mœurs, à des bêtes. Du temps de Varron ils étoient encore couverts de peaux de chevres, Liv. 2, Chap. 11.

GRÆCIA, Liv. 1, Chap. 6, 14. Liv. 2, Chap. 1, 9. Liv. 3, Chap. 12, 16, 19. (Voy. ce mot *ad Cat.*). Varron nous apprend, en outre, que c'est Hercule qui transporta d'Afrique, en cette contrée, les chevres & les brebis, Liv. 2, Chap. 1 ; que les Grecs commencerent par nourrir des bestiaux, avant de cultiver la terre, Liv. 1, Chap. 2 ; qu'ils étoient autrefois habillés de peaux de chevres, Liv. 2, Chap. 11 ; que ce ne fut qu'environ mil ans avant son siecle que les Arts prirent naissance dans ce pays, Liv. 3,

Chap. 1. Plusieurs habitans de cette contrée se transporterent en Italie, Liv. 3. Chap. 1, & y occuperent ce que l'on appella en conséquence la grande Grece: Varron l'appelle Grece d'Italie, Liv. 2, Chap. 1. Elle comprenoit le pays qui répond aux deux Calabres, à la Basilicate, à la Campanie & à la Sicile. La Langue Grecque a fourni un grand nombre d'Auteurs en Agriculture, Liv. 1, Chap. 1, 2, & les Romains se piquerent d'imiter les Grecs en tout, & notamment dans leur Langue, Liv. 1, Pref. Chap. 5, 7. Liv. 1, Chap. 16.

GURGUR. Il paroît, Liv. 2, Chap. 1, que c'est le nom de certaines montagnes fort élevées, sur lesquelles on conduisoit, pendant l'Eté, les mulets : mais on ne connoît ces montagnes par aucun autre Auteur, ainsi il pourroit se faire qu'au lieu de *Gurgures*, Varron eût mis *querqueros*, pour désigner seulement des montagnes froides en général, sans en spécifier aucune par son nom.

HELICON. Montagne de Béotie, dans les environs de Thebes, de la Phocide & du Mont-Parnasse. Elle étoit consacrée aux Muses, Liv. 1, Chap. 16. On la trouve aujourd'hui dans la Livadie, près du Golfe de Lépante, entre Thespie & Rossa, & elle porte le nom de Zagara.

HERACLEA. C'est le nom d'une quantité de Villes en différentes contrées, qui s'appelloient toutes ainsi, parce qu'elles avoient un Temple dédié à Hercule. Comment sçavoir laquelle étoit la patrie du Ménandre dont parle Varron, Liv. 1, Chap. 1 ?

HESPERIDES. On a appellé de ce nom les Isles du Cap-Verd, parce que c'est le pays où les Hespérides gardoient les chevres & les brebis, qu'Hercule transporta en Grece, suivant l'explication que donne Varron, Liv. 2, Chap. 1, de la Fable que voici. Les Hespérides étoient trois sœurs, filles d'Hespérus, frere d'Atlas. Elles cultivoient des jardins très agréables en Afrique, dans lesquels se trouvoient des arbres qui produisoient des pommes d'or; ces pommes étoient gardées par un dragon. Mais comme la Déesse Thémys avoit prédit qu'un fils de Jupiter les enleveroit un jour, Atlas avoit environné ce jardin de montagnes, pour empêcher qui que ce fût d'y aborder. Cependant Hercule, chargé par Euristhée d'y aller, vint à bout d'y pénétrer, de tuer le dragon & d'enlever ces pommes.

HETRURIA, Liv. 2, Chap. 4. Contrée de l'Italie, qui comprenoit ce que nous appellons la Toscane, le Périgin, l'Orvietan, le Patrimoine de S. Pierre & le Duché de Castro. Les terres y étoient grasses & excellentes, & en état de rapporter toutes les années sans se reposer; les arbres y étoient hauts & sans mousse; Liv. 1, Chap. 9, & le grain y rapportoit quinze pour un, Chap. 44.

HISPANIA, Liv. 3, Chap. 16. (Voy. ce mot *ad Cat.*). Les terres étoient closes de murailles faites avec de la terre & des cailloux entassés entre deux planches, Liv. 1, Chap. 14. Les vignes y étoient rampantes, & on ne les étayoit point avec des échalas, Liv. 1, Chap. 8. Les lievres y étoient de médiocre grandeur, & c'est le pays d'où les lapins étoient venus à Rome, Liv. 3, Chap. 12. Les Romains divisoient l'Espagne respectivement à sa position vis à vis d'eux, en Espagne citérieure & ultérieure. L'Espagne citérieure étoit la partie de l'Espagne qu'ils rencontroient la premiere en venant de Rome. On s'y servoit de petits charriots à la Carthaginoise, pour séparer le grain des épis, Liv. 1, Chap. 52, usage qui devoit sans doute sa source à ce qu'elle étoit sous la domination de Carthage (*V. CARTHAGO*). On y serroit le bled dans des puits ou dans des greniers suspendus en l'air, Liv. 1, Chap. 1. On y voyoit des chevaux sauvages, Liv. 2, Chap. 1. On y tondoit les brebis deux fois par an, Liv. 2, Chap. 11. L'Espagne ultérieure étoit au contraire la partie de l'Espagne la plus éloignée de Rome. On y mesuroit les terres par *Jugum*, Liv. 1, Chap. 10. (*V. JUGUM* à la table des poids, mesures & monnoies). L'Espagne qu'ils nommoient Lusitanique, étoit une partie de l'Espagne ultérieure, qui comprenoit le Portugal. Il y avoit proche la Lusitanie des contrées dont les terres étoient bonnes, mais qu'on n'osoit pas cultiver, parce que les voisins étoient des brigands, Liv. 1, Chap. 16.

ILLYRIUM. Contrée d'Europe contiguë à l'Epire, qui s'étendoit le long de la côte Septentrionale de la mer Adriatique, vis-à-vis de l'Italie. On l'appelle aujourd'hui Esclavonie. Les terres y étoient cultivées par des *Obærati*, Liv. 1, Chap. 17 (Voy. la Note 1 de ce Chap.). Les femmes de cette contrée étoient aussi laborieuses que les hommes, elles accouchoient avec la plus grande facilité, & se permettoient de faire des enfans sans être mariées, Liv. 2, Chap. 10. C'est de ce pays que les Romains tiroient les plus grands escargots, Liv. 3, Chap. 14.

INTEMELIUM, Liv. 3, Cap. 9 (*V. ALBIUM*).

INTERAMNIA, Liv. 3,
Chap. 2. C'est aujourd'hui
Teramo, ville Episcopale du
Royaume de Naples dans l'A-
bruzze Ultérieure.

ἵππιον Ἄργος. C'est le nom
que les Grecs donnoient à la
ville d'Argos (*V. ARGOS*),
parce qu'il y avoit dans son
territoire d'excellens pâturages pour les chevaux, du mot
ἵππος, *cheval*, Liv. 2, Chap.
1. Homere l'appelle aussi
ἱππόβοτον, parce qu'on y élevoit beaucoup de chevaux,
d'ἵππος, *cheval*, & βόσκω qui
veut dire, *nourrir*, Euripide
dans son Iphigénie ἱππίας, &
Horace *aptum equis*, tous
épithetes qui confirment ce
que dit Varron.

ITALIA, Liv. 1, Chap. 2,
9. Liv. 2, Chap. 1, 3, 4, 5,
6. Liv. 3, Chap. 9. Grande
région d'Europe : Varron dit
que son nom lui venoit à *vi-
tulis*, des *veaux*, parce que
les veaux y étoient beaux &
très-multipliés, Liv. 2, Chap.
1, ou du mot ἰταλός, qui étoit
le nom que les anciens Grecs
donnoient aux *taureaux*, ou
enfin de ce qu'Hercule avoit
poursuivi de Sicile jusqu'en
cette contrée un taureau célebre, nommé *Italus*, Liv.
2, Chap. 5. C'est une presque Isle bornée au couchant,
& en partie au Nord par les
Alpes, & baignée ailleurs par
la mer Méditerranée. Elle est
au milieu de la Zone tempérée, aussi Varron dit-il, que
comme elle est plus tempérée
que l'intérieur de l'Europe,
tout y vient dans la plus grande abondance, & que tout y
est excellent, bled, vin, huile, fruits, Liv. 1, Chap. 2.
Presque toutes les vignes y
étoient hautes & attachées
à des jougs, Chap. 8. Le
bled y rapportoit presque
par-tout quinze pour un,
Chap. 44. Il s'y trouvoit des
chevres sauvages, Liv. 2,
Chap. 1. Les hirondelles &
les cicognes y faisoient communément leurs petits, mais
les palmiers & les dattiers
n'y rapportoient point de
fruits, Liv. 2, Chap. 1, parce que le pays n'étoit pas
apparemment assez chaud,
quoique la chaleur y fût assez
forte, pour qu'on fût obligé
en Eté d'y dormir l'après-midi, Liv. 1, Chap. 2. Il s'étoit
trouvé des mules, à ce que
prétend Varron, qui y avoient
mis bas, mais il convient
qu'on avoit toujours regardé
cet événement comme un prodige, Liv. 2, Chap. 1. Les
brebis y avoient la queue plus
longue qu'ailleurs, Liv. 2,
Chap. 2. Les bœufs de cette
Province, quoique très-bons
pour le travail, étoient infé-
rieurs à ceux de l'Epire, mais
ils étoient plus gros, & il n'y
en avoit presque point de
blancs, Liv. 2, Chap. 5. Tous
les ânes y étoient privés, Liv.
2, Chap. 6. Le lievre d'Italie
avoit les pattes de-devant

basses, celles de derriere hautes, le train de-devant gris, le ventre blanc, les oreilles longues ; il étoit de moyenne grandeur, & sa femelle admettoit la superfétation, Liv. 3, Chap. 11. Les premiers Barbiers ne sont venus en Italie que quatre cent cinquante-quatre ans après la fondation de Rome, Liv. 2, Chap. 11.

JUDÆA. C'étoit une province de la Syrie, suivant Ptolemée, les anciens Géographes & Varron, Liv. 2, Chap. 1, quoiqu'elle fût réellement différente de la Syrie, par laquelle elle étoit bornée au Nord, comme elle l'étoit à l'Ouest par la mer Méditerranée, à l'Est par les montagnes qui sont au - delà du Jourdain, & au Sud par l'Arabie. Aujourd'hui la partie de ce pays, qui est au-delà du Jourdain, est du Royaume des Arabes, & celle qui est en-deçà appartient aux Turcs. Les palmiers & les dattiers y produisent des fruits, Liv. 2, Chap. 1.

LACONIA. Province du Péloponnese : c'est aujourd'hui la partie méridionale de la Zaconie en Morée. Les chiens de cette Province étoient renommés pour la chasse, Liv. 2, Chap. 9.

LATIUM. C'est l'ancien nom de cette partie de l'Italie, qui est arrosée par le Tybre, Pline 3, 5. Ses habitans s'appelloient *Latini*, Liv. 2, Chap. 4. Servius dit que lorsqu'Enée eut vaincu les peuples de cette contrée, il força les Troyens de sa suite de prendre leur nom pour se concilier par là leur amitié : depuis ce temps, la Langue de ces peuples fut adoptée par les Romains, sous le nom de Latin ou Langue Latine, Liv. 1, Chap. 2. Liv. 2, Chap. 13 ; & c'est encore aujourd'hui la Langue de tous les Sçavans. On mesuroit les terres dans le *Latium* par *Jugerum*, Liv. 1, Chap. 10. (*V. JUGERUM* à la Table des poids, mesures & monnoies).

LAVINIUM. Ville du Latium, bâtie par Enée en l'honneur de sa femme Lavinia, fille de Latinus & d'Amata. Ce furent les habitans de cette ville qui bâtirent la ville d'Alba trente ans après, ainsi que l'avoit pronostiqué la truie d'Enée, en mettant bas, dans cette ville, trente pourceaux blancs ; & c'étoit pour conserver la mémoire de ce prodige, qu'il y avoit des statues d'airain, qui représentoient ces trente pourceaux, exposés en Public à Lavinium du temps de Varron, les Prêtres y montroient même encore le corps de la truie conservé dans du Sel, Liv. 1, Chap. 4, par où l'on voit combien l'usage des Reliques est ancien.

LAURENTUM, Liv. 3,

Chap. 13. Ville ancienne du Latium , sur la côte : on a canonisé son nom sans presque le changer, puisqu'elle s'appelle aujourd'hui San-Laurenzo.

Lemnos , Liv. 1 , Chap. 1. Ville capitale d'une Isle du même nom dans la mer Egée, qui avoit Troye à l'Orient, le Mont-Athos à l'Occident, la Thrace au Nord , & au Midi la Crete , mais à une très-grande distance : cette Isle & sa Ville capitale , qui est aujourd'hui le siége d'un Archevéque Grec , porte le nom de Stalimene , & appartient aux Turcs , elle est à distance égale du Mont-Athos à l'Occident, & de la Romanie à l'Orient.

Libya , Liv. 2 , Chap. 1. On donnoit anciennement ce nom à toute la partie Occidentale de l'Afrique, qui a au levant l'Egypte & l'Ethiopie , l'Océan Ethiopien au Midi , l'Atlantique au couchant, & la mer Méditerranée au Nord.

Liburnia. Contrée qui étoit, selon quelques-uns, entre l'Illyrie & la Dalmatie, & qui faisoit, selon d'autres, une partie de la Dalmatie. C'est ce qui comprend aujourd'hui la Morlaquie & le Comté de Zara. Les femmes des Pâtres de cette contrée étoient habituées à porter du bois sur leurs épaules , en même-temps qu'elles portoient entre leurs bras un ou deux de leurs enfans, Liv. 2, Chap. 10.

Liguria. Contrée d'Italie , entre le fleuve Varus & la Macra , bornée d'un côté par le Mont-Apennin , de l'autre par le Pô , & attenant l'Etrurie ; c'est ce qu'on appelle aujourd'hui la côte de Gênes , le Mont-Ferrat , la partie méridionale du Piémont & celle du Milanois. Cette contrée étoit très montagneuse , Liv. 1 , Chap. 18. Liv. 3 , Chap. 9 , & les bœufs en étoient paresseux , Liv. 2 , Chap. 5.

Lucania (Voy. ce mot *ad Car.*). Varron fait mention des haras de ce pays, Liv. 2 , Chap. 10.

Luditania. Partie de l'Espagne Ultérieure , baignée par l'Océan Occidental. C'est ce que nous nommons aujourd'hui le Portugal ; il y avoit dans son voisinage des terres que l'on n'osoit point cultiver quoique très-bonnes , parce que les habitans du voisinage étoient des brigands, Liv. 1 , Chap. 16. Varron prétend , Liv. 2 , Chap. 1 , qu'il s'y trouvoit proche l'Océan des cavalles que le vent faisoit concevoir. Il paroît que les porcs y étoient d'une grosseur monstrueuse , Liv. 2 , Chap. 4.

Lycœum. C'est le nom de l'Ecole dans laquelle Aristote expliquoit sa philosophie à Athénes.

Athènes. C'étoit une promenade formée d'arbres plantés en quinconce & ornée de portiques, qui avoit été bâtie par Lycus, fils d'Apollon. Il y avoit dans cette promenade un platane encore jeune, dont les racines avoient trente-trois *cubiti* de longueur, Liv. 1, Chap. 37, (*V. Cubitus* à la Table des poids, mesures & monnoies).

LYCAONIA. Province de l'Asie mineure. C'étoit la partie méridionale de la Cappadoce; elle avoit au couchant l'Isaurie, la Cilicie au Midi, & l'Arménie mineure au levant. Ce pays s'appelle aujourd'hui grande Caramanie ou pays de Cogni, & il est sous la domination des Turcs. Il s'y trouvoit beaucoup de bœufs sauvages, Liv. 2, Chap. 1, & d'ânes sauvages, Liv. 2, Chap. 6.

LYDIA. Ancienne Province de l'Asie mineure, bornée au Midi par la Carie, au couchant par l'Asie propre, au Septentrion & au levant par la Phrygie. Il y avoit en Italie une figue qui portoit son nom & qui en étoit originaire, Liv. 1, Chap. 41. Varron dit avoir vû dans ce pays des poissons qui s'attroupoient sur le bord du rivage au son de la flûte, &, ce qui est plus étonnant, des Isles qui dansoient au même son, Liv. 3, Chap. 17. (Voy. la Note 12 de ce Chap.)

Tome II.

MACEDONIA, Liv. 2, Chap. 4. Contrée bornée à l'Orient par la Thrace, à l'Occident par la mer Ionienne, au Midi par l'Epire, & au Septentrion par une partie de la Dalmatie. La Macédoine moderne, qui est une Province de la Turquie Européenne, a moins d'étendue que l'ancienne. Il y avoit dans cette contrée des lievres de la même espece que ceux d'Italie, mais qui étoient très-grands, Liv. 5, Chap. 12.

MACRI (*campi*). La Macra étoit une riviere qui séparoit la Ligurie de l'Etrurie. Ses bords étoient déja célebres, du temps de Varron, par le commerce de bestiaux qu'on y faisoit, Liv. 2, Pref. & ils le sont encore aujourd'hui.

MALEDUS. Lieu inconnu de l'Epire, dont les habitans nourrissoient des bestiaux, Liv. 2, Chap. 2.

MALLUS, Liv. 1, Chap. 1. Ville de Cilicie, qui n'est plus qu'un village nommé Mallo, sur la côte de la Natolie, entre la ville de Tarse & celle de Lajazzo.

MARONEA, Liv. 1, Chap. 1. Ville maritime des peuples de Thrace, appellés *Cicones*. C'est aujourd'hui Maronée.

MEDIA. Ancien Royaume d'Asie, borné au levant par l'Hircanie & la Parthe, au

Sud par la Perse, au couchant par l'Assyrie & la grande Arménie, & au Nord par la mer Hircanienne (aujourd'hui Caspienne). Les Romains donnoient le nom de *Medica* à la luzerne, parce qu'elle leur étoit venue de cette contrée, Liv. 1, Chap. 21, 42. Liv. 2, Chap. 1. Liv. 3, Chap. 16. Ils auroient dû appeller du même nom les grandes poules qui leur étoient venues de ce pays, & dont la race s'étoit conservée chez eux sans s'abatardir, mais apparemment pour éviter l'équivoque, ils les appelloient *Melica* au lieu de *Medica*, Liv. 3, Chap. 9. Il y avoit beaucoup de bœufs sauvages en Médie, Liv. 2, Chap. 1. Les coqs y étoient beaux & courageux, mais peu féconds, Liv. 3, Chap. 9.

MEDIA (*insula*). On ne connoît point d'Isle de ce nom. Il paroît que de même que les anciens changeoient souvent le D en L, comme on l'a vû à l'article précédent, ils changeoient aussi réciproquement l'L en D; de façon qu'ici *Media Insula* seroit mis pour *Melia Insula*, qui doit s'entendre de Melos, Liv. 2, Préf. & que Varron appelle *Media Insula*, comme il a dit ailleurs *Insula Coa & Chia*, pour désigner l'Isle de Cos & de Chio. Or Melos étoit une des Cyclades : c'est aujourd'hui Milo, l'une des Isles de l'Archipel. C'est de cette Isle que les Romains tiroient les plus grands & les plus beaux boucs, Liv. 2, Chap. 3.

MEDIOLANUM. Ville de la Gaule Cisalpine au-delà du Pô, proche les Alpes. C'est aujourd'hui Milan, capitale du Duché de ce nom. Les habitans se servoient des sarmens mêmes des vignes pour en faire les jougs, c'est à-dire, qu'ils avoient des plans d'arbres, sur lesquels ils entrelaissoient des sarmens de vignes, Liv. 1, Chap. 8.

MELAS SINUS. C'est un golfe de Thrace, par où le fleuve Melas se décharge dans la mer Egée, Pline 4, 11. Il s'appelle aujourd'hui golfe d'Eno dans l'Archipel, du nom d'une petite ville de la Turquie en Europe dans la Romanie : presque tous les bœufs y étoient blancs, Liv. 2, Chap. 5.

METAPONTUM. Aujourd'hui Métaponte, ville d'Italie dans la grande Grece, sur le golfe de Tarente, célebre par ses pâturages, Liv. 2, Chap. 9.

MILETUM, Liv. 1, Chap. 1. Ancienne Ville, sur les confins de l'Ionie & de la Carie dans l'Asie mineure.

NEAPOLIS, Liv. 3, Chap. 17. Ville de l'Italie dans la Lucanie. C'est aujourd'hui Naples, port célebre & ville capitale du Royaume de ce

nom , dans la terre de Labour.

NICÆA, Liv. 1, Chap. 1.
Ville d'Asie , Métropole de
la Bithynie. On l'appelle aujourd'hui Isnich dans la Natolie.

OCEANUS, l'Océan. C'est
la grande mer qui environne
toute la terre. Varron dit ,
Liv. 1, Chap. 2, que cette
mer est continuellement gla-
cée vers les régions qui sont
sous le Pôle Arctique.

OLYMPUS. Montagne très-
élevée sur les confins de la
Thessalie & de la Macédoine , quoique les Auteurs la
mettent communément dans
la Thessalie. On l'appelle
aujourd'hui Lacha, & elle est
vers l'embouchure du Pénée.
Sa grande élévation avoit
donné occasion aux Poëtes de
se servir de son nom pour désigner le Ciel : c'est d'après
cette idée , adoptée même par
les Prosateurs, que Varron
en fait le séjour des Muses ,
Liv. 3, chap. 16.

OLYNTHUS. C'étoit an-
ciennement une grande ville
de la Macédoine près de
l'Attique , qui fut détruite
par les Athéniens, en puni-
tion de ce qu'elle les avoit
abandonnés pour se jetter
dans le parti de Philippe ,
Roi de Macédoine. Le can-
ton où elle avoit été située
s'appelloit toujours Olyn-
thia , & Varron dit, Liv. 1,
Chap. 44, qu'on y ensemen-

çoit les terres toutes les années , mais qu'elles ne rapportoient abondamment que
de trois années l'une.

OLYSIPPO, Liv. 2, Chap.
1. Ville de Lusitanie dans
l'Espagne ultérieure. On
l'appelle aujourd'hui Lisbonne ; c'est la ville Capitale du
Royaume de Portugal, située
dans l'Estramadure sur le
Tage , à deux lieues de l'embouchure de ce fleuve dans
l'Océan.

OSCA. Ville de l'Espagne
citérieure , que l'on appelle
aujourd'hui Guescar ou Hues-
car , sur la riviere de Guada-
lar , vers les confins de l'An-
dalousie & de la Murcie. Les
habitans y serroient leurs
bleds dans des puits, Liv. 1,
Chap. 57.

OSTIA , Liv. 3 , Chap. 2.
Aujourd'hui Ostie , ville d'I-
talie , située à l'embouchure
du Tybre.

PALMARIA. Aujourd'hui
Palmaruola, petite Isle de la
mer Toscane , au - dela de
l'embouchure du Tybre. Lorsque les oiseaux étrangers venoient à Rome , ou qu'ils
quittoient l'Italie pour repasser la mer, ils séjournoient
quelques jours dans cette Isle
pour se reposer , Liv. 3 ,
Chap. 5.

PANDATARIA. Petite Isle
de la mer Toscane dans le
golfe de *Puteoli* , qui s'appelle aujourd'hui l'Isle de
Sainte - Marie. Les oiseaux

étrangers s'y reposoient comme dans l'Isle Palmaria, Liv. 2. Chap. 5. (*V. PALMARIA*). On faisoit beaucoup de souricieres dans cette Isle, Liv. 1, Chap. 8.

PELASGIA, c'étoit anciennement une contrée de la Grece, vers l'extrémité de la Macédoine & de l'Achaie; on l'appelloit anciennement *Thessalia*, & elle étoit située entre la riviere d'Aliacmon (aujourd'hui Palacas) & le Penée. Les Pélasgiens quitterent la Grece, & allerent s'établir en Italie dans le pays des Sabins, Liv. 3, Chap. 1.

PELOPONNESOS. Région de l'Achaie, qu'on appelle aujourd'hui la Morée. C'est une péninsule attachée à la partie Septentrionale de la Grece par l'Isthme de Corinthe, & baignée ailleurs par le golfe de Lepante, la mer de Grece & l'Archipel. Les loix du Péloponnese condamnoient à mort quiconque avoit tué un bœuf, Liv. 2, Chap. 5. Les habitans de ce pays faisoient un grand commerce d'ânes, Liv. 2, Chap. 6, & ils entretenoient des troupeaux de chevaux & de cavalles, Chap. 7.

PERGAMIS. Lieu inconnu de l'Epire, dont les habitans nourrissoient des bestiaux, Liv. 2, Chap. 2.

PERGAMUS, Liv. 1, Chap. 1. Ville de l'Asie mineure, capitale du Royaume d'Attalus & de ses successeurs, appellée aujourd'hui Pergame dans la Natolie propre, sur le Girmasti.

PHŒNICE, Liv. 2, Chap. 5. Contrée d'Asie qui étoit contiguë à la Judée. La Phénicie moderne est une des trois parties de la Syrie. Elle s'étend du couchant au levant, depuis l'Arabie déserte jusqu'à la mer Méditerranée, ayant au Nord la Syrie propre, & au Sud la Judée.

PHRYGIA. Contrée de l'Asie mineure, qui tenoit à la Galatie du côté du Nord, & du côté du Midi à la Lycaonie, à la Pisidie & à la Mygdonie. On la divisoit en grande & petite Phrygie: la grande répondoit à ce qu'on appelle aujourd'hui Germian ou Dargutlili, & la petite à ce qui s'appelle le Sarcum. La Phrygie étoit très-fertile en bled, Liv. 1, Chap. 2. On y voyoit beaucoup de troupeaux d'ânes sauvages, Liv. 2, Chap. 6, & les chevres y avoient le poil fort long, dont on faisoit des tissus que l'on commerçoit avec les Romains, Liv. 2, Chap. 11.

PICENUM, Liv. 1, Chap. 2. Contrée d'Italie, qui alloit depuis le fleuve Truento (aujourd'hui Tronto) jusqu'à la riviere Isaurus (aujourd'hui Folia), & qui étoit bornée d'un côté par l'Apennin, de l'autre par la mer Supérieure; c'est ce qu'on appelle aujourd'hui la Marche d'Ancône. On y faifoit la moiſſon avec une pelle de bois recourbée, garnie d'une ſcie de fer, Liv. 1, Chap. 50.

PLANASIA (*inſula*). Petite Iſle de la mer de Toſcane, baſſe & toute en plaine, comme ſon nom le porte. Elle s'appelle aujourd'hui Pianoſa. On y voyoit des paons ſauvages, Liv. 3, Chap. 6.

PŒNICUS, Liv. 1, Ch. 41, 59. C'eſt le même que *PUNICUS* (Voy. ce mot *ad Cat.*). Ajoutez que les Carthaginois étoient renommés pour les chariots dont on ſe ſervoit pour ſéparer le grain des épis, Liv. 1, Ch. 52, comme pour les fenêtres, Liv. 3, Chap. 7. La Langue Punique a donné beaucoup d'Auteurs d'Agriculture, Liv. 1, Chap. 1, 2.

PONTIA. Iſle de la mer Toſcane, vis-à-vis Formiæ (aujourd'hui Nole), qui s'appelle à préſent Ponza. Les oiſeaux étrangers s'y repoſoient comme dans les Iſles *PALMARIA* & *PANDATARIA* (Voy. ces noms).

PRIENNE, Liv. 1, Chap. 1. Ville d'Ionie.

PUPINIA. C'étoit le nom d'un champ maigre & ſtérile, Liv. 1, Ch. 9, qui étoit dans le voiſinage de la ville de Tuſculum & de celle de Tibur.

PUTEOLI, Liv. 3, Chap. 17. Ville maritime de la Campanie, à huit milles de Néapolis, près du lac Averne;

c'eſt aujourd'hui Pouzzol, ville du Royaume de Naples, ſituée ſur la côte de Labour, à deux lieues & demi de Naples vers le couchant.

QUIRINIANA (*mala*), Liv. 1, Chap. 59. (*V.* *QUIRITES* *ad Cat.*).

REATE, Liv. 2, Préf. Liv. 3, Chap. 2. Ville des Sabins au milieu de l'Italie. C'eſt aujourd'hui Riéti, ville de l'Etat de Spolette ſur le Velino, & les confins de l'Abruzze. Cette ville donne ſon nom au lac de Riéti, qu'on appelle auſſi le lac de Sainte-Suzanne, dans lequel il y avoit beaucoup de roſeaux du temps de Varron, Liv. 1, Chap. 7. Les habitans muniſſoient leurs terres de remparts ſans foſſés, Liv. 1, Chap. 14. Un *Jugerum* de terre dans ce canton pouvoit rapporter environ trente mil *ſeſtertii* de revenu, Liv. 3, Chap. 2. (*V.* *JUGERUM* & *SESTERTIUS* à la Table des poids & meſures). Ce canton étoit frais, & les pâturages y étoient bons, puiſqu'on y envoyoit les troupeaux pour y paſſer l'Eté, Liv. 2, Chap. 2. Mais ce pays étoit ſur-tout recommandable par ſes ânes, ils étoient les meilleurs & les plus grands de l'Italie, ils entroient en comparaiſon avec ceux d'Arcadie, & les Péloponnéſiens qui en faiſoient un grand commerce en venoient chercher dans ce pays, Liv. 2, Chap. 6 : on les vendoit jusqu'à trente & quarante mil *sestertii* (*V. Sestertius* à la Table des poids & mesures) lorsqu'ils étoient destinés à saillir des cavalles, Liv. 2, Chap. 8. Varron en cite même un qui avoit été vendu de son temps soixante mil, Liv. 2, Chap. 1. Ce pays fournissoit encore aux Romains des escargots blancs de la plus petite espece, Liv. 3, Chap. 14.

RHENUS, Liv. 1, Chap. 7. C'est le nom d'un des fleuves les plus considérables de l'Europe, qui, prenant sa source dans les Alpes, séparoit autrefois la Gaule de la Germanie dans tout son cours. Aujourd'hui il est connu sous le nom de Rhin, & coule dans des pays partie Allemands, partie François & partie Belgiques. Il a deux sources, toutes deux au Mont Saint-Godard au pays des Grisons, & plusieurs embouchures.

RHODOS, Liv. 1, Chap. 1. Ville & Isle du même nom dans l'Asie. C'étoit la plus célebre des Cyclades, quoiqu'elle ne fût que la troisieme par la grandeur. L'Isle & la ville qui a un Evêché & un bon port, portent encore aujourd'hui le nom de Rhodes; cette Isle est en Asie dans la mer Méditerranée, sur la côte méridionale de la Natolie & de la province d'Aidinelli, entre l'Isle de Candie & celle de Cypre. Les Romains faisoient grand cas d'un poisson que l'on pêchoit sur ses côtes, & qu'ils nommoient *Ellops*, Liv. 2, Chap. 6.

ROMA, Liv. 1, Chap. 1, 10, 59, 69. Liv. 2, Pref. Liv. 3, Chap. 3, 5 (Voy. ce mot *ad Cat.*). Ajoutez qu'on scioit le bled, aux environs de Rome, par le milieu de la paille, après quoi on coupoit la paille près de terre, Liv. 1, Chap. 50. Le luxe y étoit excessif du temps de Varron, Liv. 3, Chap. 2. Un attelage de chevaux y fut vendu quatre cent mil *sestertii* (*V. Sestertius* à la Table des poids & mesures). On y vendoit communément les beaux pigeons deux cens *nummi* la paire, & quelquefois mil, lorsqu'ils étoient d'une beauté rare, Liv. 3, Chap. 7. (*V. Nummus ibid.*). Les poules sauvages y étoient fort rares, Liv. 3, Chap. 9. On y apportoit beaucoup de chair de porc de la Gaule, Liv. 2, Chap. 4. Les Barbiers n'y furent connus que la 454me année de la fondation de cette Ville, Liv. 2, Chap. 11.

ROSEA, Liv. 1, Chap. 2, 17. C'étoit un canton dans le territoire de Réate, qui étoit ainsi nommé, parce qu'il étoit toujours imbibé de rosée. Aussi passoit-il pour la graisse même de l'Italie, & un échalas qu'on y laissoit le soir s'y trouvoit couvert d'herbes le lendemain, au point qu'on ne pouvoit plus le retrouver, Liv. 1, Chap. 7. Cependant c'étoit un climat très - chaud, puisqu'on étoit obligé d'en retirer les mulets pendant l'Eté, pour les mener paître ailleurs, Liv. 2, Chap. 1. Les chevaux de ce canton étoient fort estimés, Liv. 2, Chap. 7.

SABINI, Liv. 1, Chap. 1. Liv. 3, Chap. 1. C'étoit un des plus anciens peuples qui eussent habité l'Italie, dans la partie qui étoit entre l'Apennin au Nord, le Tybre & le Teverone au Midi. Les Pélasgiens s'étoient transportés de Grece dans ce pays, Liv. 3, Chap. 1. C'est peut-être ce qui fut cause que ces peuples devenant nombreux, furent souvent obligés d'envoyer leurs enfans former des colonies ailleurs, Liv. 3, Chap. 16. Effectivement ce sont eux qui ont peuplé par la suite le Picénum & le Samnium. Ce canton, ou du moins ses parties montagneuses étoient plus froides que le reste de l'Italie, puisque les habitans de l'Apulia y conduisoient leurs troupeaux pendant les chaleurs, Liv. 3, Chap. 17. Il étoit bon pour les grives, & il y en paroissoit souvent, c'est pour cela que les Marchands de volaille de Rome y louoient des volieres, Liv. 3, Chap. 4. Les habitans y fermoient leurs terres de murailles faites de briques crues,

Liv. 1, Chap. 14, quelquefois ils se contentoient d'y planter des pins sur les limites, Liv. 1, Chap. 15. Varron fait mention d'un figuier qui portoit le nom de ce pays, Liv. 1, Chap. 67.

SACRA (*via*). C'étoit une rue de Rome ainsi appellée parce que c'étoit là que Romulus & Tatius avoient juré leur traité d'union. C'étoit celle que les Triomphateurs enfiloient pour gagner le Capitole. Elle étoit terminée par une place, dans laquelle se tenoit un marché, où Varron dit que l'on vendoit les fruits au poids de l'or, Liv. 1, Chap. 2, & la *propolis* plus cher même que le miel, parce que les Médecins l'employoient dans les emplâtres, Liv. 3, Chap. 16.

SALARIA (*via*), Liv. 1, Chap. 14. Liv. 3, Chap. 1. C'étoit un chemin qui, partant de Rome, passoit par le pays des Sabins, Liv. 3, Chap. 2. On l'appelloit ainsi, parce que c'étoit par ce chemin que les Sabins faisoient venir du sel de la mer pour leur usage.

SALLENTINI, Liv. 2, Chap. 3. (Voy. ce mot *ad Cat.*). Ces peuples habitoient l'*Umbria*, aussi les chiens de ce pays, qui étoient célebres, étoient ils plus généralement connus sous le nom de *canes Umbri*, que sous celui de *Sallentini*, c'est cependant sous ce dernier nom que Varron les désigne, Liv. 2, Chap. 9.

SAMNIUM. C'étoit une contrée de l'Italie, située entre le *Picenum*, la *Campania* & l'*Apulia*, c'est ce qu'on appelle aujourd'hui l'Abrusse. Il paroît que ce canton étoit plus froid que le reste de l'Italie, puisqu'on y conduisoit les troupeaux de brebis de l'*Apulia* pour y passer l'Eté, Liv. 2, Chap. 1.

SAMOS, Liv. 2, Chap. 1. C'étoit une Isle de la mer Icarienne; elle porte encore aujourd'hui le même nom. C'est une des Isles de l'Archipel, près de la côte de la Natolie, qui appartient aux Turcs.

SARDINIA. On l'appelle aujourd'hui Sardaigne. C'est une des plus grandes Isles de la mer Méditerranée, elle est regardée comme une dépendance de l'Italie. Elle a au Levant la mer Tyrrhene, au Midi celle d'Afrique, au Couchant celle de Sardaigne & au Nord le canal de Bonifacio, qui la sépare de la Corse.

SAURACTES. Montagne du pays des Falisques, sur laquelle il y avoit des chevres sauvages, si légeres, qu'elles sautoient de-dessus un rocher à plus de soixante pieds, Liv. 2, Chap. 3.

SCANTIANA (*mala*), Liv. 1, Chap. 59. (Voy. ce mot *ad Cat.*). Varron donne le même nom à une sorte de raisin, qu'il semble ne citer que d'après Caton, Liv. 1, Chap. 18, mais on ne trouve point dans Caton de raisin désigné sous ce nom. Il semble donc que Varron entend par *uve Scantiana* une espece de raisin *Amminé* (*V. AMMINEI ad Cat.*) & Pline le dit positivement 14, 4.

SICILIA, Liv. 1, Chap. 1. Liv. 2, Chap. 5, 11. Aujourd'hui la Sicile. C'est la plus grande des Isles de la mer Méditerranée, avec titre de Royaume. Elle est entre l'Afrique & l'Italie, dont elle n'est séparée que par le Fare de Messine. On trouvoit sur ses côtes d'excellentes murenes flottantes, Liv. 2, Chap. 6. (Voy. la Note 1 de ce Chap.). C'est de cette Isle que venoit le meilleur miel, Liv. 3, Chap. 2, parce que le thym y étoit excellent & en grande quantité, Liv. 3, Chap. 16.

SMYRNA. Ville de l'Ionie dans l'Asie. C'est aujourd'hui Smyrne, ville de la Turquie en Asie : cette Ville est dans la Natolie au pays de Scarchan, près de l'embouchure du Sarabar, dans le golfe de Smyrne. Il y avoit des vignes dans son territoire près de la mer qui rapportoient deux fois l'an, Liv. 1, Chap. 7. (V. la Note de ce Chap.).

SOLOS, Liv. 1, Chap. 1.

C'étoit autrefois une Ville, mais ce n'est plus qu'un village situé sur la côte Septentrionale de l'Isle de Cypre.

SOLITANÆ (*cochleæ*), Liv. 3, Chap. 14. Le Pere Hardoin *ad Plin.* 30, 6 prétend que ces escargots tiroient leur nom du promontoire du Soleil, qui étoit en Afrique, selon Pline 5, 1.

STAGIRA, Liv. 2, Chap. 1. Ville ancienne sur les confins de la Macédoine, au voisinage du Mont Athos, sur le golfe Strymonique.

STATONES, Liv. 3, Chap. 22. C'étoient d'anciens peuples de l'Hétrurie, qui en habitoient la partie que nous appellons le Duché de Castro.

SYBARIS. C'étoit une ancienne ville de la Calabre, décriée par la molesse de ses habitans, qui étoit occasionnée apparemment par la bonté du sol, où le grain rendoit au centuple, Liv. 1, Chap. 44, & où il se trouvoit des arbres qui ne quittoient point leurs feuilles en Hiver, Liv. 1, Chap. 7.

SYRIA, Liv. 2, Chap. 1. Contrée de l'Asie qui étoit bornée à l'Orient par l'Euphrate, à l'Occident par l'Egypte & la Méditerranée, au Septentrion par la Cilicie, & une partie de la Cappadoce, & au Midi par l'Arabie. Cette province passoit chez les anciens pour être au milieu du globe de la terre. On l'appelle aujourd'hui le Souristan : c'est une grande région de la Turquie en Asie, bornée au Midi par l'Arabie Pétrée, au Levant par la Deserte & par le Diarbeck, au Nord par le Mont Aman, & au Couchant par la Méditerranée. Les brebis de cette contrée avoient la queue courte, Liv. 2, Chap. 2.

TAGER (*Mons*), Liv. 2, Chap. 1. Varron place cette montagne près de Lisbonne dans le Portugal, mais il est le seul Auteur qui fasse mention de cette montagne sous ce nom. C'est ce qui fait que plusieurs Commentateurs ont voulu qu'au lieu de *Monte Tagro*, on lût ici *amne Tago*, d'après Pline 8, 67, qui en racontant le fait que cite Varron de ces cavalles qui conçoivent sous le vent, le place aux environs de Lisbonne & *du Tage*, qui effectivement arrose ce pays : mais la correction est bien forte, & j'aimerois mieux corriger *Monte Sacro*, comme on le lit dans Columelle 6, 27, qui parle aussi de ce fait en le plaçant sur cette montagne : auquel cas ce *Mons Sacer* se prendroit pour le *Promontorium Sacrum*, dont Pline fait mention 4, 22, & que l'on appelle aujourd'hui Cap de Saint-Vincent : mais cette correction admise, il reste une difficulté, c'est que ce cap est éloigné de Lisbonne, puisqu'il est au fond du Portugal dans le Royaume d'Algarbe, ce qui seroit par conséquent contraire à la position que Varron lui donne ici, ainsi que Pline 8, 67. Ne pourroit-on pas plutôt lire *Monte Artabro*, qui est effectivement plus près de Lisbonne, & que Pline appelle à cause de cela *Olyssiponensis*, 4, 21. (aujourd'hui Cap de Rocca Sintra). Mais cette correction fait naître encore une autre difficulté, qu'on peut voir dans la grande Note 120 du P. Hardoin, c'est de sçavoir si Pline ne s'est point trompé en donnant le nom d'*Artabrum* à ce Cap. Quoi qu'il en soit, le fait, dont parle ici Varron, est trop évidemment faux, (Voy. la Note 3 du Chap. 1, Liv. 2) pour beaucoup s'inquiéter de la connoissance précise de ce lieu, tel qu'il soit. Qui empêche que le nom de cette montagne ne se soit perdu, & n'ait changé depuis Varron?

TANAGRA. C'étoit une ville de la Béotie, célèbre par la beauté de ses coqs, qui n'étoient cependant propres qu'à se battre ensemble, comme dit Pline 10, 21, & Varron, Liv. 3, Chap. 9, où il ajoute même qu'ils étoient stériles.

TARENTUM, Liv. 1, Chap. 14. (Voy. ce mot *ad Cat.*). Les brebis de Tarente étoient très-estimées pour la bonté de leur laine, aussi avoit-on soin de les tenir toujours couvertes de peaux, Liv. 2, Chap. 2.

TARQUINIENSIS (*ager*), Liv. 3, Chap. 12. C'étoit un canton qui étoit ainsi nommé, parce qu'il avoit fait partie de la succession des Tarquins. Il étoit vraisemblablement situé dans la Campania, où il y avoit aussi une ville du même nom, (*Tarquinii*).

TAURUS, Liv. 2, Chap. 1. Cette montagne la plus célèbre de l'Asie, conserve encore aujourd'hui le nom de Taur. Elle commence dans la Natolie, traverse la Turcomanie, la Perse qu'elle sépare de l'Inde, sépare la Chine de la grande Tartarie, & va se terminer à l'Océan Oriental. Elle change de nom dans ces différens pays, comme elle en changeoit chez les anciens, ainsi que le dit Pline dans la description pompeuse qu'il en fait, 5, 57. Elle conservoit son nom près de la Syrie, comme on le voit par Varron, Liv. 2, Chap. 1.

TETRICA. Montagne du pays des Sabins, sur laquelle Varron dit, Liv. 2, Chap. 1, qu'il y avoit beaucoup de chevres sauvages.

THASUS, Liv. 1, Chap. 1. Isle de la mer Egée, près

de la Thrace, à l'embouchu-re du fleuve Strymon : elle a conservé le nom de Thase jusqu'à présent.

THEBÆ. Ville capitale de la Béotie, qui passoit pour avoir été bâtie par Cadmus fils d'Agenor. Cependant Varron, Liv. 3, Chap. 1, qui la suppose la plus ancien-ne ville de la Grece, dit qu'el-le avoit été bâtie par le Roi Ogygès (Voy. la Note 2 de ce Chap.), avant le déluge qui porte le nom de ce Roi (Voy. la Note 6 *ibid.*), & lui donne 2100 ans d'antiquité. Il tire encore une preuve en faveur de l'antiquité de cette Ville, de ce que son nom n'est pas celui de son Fondateur, mais celui d'une certaine espece de terre, que l'on appelloit en vieux langage *Teba* sans as-piration. Cette ville subsiste encore aujourd'hui dans la Livadie en Grece, sur la ri-viere d'Ismene, sous le nom de Tiva ou Stives.

THEBÆ. Montagne de mil pas de long, voisine de Réate sur la voie *Salaria*, ainsi nommée du mot *TEBÆ*, qui signifioit dans l'ancien lan-gage une certaine espece de terre, Liv. 3, Chap. 1.

THESSALIA. Grande con-trée de la Grece, entre la Béo-tie & la Macédoine ; elle étoit autrefois comprise sous l'Attique. On lui donne au-jourd'hui le nom de Janna : cette Province est toute envi-ronnée de hautes montagnes, qui la séparent au Nord de la Macédoine, au Couchant de l'Epire, & au Midi de la Li-vadie, l'Archipel la bai-gne au Levant. Ses chevaux étoient les plus renommés de toute la Grece, Liv. 2, Chap. 7.

TURACIA, Liv. 2, Chap. 5. Contrée de l'Europe, fai-sant partie de la Scythie. Elle a l'Archipel au Midi, au Nord la Bulgarie, à l'Orient la Propontide (aujourd'hui la mer de Marmora) & la mer Noire qui la séparent de l'Asie, & le Mont Hæmus à l'Occident. C'étoit ce qu'on appelle aujourd'hui la Roma-nie ou Romelie. Les habitans y conservoient leur bled dans des cavernes, Liv. 1, Chap. 57. Il y avoit beaucoup de bœufs sauvages dans cette contrée, Liv. 2, Chap. 1.

THURIUM. C'est le nom qu'on donnoit, du temps de Varron, à la ville de Sybaris, Liv. 1, Chap. 7 (*V. SYBA-RIS*).

THUSCUM (*mare*), Liv. 3, Chap. 9. C'est la partie de la Méditerranée, qui est ren-fermée entre la Toscane, l'E-tat de l'Eglise, le Royaume de Naples & les Isles de Si-cile, de Sardaigne & de Cor-se. On lui donne aujourd'hui le nom de mer de Toscane ou inférieure.

TIBUR. C'est aujourd'hui Tivoli, ville Episcopale de

la campagne de Rome, sur le Teverone. Les terres y étoient d'une qualité mitoyenne entre grasses & maigres, Liv. 1, Chap. 9.

TROJA, Liv. 2, Chap. 1. Ville capitale de la Troade, qui étoit dans l'Asie mineure, au pied du Mont-Ida, & près de l'Archipel & du détroit de Gallipoli.

TURDULUS. Ce peuple habitoit la même partie d'Espagne que le peuple appellé *Basculus*, & Varron, Liv. 2, Chap. 10, dit que ni l'un, ni l'autre de ces peuples n'étoit propre à prendre soin des bestiaux.

TUSCULUM, Liv. 3, Chap. 3, 4, 5, 13. Ville d'Italie située à peu près où est aujourd'hui Frascati, ville Episcopale de l'Etat de l'Eglise dans la campagne de Rome. Les clôtures des environs de cette Ville étoient en murailles de pierres.

VELINUS (*lacus*). Ce lac étoit auprès de Riéti, Liv. 5, Chap. 2. Il étoit formé par la riviere de ce nom (aujourd'hui Velino) qui baigne Civita-Ducale dans l'Abrusse, Riéti dans le Duché de Spo-

lette, & se décharge dans le Néra.

VENAFRUM, Liv. 1, Ch. 2. (Voy. ce mot *ad Cat.*).

VESUVIUM. Montagne fameuse près d'une riviere que les anciens appelloient Sarnus, qui a sa source près de la ville de Sarno, & qui se décharge dans le golfe de Naples, sous le nom de Scafati. Cette montagne est peu éloignée de Naples Nous l'appellons Mont-Vésuve, mais les Italiens l'appellent Monte-di-Somma. Ses environs étoient légers & sains, & on y entouroit les terres de cyprès, Liv. 1, Chap. 15.

UMBRIA, Liv. 2, Chap. 9. Contrée d'Italie qui s'étendoit depuis le Mont-Apennin jusqu'au golfe Adriatique. C'est aujourd'hui le Duché de Spolette, dans l'Etat Ecclésiastique. On y fauchoit le bled à rez-terre, après quoi on coupoit les épis par en haut pour les séparer de la paille, Liv. 1, Chap. 50.

UTICA, Liv. 1, Chap. 1. La seconde ville d'Afrique après Carthage, & sur la même côte. On l'appelle aujourd'hui Bisartha.

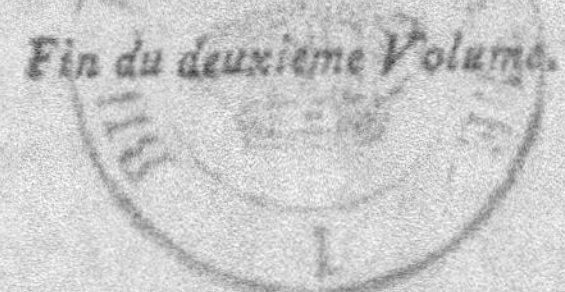

Fin du deuxieme Volume.

ERRATA.

Page 299. *lig.* 2. le, *lisez* du. *Lig.* 4. est, *lisez* regne.

Pag. 301. *lig. antepénult.* colomne, *lisez* colonnade.

Pag. 302. *lig.* 19. sur, *lisez* sous.

Pag. 303. *lig.* 3. bis, & *lig.* 19. raies, *lisez* rais.

Pag. 307. *lig.* 15. perrons extérieurs, *lisez* perron extérieur.

Pag. 308. *lig.* 18. d'entrecolomnes mesurés d'Axe en, *lisez*
d'entrecolomne mesuré d'Axe à, *lig.* 24. l'alege, *lisez*
l'assiette.

Pag. 310. *lig.* 2. avant d'un demi, *ajoutez* de plus. *Lig.* 9.
d'un pied, *lisez* de plus de deux pieds. *Lig.* 23. après
douze pieds, *ajoutez* & demi. *Lig.* 24. dix-huit pieds,
lisez dix-sept pieds & demi. *Lig.* 25. de treize à qua-
rorze pieds, *lisez* quinze pieds & demi.

P

Z

&

X

&

Fig. 1.

A. &B. les deux
murs latéraux
C. Porte principale
D.D. Portique
E.E. les rivieres
F. Sentier.
G. Salon en
rotonde.
H.H. Intervalle
de 5 f. de large
regnant entre
les deux filas
des colonnes.
I.I.I. les Gradins
K.K. Assise de
pierre Lapis
elevée d'un p.
pl. sur le socle.
et large de 5 f.
c'est sur cette
surface qu'on
dressoit les
Tables des convives
L. Bassin.
M. Sentier qui
l'environne et
qui est large
d'un pied
N. Isle qui
occupe le
centre du
bassin, sur
le centre de cette
Isle s'éleve
l'autre qui
porte la table
P. Banquette
creuse rapplee
au texte
T. Marches supplee
en conséquence
V. Porte du salon
l'une de celles
que l'auteur
nomme Cavea
X.X. Arbrisseaux
d'une hauteur entre
les colonnes de
la file intérieure
y. le Substitut
&. le Pédestal

viennent d'Asie, d'Afrique & d'Amérique, rangées suivant le Pinax de Bauhin. *Lyon*, 1766, 2 *vol. in-12*, *figures*.   5 liv.
59 J. Barrelierii Plantæ per Galliam, Hispaniam & Italiam
observatæ, iconibus æneis exhibitæ; accurrante Ant. de
Jussieu. *Parisiis*, 1714, *in-fol. fig*.   21 liv.

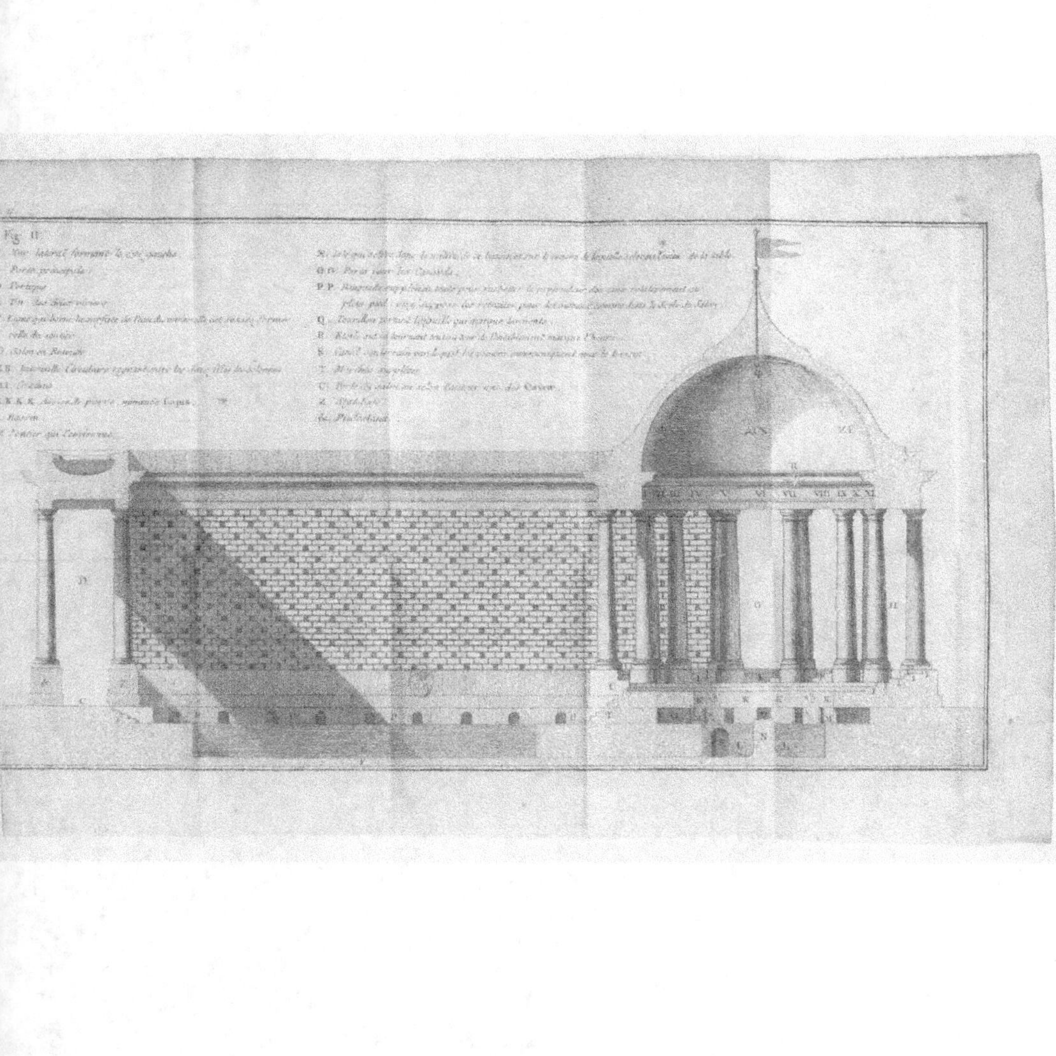

CATALOGUE
DES LIVRES
DE BOTANIQUE,
D'AGRICULTURE ET DE JARDINAGE,

Qui se trouvent chez DIDOT *le jeune, Libraire,*
quai des Augustins.

51 DICTIONNAIRE raisonné universel des trois regnes
de l'histoire naturelle, par une société de naturalistes, 15
ou 18 *volumes in-8°. sous presse.*
Les deux premiers volumes du regne végétal, comprenant
la lettre A, paroîtront incessamment par souscription.

52 Joan. Fr. Seguierii & Jo. Ant. Bumaldi Bibliotheca bota-
nica; accedit auctuarium studio L. Th. Gronovii. *Lugd.*
Bat. 1760, *in-4°.*   12 liv.

53 Anatomie des Plantes, trad. de l'anglois de Grew, par le
Vasseur. *Paris,* 1675, *in-12, fig.*   3 liv.

54 Caroli Linnæi Systema naturæ. *Parif.* 1744, *in-8°.*   3 l.

55 Ejusdem Genera plantarum. *Parisiis,* 1743, *in-8°. cum*
figuris.   5 liv.

56 Démonstrations élémentaires de Botanique, précédées
d'un abrégé des principes & de l'histoire de cette science,
des élémens de la physique des végétaux & d'une instruction sur la formation d'un herbier, la dessiccation, la ma-
cération, l'infusion des plantes, &c. *Lyon,* 1766, 2 *vol.*
in-8°.   10 liv.

57 Observations sur les Plantes, par M. Guettard. *Paris,*
1747, 2 *vol. in-12, fig.*   6 liv.

58 Histoire des Plantes de l'Europe, & des plus usitées qui
viennent d'Asie, d'Afrique & d'Amérique, rangées suivant le Pinax de Bauhin. *Lyon,* 1766, 2 *vol. in-12, fi-*
gures.   5 liv.

59 J. Barrelierii Plantæ per Galliam, Hispaniam & Italiam
observatæ, iconibus æneis exhibitæ; accurrante Ant. de
Jussieu. *Parisiis,* 1714, *in-fol. fig.*   21 liv.

—Eædem, *cartâ magnâ.*   30 liv.

60 Traité historique des Plantes qui croissent dans la Lorraine & les trois Evêchés, par M. P. J. Buchoz. *Nancy*, 1762, *& années suivantes*, 10 *vol. in-8°.*, *avec un très-grand nombre de figures.*   30 liv.

61 Histoire des Plantes qui naissent aux environs de Paris, avec leur usage dans la Médecine, par Pitton Tournefort; nouvelle édition revue & augmentée par M. Bernard de Jussieu. *Paris*, 1741, 2 *vol. in-*12.   7 liv.

62 Tournefortius Lotharingiæ, ou catalogue des Plantes qui croissent dans la Lorraine & les trois Evêchés, rangées suivant le système de Tournefort, par M. Buchoz. *Paris*, 1763, *in-*8°.   3 liv.

63 Aut. Gouan Hortus regius Monspeliensis. *Lugduni*, 1762, *in-*8°.   5 liv.

64 Ejusdem Flora Monspeliaca. *Lugd.* 1765, *in-*8°, *fig.*   5 l.

65 Dictionnaire général des termes propres à l'Agriculture, par Liger. *Paris*, 1703, *in-*12.   3 liv.

66 Dictionnaire pratique du bon Ménager de campagne & de ville, par Liger. *Par.* 1722, 2 *t. en* 1 *vol. in-*4°, *fig.*   12 l.

67 Traduction d'anciens ouvrages latins relatifs à l'Agriculture & à la Médecine vétérinaire, contenant les ouvrages économiques de CATON, VARRON, par M. Saboureux de la Bonnetrie, *Paris*, 2 *vol. in-*8°. *figures.*   10 liv.

—Les Ouvrages de COLUMELLE, 2 *vol. in-*8°, *sous presse.*

—Ceux de PALLADIUS & VEGECE, 2 *vol. in-*8°, *paroîtront ensuite.*

—Les mêmes Auteurs en latin, superbe édition, *petit in-*12, *sous presse.*

68 La nouvelle Maison rustique, ou économie générale de tous les biens de la campagne; la maniere de les entretenir & de les multiplier, &c. *neuvieme édition. Paris*, 1768, 2 *vol. in-*4°. *fig.*   24 liv.

69 Maison rustique, à l'usage des habitans de Cayenne, par M. de Préfontaine, avec un essai de grammaire & un dictionnaire galibi. *Paris*, 1763, *in-*8°. *fig.*   5 liv.

70 Abrégé des instructions sur le jardinage, qui fait partie de l'année champêtre. *Avignon*, 1767, *in-*12.   2 liv.

71 Manuel d'Agriculture pour le laboureur, pour le propriétaire & pour le gouvernement, par M. de la Salle de l'Etang. *Paris*, 1768, *in-*8°.   5 liv.

72 Observations sur divers moyens de soutenir & d'encourager l'Agriculture, principalement dans la Guyenne. *Paris*, 1756, 3 *tom.* 1 *vol. in-*12.   5 liv.

73 Le Calendrier des Jardiniers, qui enseigne ce qu'il faut faire dans le potager, les pépinieres, les serres & les jardins de fleurs tous les mois de l'année, traduit de l'Anglois de Bradley. *Paris*, 1750, *in-12, figures.* 2 liv.

74 Traité de la maniere de semer toutes sortes de graines & plantes, avec le Jardinier perpétuel qui enseigne ce qu'il faut faire chaque mois. *Paris*, 1755, *in-12.* 15 sols.

75 Le Ménage des champs & de la ville, ou le nouveau Jardinier françois. *Paris*, 1757, *in-12.* 2 l. 10 f.

76 Le Jardinier françois qui enseigne à cultiver les arbres & herbes potageres, &c. *Paris*, 1755, *in-12.* 2 l. 10 f.

77 Trésor champêtre, ouvrage nécessaire aux habitans des campagnes. *Paris*, 1763, *in-12, broch.* 15 f.

78 Instructions pour les jardins fruitiers & potagers, avec un traité des orangers & des réflexions sur l'Agriculture, par de la Quintinye. *Nouvelle édition entiérement retravaillée, in-4°. sous presse.*

79 Traité du jardinage, de la perfection d'un jardin, des pépinieres, de l'art de greffer, enter, cultiver, tondre, tailler, ébrancher les arbres des allées de promenade, des bois taillis, &c. par Boyceau de la Baraudiere. *Paris*, 1689, *in-12.* 18 f.

80 Traité des jardins, par Saussay. *Paris*, 1732, *in-12.* 2 l. 10 f.

81 Abrégé pour les arbres nains & autres, avec un traité pour les bons melons, pour la culture de toutes sortes de fleurs, pour les arbustes & pour les autres, par Laurent. *Paris*, 1683, *in-12.* 18 f.

82 Nouvelle instruction pour connoître les bons fruits selon les mois de l'année, par D. Cl. Saint-Etienne. *Paris*, 1687, *in-12.* 18 f.

83 Abrégé des bons fruits, avec la maniere de les connoître & de cultiver les arbres, par Merlet. *Paris*, 1740, *in-12.* 18 f.

84 Le Jardinier prévoyant, almanach pour l'année 1771. *Paris*, 1771, *in-12, brochure.* 6 f.

85 Instructions sur le jardinage, qui renferment en abrégé ce qui a rapport à la culture des fleurs, des fruits, des légumes, la maniere de planter & tailler les arbres fruitiers, &c. &c. par Wenckeler, dit Equet. *Paris*, 1767, *in-8° broché.* 1 liv. 4 f.

86 L'Ecole du jardin potager, par de Combles. *Nouvelle édition. Paris*, 1770, 2 vol. *in-12.* 6 liv.

87 Instruction pour le jardin potager : l'art de cultiver les
fleurs & greffer les arbres fruitiers, par Aristote. *Paris*,
1697, *in-12.* 15 f.

88 L'Ecole du Jardinier fleuriste. *Par.* 1764, *in-12.* 2 l. 10 f.

89 Le Jardinier fleuriste ou la culture universelle des fleurs,
arbres, arbustes, arbrisseaux servant à l'embellissement
des jardins, &c. par Liger. *Paris*, 1763, *in-12*, *figures.*
3 liv.

90 Remarques nécessaires pour la culture des Fleurs, pour
faire les palissades, bosquets & autres ornemens des jardins, par Morin. *Paris*, 1694, *in-12.* 1 liv.

91 Traité des Tulipes, avec la maniere de les bien cultiver,
leurs noms, leurs couleurs & leur beauté. *Paris*, 1678,
in-12. 15 f.

92 Traité des Tulipes, par d'Ardenne. *Avignon*, 1765,
in-12, *fig.* 1 l. 16 f.

93 Traité de la culture des Renoncules, des Œillets, des An-
ricules & des Tulipes. *Paris*, 1754, *in-12.* 2 l. 10 f.

94 Traité des Renoncules, avec des remarques utiles pour
l'agriculture & le jardinage, par d'Ardenne. *Avignon*,
1763, *in-12*, *fig.* 2 l. 10 f.

95 Traité des Œillets, par le même. *Avignon*, 1762, *in-*
12, *fig.* 2 liv.

96 Traité sur la connoissance & la culture des Jacintes, par
le même. *Avignon*, 1765, *in-12*, *fig.* 1 l. 10 f.

97 Nouvelle Instruction facile pour la culture des Figuiers,
la maniere de les élever, multiplier & conserver. *Paris*,
1692, *in-12.* 18 f.

98 Nouveau traité des Orangers & Citronniers, la maniere
de les connoître, les façons de les bien cultiver & la vraie
méthode de les conserver. *Paris*, 1692, *in-12.* 1 l.

99 Instruction facile pour la culture, le gouvernement & la
taille de toutes sortes d'Orangers & Citronniers. *Paris*,
1680, *in-12.* 1 liv.

100 Traité de la culture des Pêchers, par M. de Combles.
Nouvelle édition augmentée. Paris, 1770, *in-12.* 2 liv.

101 Dissertation physico-médicale sur les Truffes & les
Champignons, par M. Pennier de Longchamp, fils. *Avi-*
gnon, 1766, *in-12*, *broché.* 15 fols.

102 L'Agronome, Dictionnaire portatif du Cultivateur, contenant toutes les connoissances nécessaires pour gouverner
les biens de campagne, &c. *Paris*, 1764, 2 *vol. in-8°.* 9 l.

F I N.